码上学会

中文版

SolidWorks 2017

全能一本通

双色版

老虎工作室 谭雪松 王梦怡 夏红 编著

人民邮电出版社

北 京

图书在版编目（CIP）数据

中文版SolidWorks 2017全能一本通：双色版 / 老
虎工作室等编著. -- 北京：人民邮电出版社，2018.6
（码上学会）
ISBN 978-7-115-47037-9

Ⅰ．①中… Ⅱ．①老… Ⅲ．①计算机辅助设计－应用
软件 Ⅳ．①TP391.72

中国版本图书馆CIP数据核字(2017)第249293号

内 容 提 要

SolidWorks 是基于 Windows 系统操作平台的三维 CAD 设计软件，采用了 Microsoft Windows 图形用户界面，易学易用。SolidWorks 2017 具有完善的三维建模功能，可以创建各种实体和曲面模型，用户在此基础上，可快速生成工程图，并可以对设计的零部件进行计算机辅助分析。

本书全面介绍使用 SolidWorks 2017 进行机械产品开发的基本方法和技巧，主要内容包括 SolidWorks 2017 设计基础、绘制二维草图、创建基础实体特征、创建工程特征及特征操作、曲线和曲面、工程图设计、装配体设计、钣金设计、运动与仿真、有限元结构分析以及模具设计等，书中理论讲述和实例相结合，能帮助读者全面掌握 SolidWorks 2017 的基本操作。

本书适用于打算从事产品开发设计工作的初学者，也可以作为高等院校机械类、模具类专业相关课程的教材。

◆ 编　　著　老虎工作室　谭雪松　王梦怡　夏　红
责任编辑　税梦玲
责任印制　焦志炜

◆ 人民邮电出版社出版发行　　北京市丰台区成寿寺路 11 号
邮编　100164　电子邮件　315@ptpress.com.cn
网址　http://www.ptpress.com.cn
北京隆昌伟业印刷有限公司印刷

◆ 开本：880×1230　1/16
印张：29.25　　　　　　　2018 年 6 月第 1 版
字数：802 千字　　　　　　2018 年 6 月北京第 1 次印刷

定价：89.00 元

读者服务热线：(010)81055256　印装质量热线：(010)81055316
反盗版热线：(010)81055315
广告经营许可证：京东工商广登字 20170147 号

SolidWorks 2017 是基于 Windows 系统平台的 CAD/CAM/CAE 一体化软件，是当前功能强大、应用广泛的三维设计软件之一。该软件以性能优越、易学易用等特点，在全球三维设计软件中异军突起，被广泛地应用于机械设计领域。

本书从基础入手，深入浅出地介绍了 SolidWorks 2017 的主要功能和使用方法，并通过对典型实例的详细讲解，让读者能够熟悉软件中各种工具的使用方法及各种机械设计的常用方法。

1. 本书特点

本书突出全面性及实用性，介绍了 SolidWorks 2017 应用和设计中的关键性问题，并提供了大量实例及练习题，具有以下特点。

（1）重视基础、循序渐进

本书重视基础知识和基本概念的讲解，特别适合 SolidWorks 2017 的初学者。书中不但讲清楚了"做什么"，还讲清楚了"怎么做"和"为什么这样做"。

（2）知识系统、结构合理

本书遵循读者学习的一般规律，并结合大量实例来讲解重点和难点，立足设计中的实际应用，融入了作者的使用经验和设计成果，精心安排了初学者应掌握的基本设计基础理论。

（3）实例丰富、讲解细致

本书采用"案例驱动"模式，精选了大量典型实例，并且对每个实例的设计过程和设计思路进行了详细的讲解和分析，力求使初学者更好地掌握相关知识和技巧。在介绍设计操作时，每一步骤后均有对应的图形和文字说明，以直观、清晰地展示设计过程和设计效果，便于读者加深理解。

（4）注重实用、源于生活

本书所选取的模型大多来自生产和生活中常见的产品，其结构和设计方法具有代表性，能帮助读者迅速掌握科学合理的设计方法。

（5）配套视频、轻松掌握

在编排本书内容时，我们给书中的内容配套了丰富的微视频，让大家采取一种新方式——扫码看视频来高效地学习 SolidWorks：先看微视频再动手，先模仿再实战，轻松有效地进行学习，有如专业教师在旁边指导。

（6）提供移动学习公众号——CAD 全能训练营

特点 5 中提到的微视频可通过扫描书中的二维码进行查看，也可以下载后本地查看。还可以用微信扫一扫功能，扫描本书封面的二维码，关注"CAD 全能训练营"公众号，在"视频学习"栏目中激活本书的配套视频，即可随时通过手机查看所有微视频。

2. 什么是 CAD/CAM/CAE/PDM

在以前，设计图纸都是手绘的，而现在使用 CAD 技术绘制图纸已经成为主流。计算机很早以前就被当作重要的工具辅助人类承担一些单调、重复的劳动，如数值计算、工程图绘制和数控编程等。在此基础上，逐渐出现了计算机辅助设计（CAD）、计算机辅助工艺规程设计（CAPP）、计算机辅助制造（CAM）、计算机辅助工程分析（CAE）、计算机辅助夹具设计（CAFD）等技术。近年来，这些技术获得了飞速的发展，分别在产品设计自动化、工艺过程设计自动化和数控编程自动化等方面起到了重要的作用。

CAD 在早期是英文 Computer Aided Drafting（计算机辅助绘图）的缩写，随着计算机软硬件技术的发展，人们逐步地认识到，单纯使用计算机绘图还不能称之为计算机辅助设计，真正的设计应该覆盖产品开发的各个方面，包括产品的构思、功能设计、结构分析、加工制造等。因此，工程图设计只是产品设计中的一部分，于是 CAD 的缩写也由 Computer Aided Drafting 改为 Computer Aided Design，CAD 也不再仅仅是辅助绘图，而是整个产品的辅助设计。

CAM（Computer Aided Manufacturing，计算机辅助制造）是指利用计算机辅助完成从生产准备到产品制造整个过程的活动，即通过直接或间接的方式把计算机与制造过程和生产设备相联系，用计算机系统进行产品制造过程的计划、管理以及对生产设备的控制与操作的运行，处理产品制造过程中所需的数据，控制和处理物料（毛坯和零件等）的流动，对产品进行测试和检验等。

CAE（Computer Aided Engineering，计算机辅助工程）是指用计算机辅助求解分析复杂工程和产品的结构力学性能，以及优化结构性能等，把生产中的各个环节有机地组织起来，其关键就是将有关的信息集成，使其产生并存在于产品的整个生命周期。

PDM（Product Data Management，产品数据管理）是一门用来管理所有与产品相关信息（包括零件信息、配置、文档、CAD 文件、结构、权限信息等）和所有与产品相关过程（包括过程定义和管理）的技术。通过实施 PDM，可以提高生产效率，有利于对产品的全生命周期进行管理，加强对文档、图纸、数据的高效利用，使工作流程规范化，实现车间无纸化生产。

3. 为什么要学习大型 CAD/CAM/CAE/PDM 一体化软件

CAD 是 CAE、CAM 和 PDM 的基础。在 CAE 中，无论是单个零件还是对整机的有限元分析及机构的运动分析，都需要通过 CAD 来造型、装配；在 CAM 中，则需要 CAD 进行曲面设计、复杂零件造型和模具设计；而 PDM 则更需要 CAD 进行产品装配后的关系及所有零件的明细（材料、件数、重量等）。在 CAD 中对零件及部件所做的任何改变，都会在 CAE、CAM 和 PDM 中有所反应，所以，如果 CAD 工作完成的不好，CAE、CAM 和 PDM 就很难做好。

利用 CAE 技术，企业可以建立产品的数字样机，并模拟产品及零件的工况，对零件和产品进行工程校验、有限元分析和计算机仿真。在产品开发阶段，企业应用 CAE 能有效地对零件和产品进行仿真检测，确定产品和零件的相关技术参数，发现产品缺陷、优化产品设计，极大地降低了产品开发成本；在产品维护检修阶段能分析产品故障原因，分析质量因素等。

随着计算机技术日益广泛深入的应用，人们很快发现，采用这些各自独立的系统不能实现系统之间信息的自动传递和交换。例如 CAD 系统设计的结果，不能直接被 CAPP 系统接收，若进行工艺规程设计时还需要人工将 CAD 输出的图样、文档等信息转换成 CAPP 系统所需要的输入数据，这不但影响工作效率，而且很难发现在人工转换过程中出现的错误。

只有当 CAD 系统生成的产品零件信息能自动转换成后续环节（如 CAPP、CAM 等）所需的输入信息，才是最便捷的一种工作方式。为此，人们提出了 CAD/CAM 集成的概念并致力于 CAD 和 CAM 系统之间数据自动传递和转换的研究，以便将已存在的和正在使用中的 CAD 和 CAM 等独立系统集成起来。

SolidWorks 是一个典型的大型 CAD/CAM/CAE 集成软件包，由多个功能模块组成，每一个功能模块都有自己独立的功能。设计人员可以根据需要来调用其中的某一个模块进行设计，不同的功能模块创建的文件有不同的文件扩展名。SolidWorks 2017 主要有草图绘制、零件设计、装配模块、工程图模块、钣金设计、模具设计、运动仿真等常用功能模块。

使用 Solidworks 可以在装配环境中设计新零件，也可以利用相邻零件的位置及形状来设计新零件，既方便又快捷，避免了单独设计零件导致的装配失败。在装配过程中，整个机器装配模型完成后还能进行运动演示，对运动行程有一定要求的，可检验行程是否达到要求，可及时对设计进行更改，避免产品生产后才发现需要修改甚至报废的情况出现。

使用 CAD/CAM/CAE 集成软件能大大缩短机械设计周期，大幅度提高设计和生产效率。在进行新型机械的开发设计时，只需对其中部分零部件进行重新设计和制造，大部分零部件的设计都将继承以往的信息，因此能显著提高设计效率。同时，CAD/CAM/CAE 集成软件具有高度变型设计能力，能够通过快速重构，得到一种全新的机械产品。

4. 学习技巧

机械 CAD/CAM/CAE 技术是制造工程技术与计算机技术紧密结合、相互渗透而发展起来的一项综合性应用技术，具有知识密集、学科交叉、综合性强、应用范围广等特点。该技术的发展和应用使传统的产品设计、制造内容和工作方式等都发生了根本性的变化。

SolidWorks 2017 作为 CAD/CAM/CAE 软件的优秀代表，要学会使用它并不难，难的是长期坚持实践。鉴于此，我们对初学者提出以下几点学习建议。

（1）拓展专业知识

在学习 SolidWorks 的过程中，要不断地学习和完善其他相关联的知识。例如，在学习工程图时要认真学习机械制图的知识，并深入了解国家的制图标准，只有这样才能将软件与专业结合起来，成为真正的设计高手。SolidWorks 主要用于机械产品设计与开发，因此要熟悉典型机械零件的种类和结构，这样设计出来的作品才能满足生产实际的需要。

（2）强化实践环节

学习 SolidWorks 时，切忌纸上谈兵，一定要多动手设计。很多初学者最大的困扰就是找不到训练题目，不知道画什么。其实，生活中的产品随处可见，可以看什么就画什么。碰到学习中的问题，不要轻易放过，可以请教别人，还可以到相关的学习论坛向同行求助，也可以向身边的人请教，做到博采众长、取长补短。

（3）坚持创新理念

学习软件的目的就是将其运用到生产实际中进行产品开发，因此必须慢慢培养自己的创新设计能力。将书中有意义的例子进行扩充，将其运用到自己的工作中去。在设计时，不要放过任何一个看似简单的小问题，每一个问题其实往往并不那么简单，通过它或许可以引伸出很多知识点，不会举一反三将很难提高和升华。

（4）敞开交流渠道

每学到一个难点的时候，尝试对同行讲解这个知识点并试图让他理解，你能对别人讲清楚，就说明你真正理解了。记录下在和别人交流时发现的被自己忽视或理解错误的知识点，定期登录相关设计网站或论坛，认真吸取成功者的设计经验，通过这些方式取长补短，在日积月累中逐步提高自身的设计能力。

5. 配套资源

为方便读者利用本书进行 SolidWorks 2017 的学习，本书提供了丰富的辅助学习及设计资源请前往 box.ptpress.com.cn/y/47037 进行下载，也可扫描二维码进行下载。

扫一扫

下载资源

（1）素材文件

书中案例相关的素材文件放在资源包中的【素材】文件夹中。在创建工程特征、零件装配以及生成工程图等的实例中，都需要有基础特征和实体三维模型的素材文件，打开这些文件后方能进一步操作。这些零件文件被分别保存在对应章名下的"素材"文件夹中，读者可以直接打开所需的素材文件然后进行后续操作。

（2）结果文件

结果文件放置在资源包中的【结果】文件夹中。实例中各模型创建后最终的结果文件放在相应章名的"结果"文件夹中，大家在设计过程中如果遇到困难可以打开模型进行分析，为查找问题提供帮助。

（3）微视频

微视频放置在资源包中的【视频】文件夹中。我们将各实例中模型的创建过程录制了微视频，大家可以通过本地播放视频文件来辅助学习。

以上是我们为选择本书进行学习的初学者所能提供的帮助，若有更新的学习资源，我们将上传至人邮教育社区（www.ryjiaoyu.com），大家可以随时去下载。千里之行始于足下，希望大家早日掌握 SolidWorks。

作者

2018 年 2 月

目　录
CONTENTS

目 录

CONTENTS

目 录
CONTENTS

第1章
SolidWorks 2017 设计基础

【学习目标】
- 了解 SolidWorks 2017 的特点和用途。
- 熟悉 SolidWorks 2017 的用户环境。
- 掌握使用 SolidWorks 2017 开发产品的一般流程。

SolidWorks 是由美国 SolidWorks 公司开发的一款基于特征的三维 CAD 软件，自 1995 年问世以来，以其优异的性能和良好的易用性和创新性，极大地提高了工程师的设计效率，广泛应用于航空航天、汽车、机械和电子等设计领域。

1.1　知识解析

SolidWorks 具有参数化设计功能，能用于快速、方便地按照设计者的设计思想，绘制出草图及三维实体模型。

1.1.1　SolidWorks 的设计原理及功能模块

1 SolidWorks 的设计原理

SolidWorks 是一套机械设计自动化软件，采用用户熟悉的 Windows 图形界面，操作简便、易学易用。使用 SolidWorks 进行设计时，用户可以运用特征、尺寸及约束功能准确地制作模型，并绘制出详细的工程图。根据各零件间的相互装配关系，可快速实现零部件的装配。

同时，插件中提供了运动学分析工具、动力学分析工具及有限元分析工具，可以方便用户对所设计的零件进行后续分析，以完成总体设计任务。

SolidWorks 的设计版本经历了不断升级更新，目前推出的 SolidWorks 2017 为最新版本，其主要特点如下。

① SolidWorks 2017 提供了完整的动态界面和鼠标拖动控制。这样的用户界面可以简化设计操作，减少了多余的对话框，从而避免了界面的零乱。

② 利用 SolidWorks 2017 崭新的属性管理员来高效地管理整个设计过程和步骤。属性管理员包含所有的设计数据和参数，而且操作方便、界面直观。

③ 利用 SolidWorks 2017 资源管理器可以方便地管理 CAD 文件。SolidWorks 资源管理器是唯一一个同 Windows 资源器类似的 CAD 文件管理器。

④ SolidWorks 2017 的特征模板为标准件和标准特征提供了良好的环境。用户可以直接从特征模板上调用标准的零件和特征，并与同事共享。

⑤ SolidWorks 2017 提供的 AutoCAD 模拟器，使得 AutoCAD 用户可以保持原有的作图习惯，顺利地从二维设计转向三维实体设计。

❷ SolidWorks 的功能模块

SolidWorks 2017 中包含丰富的设计功能模块，能完成不同的设计任务，其中最常用的是零件、装配体和工程图三大模块。

（1）零件模块

该模块主要用于实体建模、曲面建模、模具设计、钣金设计以及焊件设计等工作。

◎ **实体建模**

实体模型是采用与真实事物一致的模型结构来表达物体，"所见即所得"，直观简洁。它不仅能表达出模型的外观，还能表达出物体的各种几何和物理属性，是实现 CAD/CAM/CAE 技术一体化不可缺少的模型形式。

SolidWorks 2017 提供了强大的、基于特征的实体建模功能。通过拉伸、旋转、扫描、放样等基础特征建模工具以及孔、筋和壳等工程特征建模工具和复制阵列等特征操作工具，可以快速实现产品的设计过程。

设计过程中，通过对特征和草图的动态修改可以快速变更设计意图，还可以通过拖曳方式实现实时修改。SolidWorks 2017 中提供的二维草图功能可以为扫描、放样等特征生成草绘截面或放样路径等。

 要点提示 特征是设计者在一个设计阶段创建的全部图元的总和。特征可以是模型上的重要结构（例如圆角），也可以是模型上切除的一段材料，还可以是用来辅助设计的一些点、线和面。

◎ **曲面建模**

曲面模型是使用 Bezier、NURBS（非均匀有理 B 样条）等参数曲线等组成的自由曲面来描述模型，对物体表面的描述更完整、精确，为 CAM 技术的开发奠定了基础。但是，它难以准确地表达零件的质量、重心及惯性矩等物理特性，不便于 CAE 技术的实现。

SolidWorks 2017 可以通过带控制线的扫描曲面、放样曲面、边界曲面等工具创建各种曲面特征；还可以使用曲面编辑工具对曲面进行修剪、延伸、合并以及倒圆角操作；最后还可以根据设计需要将曲面实体化生成实体模型。

◎ **模具设计**

现代生产中，模具的应用相当广泛。例如，在模型锻造、注塑加工中，都必须首先创建具有与零件外形相适应的模腔结构的模具。模具生产是一项比较复杂的工作，不过由于大型 CAD 软件的广泛应用，模具生产过程也逐渐规范有序。

SolidWorks 2017 提供的内置的模具设计工具可以自动创建分型线、分型面以及型芯和模具型腔，简便快捷。

◎ **钣金设计**

钣金是一种针对金属薄板（通常在 6mm 以下）的综合冷加工工艺，包括剪、冲 / 切 / 复合、折、焊接、铆接、拼接及成型（如汽车车身）等。其显著的特征就是同一零件厚度一致。

SolidWorks 2017 提供了完善的钣金设计技术，可以简便地创建法兰、折弯等典型结构，通过正交切除、角处理以及边线切口等功能方便实现钣金件的修改操作。

◎ **焊接设计**

SolidWorks 2017 可以方便地创建结构焊件和平板焊件。其中的主要焊接工具包括圆角焊接工具、焊件切割工具、角撑板、顶端盖、结构构件库以及裁剪和延伸结构构件等。

（2）装配体模块

装配就是将多个零件按实际的生产流程组装成部件或完整的产品。按照装配要求，用户还可以临时修改零件的尺寸参数，并且使用分解图来显示所有零件相互之间的位置关系，非常直观。

SolidWorks 2017 提供了强大的装配功能，主要特点如下。

◎ 在 SolidWorks 装配环境下，可以方便地设计新零件或修改已有零件。

◎ SolidWorks 可以方便地对装配体进行干涉检查和间隙检查。

◎ 通过镜像零部件功能可以快速创建装配体上的对称结构。

◎ 可以使用智能化装配技术自动捕捉和定义装配关系实现快速装配。

◎ 使用智能零件技术能自动完成重复的装配设计。

（3）工程图模块

在生产第一线中，常常需要将三维模型变为二维平面图形，也就是工程图。使用工程图模块，可以直接由三维实体模型生成二维工程图。系统提供的二维工程图，包括一般视图（即通常所说的三视图）、局部视图、剖视图及投影视图等多种视图类型。

SolidWorks 2017 提供了强大的工程图功能，主要特点如下。

◎ 可以由零件或装配体直接生成工程图，包括生成各种视图以及尺寸标注。

◎ SolidWorks 2017 提供了完整的全相关的工程图工具，当用户修改图样时，零件模型、所有视图和装配图都会自动更新。

◎ SolidWorks 2017 可以方便创建剖视图，并支持零部件的图层管理。

 要点提示　除了上述主要功能模块外，SolidWorks 2017 还提供了各种专用设计模块。使用这些模块能完成特定的设计任务，例如使用 SolidWorks Simulation 可以完成有限元分析。

1.1.2　基础训练——认识 SolidWorks 设计原理

零件是 SolidWorks 系统中最主要的对象。传统的 CAD 设计方法是由平面（二维）到立体（三维）。工程师首先设计出图纸，工艺人员或加工人员根据图纸还原出实际零件。然而在 SolidWorks 系统中却是工程师直接设计出三维实体零件，然后根据需要生成相关的工程图。

装配件是若干零件的组合，通常用来实现一定的设计功能。用户先设计好所需的零件，然后根据配合关系和约束条件将零件组装在一起，生成装配件。使用配合关系，可相对于其他零部件来精确地定位零部件，还可定义零部件如何相对于其他的零部件移动和旋转。通过继续添加配合关系，还可以将零部件移到所需的位置。配合会在零部件之间建立几何关系，如共点、垂直和相切等。每种配合关系对特定的几何实体组合有效。

在 SolidWorks 系统中，零件、装配体和工程图都属于对象，SolidWorks 中采用了自顶向下的设计方法创建对象，机械设计过程如图 1-1 所示。

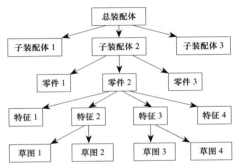

图 1-1　机械设计过程结构图

要点提示　图 1-1 所表示的层次关系充分说明，在 SolidWorks 系统中零件设计是核心，特征设计是关键，草图设计是基础。

图 1-2 是一个曲柄摇杆机构的装配体，由步进电动机、曲柄、转轴、轴承、轴承盖、连杆和摇杆等多个零件组成。

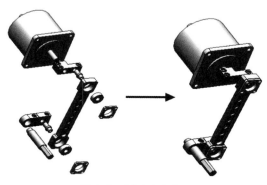

图 1-2　曲柄摇杆机构

下面用此实例说明 SolidWorks 的常用功能、设计过程，在此只给出粗略的过程，说明 SolidWorks 的基本设计原理。这里只是向读者简单介绍 SolidWorks 里能够实现和常用的一些功能，后面的几章将讲解详细的操作和设计方法。

【操作步骤】

STEP01　首先确定要设计什么样的对象，使用什么样的方案。在此，我们要设计一个由步进电动机驱动的曲柄摇杆机构。

STEP02　通过初步分析，大致需要建立哪些零件模型。如需要建立步进电动机、曲柄、连杆、摇杆、电动机座、连接轴等零件模型，并确定零件各特征尺寸的初步大小。

STEP03　建立所需要的 3D 模型。现以建立电动机为例，具体步骤如下。

SolidWork 设计原理

（1）首先绘制草图，如图 1-3 所示，然后进行特征操作，建立起如图 1-4 所示基础特征（也就是零件模型的第一个特征）。

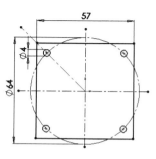

图 1-3　绘制草图

图 1-4　基础特征建立

（2）再在基础特征的基础之上，进行一系列的放置特征操作，以及特征修改，最终完成该零件的 3D 模型的建立，如图 1-5 所示。

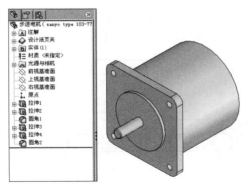

图 1-5　电动机 3D 模型

(STEP04) 建立零件模型后即可创建装配体，把所有的零件按照实际情况配合起来。也可以在建立其中几个关键零件后就创建装配体，然后在装配体中根据需要添加新的零件。

（1）先建立所有需要的零部件后再创建新的装配体，放置第一个基准零件（电动机座）后如图 1-6 所示。

（2）然后添加已创建好了的零件模型，为零部件之间添加配合关系如两平面重合、两轴线同心等，最终的结果如图 1-7 所示。

图 1-6　装配体中放置的第一个零件　　　　　　　　图 1-7　最终装配体

(STEP05) 给曲柄添加旋转马达，进行运动仿真，如图 1-8 所示，看该机构能否满足设计要求，如果还不满足要求，可以返回修改，直到满足设计要求。

(STEP06) 利用软件自带的功能模块对关键零件进行力学分析，如图 1-9 所示，SolidWorks 自带了很多功能模块，能够满足不同用户的需求。

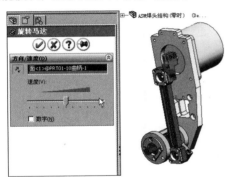
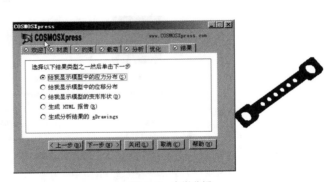

图 1-8　设置运动进行仿真　　　　　　　　　　　　图 1-9　力学分析

STEP07 当装配体满足设计要求后，即可输出工程图加工零件了，SolidWorks 输出工程图非常方便和灵活，出图快捷，大大提高了设计人员的效率。连杆的工程图如图 1-10 所示。

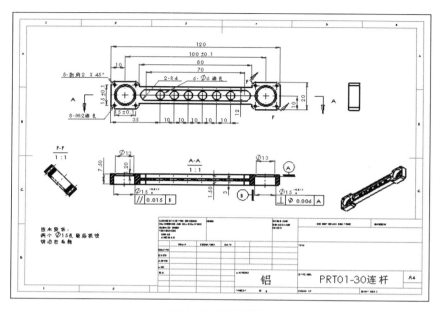

图 1-10 连杆工程图

1.1.3 SolidWorks 2017 的设计环境

SolidWorks 的用户界面完全采用 Windows 风格，用户只要了解各部分的位置与用途，即可充分运用系统的操作功能，给自己的设计工作带来方便。

❶ 认识软件界面

启动 SolidWorks，用户既可以打开已有的文件，又可以新建一个文件，还可以执行菜单命令【帮助】/【SolidWorks 指导教程】来获得帮助。下面通过新建一个 3D 零件绘制文件的操作来了解 SolidWorks 的工作环境。

单击工作界面上部的 按钮或选择菜单命令中的【文件】/【新建】，弹出图 1-11 所示【新建 SolidWorks 文件】对话框，其中提供了零件、装配体和工程图 3 种文件类型。

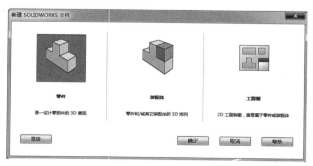

图 1-11 【新建 SolidWorks 文件】对话框

单击 （零件）按钮，然后单击 **确定** 按钮，进入 3D 零件设计界面，其软件设计界面如图 1-12 所示。

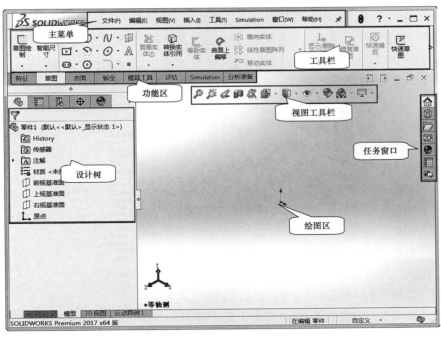

图 1-12   SolidWorks 软件设计界面

（1）主菜单

主菜单中包含了常用的操作命令，这与其他 Windows 软件类似，例如创建、保存和修改模型以及设置 SolidWorks 工作环境等。

（2）工具栏

工具栏中的命令按钮为快速进入设计工作环境提供了极大的便利。这些工具栏可以由用户根据设计需要进行定制。

要点提示　　如果某些菜单命令或工具按钮出现灰色（即暗色）状态，则其处于非激活状态，这是因为其目前还没有处在发挥功能的状态中，一旦进入相应的环境，便会自动激活。

（3）视图工具栏

其中提供了一组视图控制工具，用于控制绘图区中视图的显示模式以及模型的显示状态。

（4）功能区

这里是 SolidWorks 主要设计工具的集中管理区，对设计工具依据不同的设计模块进行管理，单击功能区底部的选项卡（例如草图、曲面和钣金等）即可启用该模块下的工具。

（5）绘图区

在这里显示绘制的二维或三维模型，是设计的舞台。绘图区是一个无限大的三维空间，其中的图形可以根据需要进行移动、缩放和旋转。

（6）任务窗口

其中包含一组典型设计功能，例如 SolidWorks 资源、设计库、文件探索器、视图调色板、外观和贴图等。使用这些功能能实现特定的工作任务。

（7）设计树

设计树中列出了当前设计文件中的所有零件、特征以及基准等，以树的形式来显示模型结构，使用设计树可以方便地查看和修改模型。

❷ **工具栏**

工具栏按钮是常用菜单命令的快捷方式。使用工具栏可以大大提高设计效率。由于 SolidWorks 的功能强大，其设计工具众多，设计者可以根据设计需要和个人偏好，来布置其中常用的工具栏，以提高设计效率。

（1）自定义工具栏

自定义工具栏的基本原则是既要使工具栏按钮操作简便，又要使绘图区域最大化，其主要步骤如下。

STEP01 在工具栏区域单击鼠标右键，在弹出的快捷菜单中选择【自定义】选项，打开如图 1-13 所示【自定义】对话框。

STEP02 在【工具栏】列表框中选择要显示的工具栏。

STEP03 在【选项】分组框中选中【大图标】复选项可以用较大的图标来显示工具按钮。

图 1-13 【自定义】对话框

STEP04 选中【显示工具提示】复选项，当鼠标指针指在工具栏按钮时，系统会自动出现该工具的功能说明。

如果所显示的工具栏位置不理想，可以将鼠标指针移至工具栏按钮之间的空白处，按住并拖动工具栏至想要的位置。

（2）自定义工具栏中的按钮

通过 SolidWorks 2017 提供的自定义命令，还可以对工具栏的按钮进行重新组合，可以将按钮从一个工具栏移到另一个工具栏，也可删除其中不要的按钮，操作步骤如下。

STEP01 在【自定义】对话框选择【命令】选项卡。

STEP02 在【类别】列表框内选择相应的工具栏，此时在对话框右边的【按钮】分组框内将出现所有与所选工具栏命令有关的按钮，如图 1-14 所示。

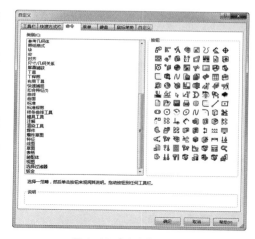

图 1-14 【命令】选项卡

STEP03 将鼠标指针移至所需按钮上时，可看见系统给出的该按钮功能提示，按下鼠标左键拖动按钮至相应工具栏内，松开鼠标左键即完成了快捷按钮的调出。

STEP04 若要删除按钮，只需将按钮从工具栏拖回按钮区域中即可。

STEP05 完成设置后，单击 确定 按钮退出【自定义】对话框。

❸ **设置系统参数**

选择菜单命令中的【工具】/【选项】，弹出【系统选项】对话框，左边为系统项目，右边为所选项目对应参数，如图 1-15 所示。各个项目的大部分参数从字面上即可明白其含义，下面介绍常用的系统项目及其部分参数。

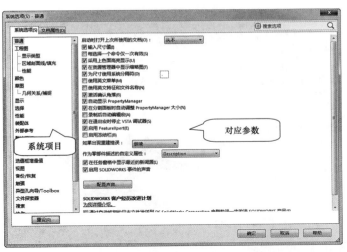

图 1-15 【系统选项 – 普通】对话框

 要点提示 刚启动 SolidWorks 时和创建文件后的【系统选项】对话框是不一样的，这里介绍的是刚启动 SolidWorks 时的【系统选项】对话框。

（1）【普通】参数

图 1-15 所示为默认情况下显示为【普通】项目参数。表 1-1 所示为【普通】选项中部分参数的主要内容。

表 1-1 【普通】选项部分参数含义

参数名称	内容
【启动时打开上次所使用的文档】	如果希望在启动 SolidWorks 后自动打开最近使用的文件，在该下拉列表中选择【总是】选项，否则选择【从不】选项
【输入尺寸值】	建议选择该复选项。选择该复选项后，当对一个新的尺寸进行标注时，会自动显示尺寸值修改框，否则，必须在双击标注尺寸后才会显示该框
【每选择一个命令仅一次有效】	选择该复选项后，当每次使用草图绘制或者尺寸标注工具进行操作之后，系统会自动取消其选择状态，从而避免该命令的连续执行。双击某工具可使其保持为选择状态以继续使用
【每次重建模型时显示错误】	建议选择该复选项。选择该复选项后，如果在建立模型的过程中出现错误，则会在每次重建模型时显示错误信息
【采用上色面高亮显示】	选择该复选项后，当使用选择工具选择面时，系统会将该面用单色显示（默认为绿色），否则，系统会将面的边线用蓝色虚线高亮度显示
【在资源管理器中显示缩略图】	在建立装配体文件时，经常会遇到只知其名，不知其为何物的尴尬情况。如果选择该复选项后，则在 Windows 资源管理器中会显示每个 SolidWorks 零件或装配体文件的缩略图，而不是图标。该缩略图将以文件保存时的模型视图为基础，并使用 16 色的调色板，如果其中没有模型使用的颜色，则用相似的颜色代替。此外，该缩略图可以在【打开】对话框中使用
【激活确认角落】	选择该复选项后，当进行某些需要确认的操作时，在图形窗口的右上方角将会显示如图 1-16 所示确认角落
【自动显示 PropertyManager】	选择该复选项后，在对特征进行编辑时，系统为自动显示该特征的 PropertyManager（属性管理器），如图 1-16 所示

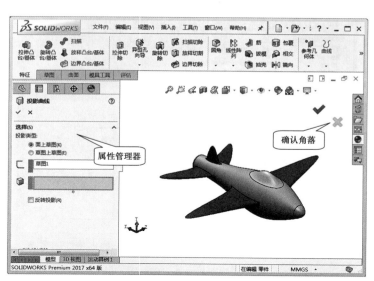

图 1-16　编辑特征界面

（2）【草图】参数

SolidWorks 所有的零件都是建立在草图基础上的，大部分 SolidWorks 的特征也都是由二维草图绘制开始的，草图参数设置如图 1-17 所示，其部分参数主要内容如表 1-2 所示。

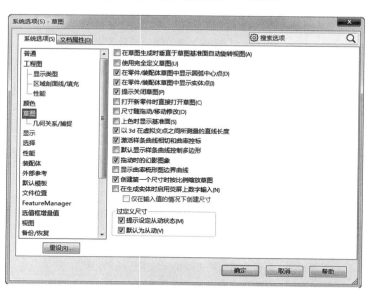

图 1-17　【草图】参数设置

表 1-2　【草图】选项部分参数内容

参数选项	内容
【使用完全定义草图】	所谓完全定义草图是指草图中所有的直线和曲线及其位置均由尺寸和几何关系或两者说明。选择此复选项后，草图用来生成特征之前必须是完全定义的
【在零件 / 装配体草图中显示圆弧中心点】	选择此复选项后，草图中所有的圆弧圆心点都将显示在草图中

参数选项	内容
【在零件 / 装配体草图中显示实体点】	选择此复选项，草图中实体的端点将以实心圆点的方式显示。该圆点的颜色反映草图中该实体的状态。 （1）黑色表示该实体是完全定义的。 （2）蓝色表示该实体是欠定义的，即草图中实体的一些尺寸或几何关系未定义，可以随意改变。 （3）红色表示该实体是过定义的，即草图中的实体中有些尺寸或几何关系或两者处于冲突中或是多余的
【提示关闭草图】	选择此复选项时，当利用具有开环轮廓的草图来生成实体时，如果此草图可以用模型的边线来封闭，系统就会显示【封闭草图到模型边线？】对话框。选择【是】，即选择用模型的边线来封闭草图轮廓，同时还可选择封闭草图的方向
【打开新零件时直接打开草图】	选择此复选项后，新建零件时可以直接使用草图绘制区域和草图绘制工具
【尺寸随拖动 / 移动修改】	选择此复选项后，可以通过拖动草图中的实体或在启动【移动 / 复制】命令后弹出的【移动 / 复制属性管理器】中修改其尺寸值。拖动完成后，尺寸会自动更新
【显示虚拟交点】	选择此复选项后，系统会在两个实体的虚拟交点处生成一个草图点。即使实际交点已不存在（例如被圆角或倒角移除的角部），但虚拟交点处的尺寸或几何关系仍保持不变
【过定义尺寸】	在该选项组中有以下两个复选项。 （1）【提示设定从动状态】：所谓从动尺寸是指该尺寸是由其他尺寸或条件所驱动的，不能被修改。选定此选项后，当添加一个过定义尺寸到草图时，系统会弹出一个提示对话框询问尺寸是否应为从动。 （2）【默认为从动】：选定此选项后，当添加一个过定义尺寸到草图时，尺寸会被默认为从动

（3）【显示】参数

任何一个零件的轮廓都是一个复杂的闭合线框。该项目就是为边线显示和边线选择设定系统的默认值，其中的参数如图 1-18 所示，部分参数含义如表 1-3 所示。

图 1-18　【系统选项】对话框

表 1-3 【显示／选择】选项部分参数内容

参数选项	内容
【隐藏边线显示为】	这组单选项只有在变暗模式下才有效。 （1）【实线】：将零件或装配体中的隐藏线以实线显示。 （2）【虚线】：以虚线显示视图中不可见的边线，而可见的边线仍正常显示
【隐藏边线选择】	【选择在线架图及隐藏线可见模式下选择】：选择该复选项，则在这两种模式下，可能选择隐藏的边线或顶点。【线架图】模式是指显示零件或装配体的所有边线。 【允许在消除隐藏及上色模式下选择】：选择该复选项，则在这两种模式下，可以选择隐藏的边线或顶点。消除隐藏线模式是指系统仅显示在模型旋转到的角度下可见的线条，不可见的线条将被消除。上色模式是指系统将对模型使用颜色渲染
【零件／装配体上切边显示】	这组单选项用来控制在消除隐藏线和隐藏线变暗模式下，模型切边的显示状态
【在带边线上色模式下显示边线】	这组单选项用来控制在上色模式下，模型边线的显示状态
【关联中编辑的装配体透明度】	该下拉列表用来设置在关联中编辑装配体的透明度，可以选择【保持装配体透明度】和【强制装配体透明度】，其右边的移动滑块用来设置透明度的值。关联是指在装配体中，在零部件中生成一个参考其他零部件几何性的关联性。此关联特征对其他零部件进行了外部参考。如果改变了参考零部件的几何特征，则相关的关联特征也会相应改变

❹ 设置文档属性

系统生成模型时，可一起生成工程详图，并将模型中的尺寸和注解包括在工程图中。【文档属性】选项卡即为设定出详图的各种选项。该选项卡仅在打开文件时才有，其中设置的内容仅应用于当前的文档。对于新建文件，如果没有特别指定该文档属性，将使用建立该文件模板中的默认文档进行属性设置。

新建一个零件文件，选择菜单命令中的【工具】/【选项】，弹出【系统选项】对话框，进入【文档属性】选项卡，选择树状列表中的一个项目后，即可弹出相应的项目设置，系统默认情况下显示为【绘图标准】，如图 1-19 所示。

图 1-19 【文档属性】对话框

（1）【绘图标准】选项

设定总出详图绘图标准，并重新命名、复制、删除、输出或装入保存的自定义绘图标准。该项目主要包含以下几项内容。

◎【注解】：可设置包含字体、依附位置、引头零值和尾随零值等内容。

◎【尺寸】：可设置文字对齐、字体、引线、箭头样式等相关内容。

◎【表格】：可进行【材料明细表】和【标题块表】的设置。

（2）【出详图】选项

显示过滤器、文字比例等，如图 1-20 所示。

（3）【单位】选项

该项目用来指定激活的零件、装配体或工程图文件所使用的线性单位类型和角度单位类型，如图 1-21 所示。

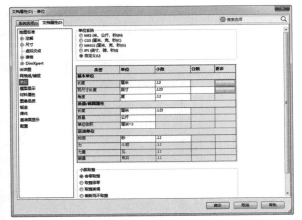

图 1-20 【文档属性 – 出详图】对话框　　　　　图 1-21 【文档属性 – 单位】对话框

（4）【模型显示】选项

选择【颜色】项目后，系统弹出图 1-22 所示的【颜色】设置选项。在【模型 / 特征颜色】滚动列表框中选择要编辑颜色的选项，再单击右边的编辑按钮 编辑(E)... ，选择想要设定的颜色，然后单击确定即可。

图 1-22 【文档属性 – 模型显示】对话框

1.1.4　基础训练——熟悉 SolidWorks 的工作环境

了解了 SolidWorks 2017 新建 3D 零件的工作环境后，本练习通过打开已有文件，进一步熟悉 SolidWorks 2017 的工作环境。

【操作步骤】

STEP01　打开零件文件。

（1）单击工作界面上部的 ⏏ （打开）按钮，或选择菜单命令中的【文件】/【打开】，打开资源包中的"第 1 章 / 素材 / 支撑座 .SLDPRT"，如图 1-23 所示。

（2）单击不同功能区的不同按钮，熟悉编辑状态下 SolidWorks 的工作环境。

SolidWorks 设计环境

图 1-23　打开素材文件

(STEP02)　设置鼠标笔势。

（1）新建零件文件，进入 草图 【草绘】功能区。

（2）单击 ▦（草图绘制）按钮，选择前视基准面作为绘图基准面，进入草绘环境。

（3）选择菜单命令中的【工具】/【自定义】，打开【自定义】对话框，参数如图 1-24 所示。

图 1-24　【自定义】对话框

（4）系统默认的显示为 4 个鼠标笔势，勾选 ☑只显示指派了鼠标笔势的命令(O) 选项和 ◉8笔势 选项，如图 1-25 所示。

要点提示

　　在设计中，可根据设计的需要和方便，在【鼠标笔势】选项卡中任意选取 8 个笔势进行自定义。

（5）绘制圆。在绘图区中单击鼠标右键并向右拖动鼠标指针，鼠标笔势会高亮显示该方向工具图标 ⊙，如图 1-26 所示。

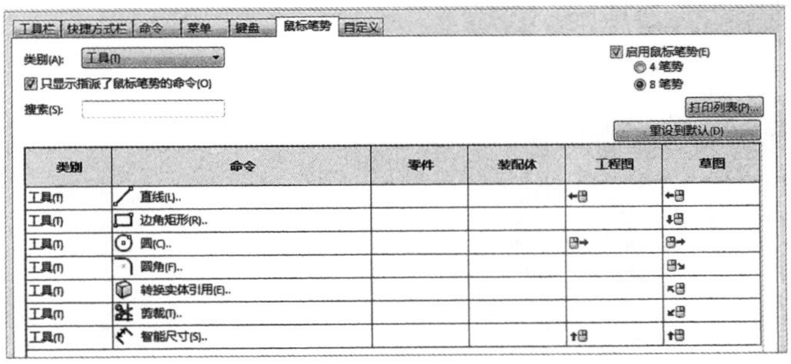

图 1-25　【鼠标笔势】对话框

图 1-26　选择圆工具

（6）鼠标指针拖过显示的工具图标◎，即出现图 1-27 所示【圆】属性管理器。按默认设置拖动鼠标指针绘制如图 1-28 所示的圆。

图 1-27　【圆】属性管理器

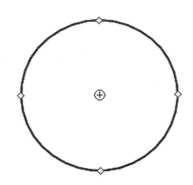

图 1-28　绘制圆

（7）绘制矩形。在鼠标笔势中单击鼠标右键并向下拖动鼠标指针选择矩形工具▢，在属性管理器中选择▢，绘制矩形，如图 1-29 所示。

（8）标注尺寸。在鼠标笔势中单击鼠标右键并向上拖动鼠标指针选择智能尺寸工具◈，给图形标注尺寸，如图 1-30 所示。

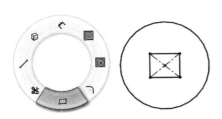

图 1-29　选择矩形工具

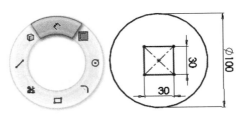

图 1-30　选择尺寸工具

STEP03　设置颜色方案。

（1）单击◎（选项）按钮，弹出【系统选项】对话框，选择【颜色】选项，如图 1-31 所示。

（2）在【颜色方案设置】分组框中选择欲编辑颜色的项目，这里选择【视区背景】。

（3）单击 编辑(E) 按钮，弹出如图 1-32 所示【颜色】对话框，利用该对话框可定义该项目的颜色。

图 1-31 【系统选项 – 颜色】对话框　　　　图 1-32 【颜色】对话框

（4）单击 确定 按钮，退出【颜色】对话框，返回【系统选项】对话框，颜色预览框中可显示所设定的颜色。

（5）单击 确定 按钮接受更改，或单击 取消 按钮放弃对所选项目地更改。

> **要点提示**　如果设置完成后想回到系统默认的颜色设置，在【系统选项】对话框中单击 将颜色重设到默认值(D) 按钮即可。

1.2　综合训练

下面，通过一个综合练习来进一步熟悉使用 SolidWorks 2017 进行设计的一般过程。本例将创建一个简单的基座零件，如图 1-33 所示。通过该实例，读者可以更加直观地了解应用 SolidWorks 系统进行产品设计的操作流程。

图 1-33　基座零件

【操作步骤】

STEP01 新建文件。

（1）进入 SolidWorks 2017 系统后，单击【标准】工具栏中的 （新建）按钮，系统弹出【新建 SolidWorks 文件】对话框，如图 1-34 所示。

SolidWorks 综合应用

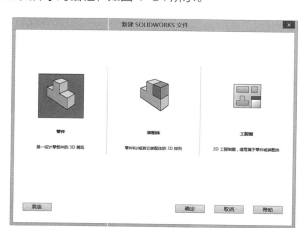

图 1-34　【新建 SolidWorks 文件】对话框

（2）单击 （零件）按钮，然后单击 确定 按钮进入 3D 零件的绘制工作窗口。

STEP02 创建拉伸特征。

（1）在特征设计树中选择【前视基准面】，然后单击【草图】功能区中的 （草图绘制）按钮，进入草图绘制界面，如图 1-35 所示。

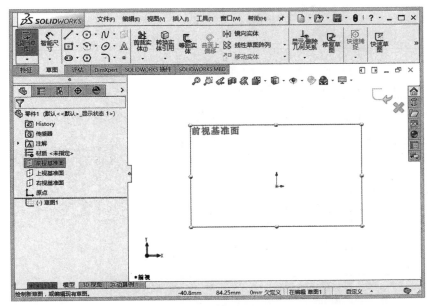

图 1-35　草图绘制界面

（2）单击【草图】功能区中的 （边角矩形）按钮，在绘图区的适当位置单击鼠标左键，然后将鼠标光标移动至适当的位置再次单击，如图 1-36 所示，绘制结果如图 1-37 所示。

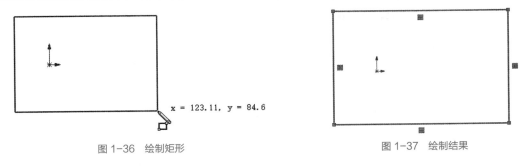

x = 123.11, y = 84.6

图 1-36　绘制矩形　　　　　　　　　　　　　　图 1-37　绘制结果

> **要点提示**
>
> 这一步不需要绘制尺寸精确的矩形，因为在下一步可以使用智能尺寸工具 来标注及修改矩形尺寸。

（3）单击【草图】功能区中的 （智能尺寸）按钮，选择矩形的上方边线，待出现尺寸线后移动鼠标光标，再单击鼠标左键确定尺寸放置的位置，如图 1-38 所示。

（4）在弹出【修改】对话框中输入尺寸值"60mm"，单击 按钮，完成尺寸修改如图 1-39 所示。

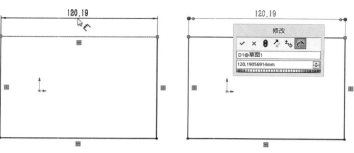

图 1-38　添加尺寸

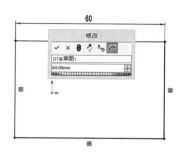

图 1-39　修改尺寸

（5）用同样的方法标注矩形的其他尺寸，如图 1-40 所示。

（6）单击绘图区右上角的 ↳ 按钮，退出草图绘制环境。完成后如图 1-41 所示。

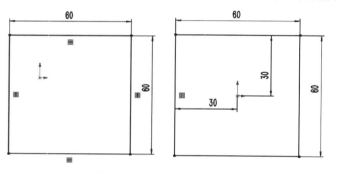

图 1-40　添加并修改其他尺寸

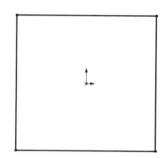

图 1-41　绘制完成的草图

（7）单击【特征】功能区中的 ▣ （拉伸凸台 / 基体）按钮，在绘图区左侧会弹出【凸台 - 拉伸】属性管理器，在【方向 1】栏的下拉列表中选择【给定深度】选项，并输入深度值 "20mm"，如图 1-42 所示。此时，绘图区中出现预览图形，如图 1-43 所示。

（8）单击 ☑ 按钮，完成拉伸特征地创建，结果如图 1-44 所示。

图 1-42　【凸台 - 拉伸】属性管理器

图 1-43　拉伸预览

图 1-44　拉伸特征

STEP03 创建拉伸切除特征 1。

（1）单击实体的侧面作为绘图基准面，如图 1-45 所示。

（2）在绘图区中的【标准视图】工具栏中单击 ▦▾ （视图方向）按钮，在弹出的下拉列表中单击 ↧ （正视于）按钮，使草绘平面与视口平行，如图 1-46 所示。

图 1-45　选择草绘平面

图 1-46　调整草绘平面

（3）单击【草图】功能区中的◎（圆）按钮，在草绘面上任选一点作为圆心，绘制一个圆，结果如图 1-47 所示。

（4）单击【草图】功能区中的◇（智能尺寸）按钮，将鼠标光标移到圆周上，单击鼠标左键，选择尺寸放置位置后单击鼠标左键，在弹出的【修改】对话框中输入"10"，单击✓按钮完成圆地绘制，如图 1-48 所示。

（5）继续使用尺寸工具。用同样的方法标注圆的位置尺寸，如图 1-49 所示。

图 1-47　绘制圆

图 1-48　修改尺寸

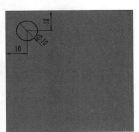

图 1-49　定义圆的位置

（6）在【草绘】功能单击 线性草图阵列 按钮。在弹出的【线性阵列】属性管理器的【方向 1】中输入间距为"40"、数量为"2"、角度为"0"，在【方向 2】中输入间距为"40"、数量为"2"、角度为"270 度"。选择圆作为阵列对象，如图 1-50 所示。此时，绘图区出现草图阵列预览模式，如图 1-51 所示。

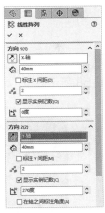

图 1-50　【线性阵列】属性管理器

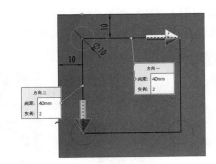

图 1-51　阵列预览

（7）单击✓按钮，完成草图的阵列，如图 1-52 所示。

（8）单击绘图区右上角的↳按钮，退出草图绘制环境。

（9）单击【特征】功能区中的 圖（拉伸切除）按钮，弹出【切除－拉伸】属性管理器，选择刚绘制的 4 个小圆，在【方向 1】的下拉列表中选择【完全贯穿】选项，如图 1-53 所示。绘图区出现预览效果图，如图 1-54 所示。

（10）单击 ✓ 按钮，完成拉伸切除特征地创建，结果如图 1-55 所示。

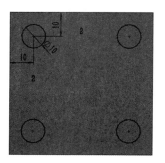

图 1-52 阵列草图

图 1-53 【切除－拉伸】属性管理器

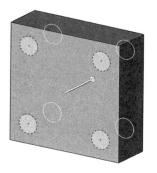

图 1-54 切除预览

图 1-55 拉伸切除特征 1

STEP04 创建拉伸切除特征 2。

（1）选择实体的侧面作为绘图基准面，如图 1-56 所示。

（2）使用圆工具绘制如图 1-57 所示的圆。

（3）单击绘图区右上角的 按钮，退出草图绘制环境，结果如图 1-58 所示。

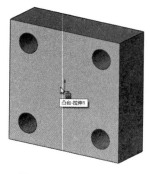

图 1-56 选择草绘平面

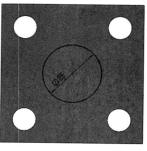

图 1-57 绘制草图

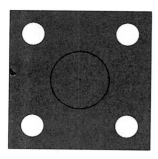

图 1-58 绘制圆

（4）单击【特征】功能区中的 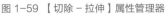（拉伸切除）按钮，弹出【切除－拉伸】属性管理器。选择刚绘制的草图，在【方向 1】的下拉列表中选择【给定深度】选项，并输入深度值"5"，如图 1-59 所示。绘图区中出现预览效果图，单击 ✓ 按钮，完成拉伸切除特征地创建，如图 1-60 所示。

（5）单击 ✓ 按钮，完成切除特征 2 地创建，如图 1-61 所示。

图 1-59　【切除－拉伸】属性管理器　　　　图 1-60　切除预览　　　　图 1-61　拉伸切除特征 2

STEP05　创建圆角。

（1）单击【特征】功能区中的 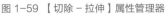（圆角）按钮，弹出【圆角】属性管理器，如图 1-62 所示。在【圆角类型】栏中选择【恒定大小圆角】选项，在【圆角参数】栏中输入半径值为"10mm"，再选择要圆角化处理的 4 条边线。此时，绘图区中出现预览效果，如图 1-63 所示。

（2）单击 ✓ 按钮，完成圆角地绘制，结果如图 1-64 所示。

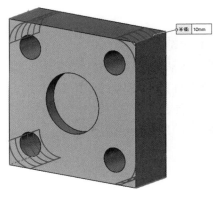

图 1-62　【圆角】属性管理器　　　　图 1-63　圆角预览　　　　图 1-64　创建圆角

STEP06　保存文件。

单击 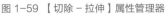 按钮弹出【另存为】对话框。在该对话框中选择零件的保存位置，并输入文件名（扩展名为
*.sldprt），如图 1-65 所示，最后单击 [保存(S)] 按钮即可。

图 1-65 【另存为】对话框

1.3 小结

随着 CAD 技术的进步和成熟，CAD 软件的发展日新月异，从早期的二维模型到当今的三维实体模型乃至产品模型，其中以特征造型、参数化设计思想最引人注目。SolidWorks 作为特征建模软件的典型代表，其功能强大、应用广泛。SolidWorks 2017 在强化了设计功能的同时，进一步改善了用户界面，使之更加友好、更加人性化和智能化。

SolidWorks 2017 的设计环境包括功能区、设计树、绘图区等组成部分。其中，功能区中提供了大量设计工具和命令，用于完成各种设计操作。设计树窗口用于展示模型的特征构成，并为模型的编辑提供入口。

SolidWorks 是一个功能强大的集成软件系统，由于用户的使用情况千差万别，在学习和使用的过程中难免会遇到困难，这时，应该多向有经验的用户请教。SolidWorks 是实用性很强的软件，只有在设计实践中才能熟练掌握软件的使用。一些重要操作以及高级功能，还需要读者在实践中逐渐体会和探索。只有反复实践，才能真正得心应手地使用软件。

1.4 习题

1. 什么是特征，SolidWorks 是怎样实现特征建模的？
2. SolidWorks 2017 有哪些主要功能模块？
3. 简要说明 SolidWorks 2017 设计界面上的主要组成要素及其用途。
4. 简要说明使用 SolidWorks 2017 进行设计的一般流程。
5. 安装 SolidWorks 2017，初步熟悉设计环境的用法。

第2章
绘制二维草图

【学习目标】
- 掌握常用二维绘图工具的用法。
- 掌握常用图形编辑工具的用法。
- 掌握约束工具的用法。
- 掌握二维图形的绘图技巧。

二维平面设计与三维空间设计相辅相成。二维设计中蕴涵的尺寸及约束等理论在现代设计中具有重要的地位。二维设计和三维设计密不可分，用户只有熟练掌握了二维草绘设计工具的用法，才能在三维造型设计中游刃有余。

2.1 知识解析

在三维 CAD 软件中，将三维实体模型在某个平面上的二维轮廓称为草图，草图用于定义特征的截面形状、尺寸和位置。大部分 SolidWorks 的特征都是由二维草图绘制开始的，然后利用二维草图生成基体特征。

2.1.1 绘制二维图形

只有熟练掌握草图绘制的各项功能，才能快速、高效地用 SolidWorks 进行三维建模，并对其进行后续分析。本章将介绍绘制二维草图的基础知识和绘制二维草图的步骤。

在 SolidWorks 中进行草图绘制，首先要了解草图绘制功能区中各种工具的功能，然后循序渐进地学习各种工具的具体操作步骤。下面来介绍各种草绘工具的功能及其使用步骤。

❶ 绘制点

绘制点的步骤如下。

(STEP01) 在模型树中选择【前视基准面】。

(STEP02) 单击【草图】功能区中的 ▫ 按钮，鼠标光标变为 形状。

(STEP03) 在绘图区中单击鼠标左键，即可添加一个点。

(STEP04) 打开如图 2-1 所示的【点】属性管理器，在【参数】栏中修改点的坐标为（30,20）。

(STEP05) 单击 ☑ 按钮，完成点的绘制，结果如图 2-2 所示。

图 2-1 【点】对话框

图 2-2 绘制点

❷ 绘制直线

绘制直线的步骤如下。

(STEP01) 在模型树中选择【前视基准面】。

(STEP02) 单击【草图】功能区中的 ⬚ 按钮，鼠标光标变为 ⬚ 形状。

(STEP03) 在绘图区的适当位置单击鼠标左键，确定线段的起点。

(STEP04) 移动鼠标光标到线段的终点处，再次单击鼠标左键，即可完成线段的绘制。绘制过程如图 2-3 所示。

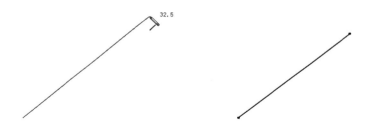

图 2-3 绘制直线

(STEP05) 线段绘制完毕后，绘制状态并没有结束，如果用户要绘制连续的线段，可以按照以上步骤继续绘制，如图 2-4 所示。若要结束线段绘制状态，按 Esc 键即可。

图 2-4 绘制连续线

❸ 绘制矩形

SolidWorks 2017 提供了绘制矩形和平行四边行的工具，利用矩形工具可以绘制标准矩形，利用平行四边形工具可以绘制任意形状的平行四边形。

绘制矩形的步骤如下。

(STEP01) 在模型树中选择【前视基准面】。

STEP02 单击【草图】功能区中的▢按钮，鼠标光标变为⬎形状。

STEP03 在绘图区的适当位置单击鼠标左键，确定矩形的第一个顶点。

STEP04 移动鼠标光标，在鼠标光标附近会显示矩形当前的长和宽，再次单击鼠标左键，完成矩形的绘制。

绘制过程如图 2-5 所示。

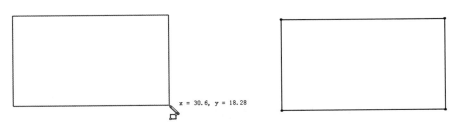

x = 30.6, y = 18.28

图 2-5　绘制连续线

❹ 绘制平行四边形

绘制平行四边形的步骤如下。

STEP01 在模型树中选择【前视基准面】。

STEP02 单击▢按钮旁边的·，在其下拉菜单命令中单击◻（平行四边形）按钮，鼠标光标变为⬎形状。

STEP03 在绘图区的适当位置单击鼠标左键，确定平行四边形一条边的第一个顶点。

STEP04 移动鼠标光标，在适当的位置单击鼠标左键，确定该边的另一个角点，以确定平行四边形的一条边。

STEP05 继续移动鼠标光标至适当位置，然后单击鼠标左键，确定平行四边形的形状。

绘制过程如图 2-6 所示。

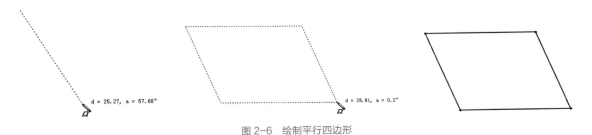

d = 25.27, a = 57.68°　　　　d = 28.81, a = 0.2°

图 2-6　绘制平行四边形

❺ 绘制多边形

绘制多边形的步骤如下。

STEP01 在模型树中选择【前视基准面】。

STEP02 单击【草图】功能区中的◎按扭，鼠标光标变为⬎形状。

STEP03 在绘图区的适当位置单击鼠标左键，确定多边形的中心。

STEP04 移动鼠标光标，在适当的位置单击鼠标左键，确定多边形的形状。在移动鼠标光标时，多边形的尺寸会动态地显示，如图 2-7 所示。

STEP05 在如图 2-8 所示的【多边形】属性管理器中修改多边形的边数为"6"，选择【内切圆】单选项，并修改圆的直径为"50"、中心坐标为（30,30）。

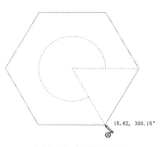

图 2-7　绘制多边形

图 2-8　【多边形】属性管理器

STEP06 单击☑按钮，完成多边形的绘制，结果如图 2-9 所示。

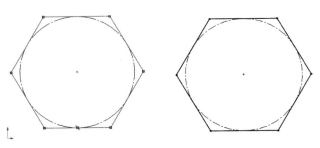

图 2-9　绘制多边形

⑥ 绘制圆

SolidWorks 2017 提供了"中央创建"和"周边创建"两种绘制圆的基本方法。

（1）用"中央创建"方式绘制圆的步骤如下。

STEP01 单击【草图】功能区中的◎按钮，鼠标光标变为形状，并打开如图 2-10 所示的【圆】属性管理器。

STEP02 在绘图区单击鼠标左键，确定圆心的位置。

STEP03 移动鼠标光标至合适位置后单击鼠标左键，以确定圆的半径。确定了圆心之后移动鼠标光标，圆的尺寸会动态地显示出来。

STEP04 【圆】属性管理器会显示当前所绘制的圆的属性，在【参数】栏中修改圆的坐标为（0,0）、半径为"25"，如图 2-11 所示。

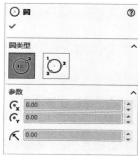

图 2-10　【圆】属性管理器

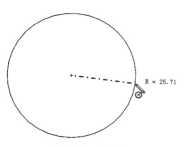

图 2-11　绘制圆

STEP05 单击☑按钮，完成圆的绘制，如图 2-12 所示。

图 2-12 修改设计参数

（2）用"周边创建"方式绘制圆的步骤如下。

STEP01 单击◎按钮旁边的▾，在其下拉菜单命令中单击◎（周边圆）按钮，鼠标光标变为⬚ 形状。

STEP02 在绘图区单击鼠标左键，确定圆周上的第一点。

STEP03 移动鼠标光标，在绘图区的适当位置单击鼠标左键，确定圆周上的第二点。

STEP04 移动鼠标光标，在绘图区的适当位置单击鼠标左键，确定圆周上的第三点。

STEP05 在【圆】属性管理器中将圆心坐标修改为（0,0）、半径修改为"20"。

STEP06 单击 ☑ 按钮，完成圆的绘制。

绘制过程如图 2-13 所示。

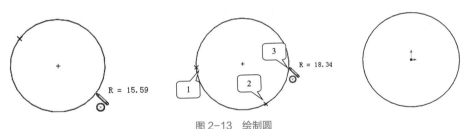

图 2-13 绘制圆

如果想把所绘制的圆转为构造线，只需在绘制圆后，在【圆】属性管理器的【选项】栏中选择【作为构造线】复选项即可，如图 2-14 所示。

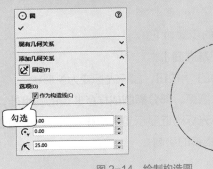

图 2-14 绘制构造圆

❼ 创建圆弧

SolidWorks 2017 提供了"3 点圆弧""圆心 / 起 / 终点画弧"和"切线弧"3 种绘制圆弧的方法。

（1）用"3 点圆弧"方式绘制圆弧的步骤如下。

`STEP01` 在模型树中选择【前视基准面】。

`STEP02` 单击【草图】功能区中的 ⌒ 按钮，鼠标光标变为 ↘ 形状。

`STEP03` 在绘图区单击鼠标左键，确定圆弧的起点。

`STEP04` 移动鼠标光标到圆弧的终点位置后单击鼠标左键，确定圆弧的终点。

`STEP05` 调整鼠标光标的位置，可改变圆弧的方向和半径，在合适的位置单击鼠标左键，完成 3 点圆弧的绘制，绘制过程如图 2-15 所示。

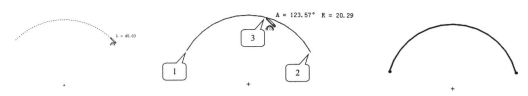

图 2-15　通过 3 点绘制圆弧

（2）用"圆心 / 起 / 终点画弧"方式绘制圆弧的步骤如下。

`STEP01` 在模型树中选择【前视基准面】。

`STEP02` 单击【草图】功能区中的 ⌒ 按钮，鼠标光标变为 ↘ 形状。

`STEP03` 在绘图区单击鼠标左键，确定圆弧的圆心。

`STEP04` 移动鼠标光标至合适位置后单击鼠标左键，确定圆弧的起点位置，同时圆弧的半径也确定了。继续移动鼠标光标，在合适的位置单击鼠标左键，完成圆弧的绘制。

绘制过程如图 2-16 所示。

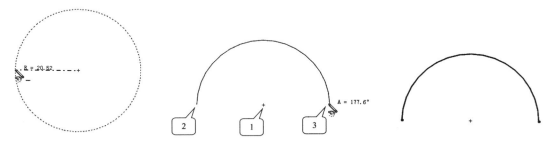

图 2-16　通过"圆心 / 起 / 终点画弧"绘制圆弧

（3）用"切线弧"方式绘制圆弧的步骤如下。

`STEP01` 在模型树中选择【前视基准面】。

`STEP02` 单击【草图】功能区中的 ⌒ 按钮，鼠标光标变为 ↘ 形状。

`STEP03` 将鼠标光标移到直线、圆弧、部分椭圆或样条曲线的端点处，单击鼠标左键。

`STEP04` 移动鼠标光标，在鼠标光标附近显示当前切线弧所对应的圆心角和半径值，当其附近出现理想的切线弧后单击鼠标左键，完成切线圆弧的绘制。

绘制过程如图 2-17 所示。

图 2-17　绘制切线弧

❽ 绘制椭圆和椭圆弧

SolidWorks 2017 提供了两种绘制椭圆的方法：一是通过椭圆工具来绘制，二是通过部分椭圆工具来绘制。利用部分椭圆工具也可以绘制椭圆弧。

（1）绘制椭圆的步骤如下。

STEP01　在模型树中选择【前视基准面】。

STEP02　单击【草图】功能区中的 ◎ 按钮，鼠标光标变为 形状。

STEP03　在绘图区单击鼠标左键，确定椭圆的中心。

STEP04　移动鼠标光标至合适位置后单击鼠标左键，确定椭圆的长轴，继续移动鼠标光标至合适位置后单击鼠标左键，确定椭圆的短轴。

STEP05　在如图 2-18 所示的【椭圆】属性管理器的【参数】栏中修改椭圆的中心坐标为（0,0）、长轴半径为"30"、短轴半径为"15"。

STEP06　单击 ✓ 按钮，完成椭圆的绘制，绘制过程如图 2-19 所示。

图 2-18　【椭圆】属性管理器

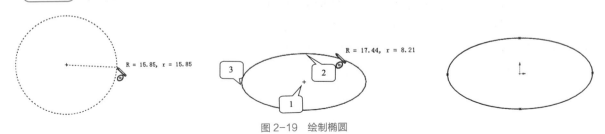

图 2-19　绘制椭圆

（2）绘制椭圆弧的步骤如下。

STEP01　在模型树中选择【前视基准面】。

STEP02　单击 ◎ 按钮旁边的·，在其下拉菜单命令中单击 部分椭圆(P) 按钮，鼠标光标变为 形状。

STEP03　在绘图区单击鼠标左键，确定椭圆的中心。

STEP04　移动鼠标光标至合适位置后单击鼠标左键，确定椭圆的长轴，继续移动鼠标光标至合适位置后单击鼠标左键，确定椭圆的短轴和椭圆弧的起点，用同样的方法确定椭圆弧的终点，绘制过程如图 2-20 所示。

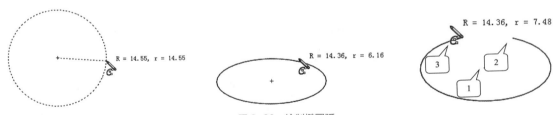

图 2-20　绘制椭圆弧

❾ 绘制抛物线

绘制抛物线的步骤如下。

STEP01 在模型树中选择【前视基准面】。

STEP02 单击 ⊘ 按钮旁边的 ·，在其下拉菜单命令中单击 ∪ 抛物线 按钮，鼠标光标变为 ﹀ 形状。

STEP03 在绘图区单击鼠标左键，确定抛物线的焦点。

STEP04 移动鼠标光标至合适位置后单击鼠标左键，确定抛物线的轮廓。

STEP05 在抛物线的轮廓参考线上单击鼠标左键，确定抛物线的起点，继续移动鼠标光标，在理想的抛物线终点处双击鼠标左键或按 Esc 键，完成抛物线的绘制，绘制过程如图 2-21 所示。

图 2-21 绘制抛物线

❿ 绘制样条曲线

绘制样条曲线的步骤如下。

STEP01 在模型树中选择【前视基准面】。

STEP02 单击【草图】功能区中的 ∿ （样条曲线）按钮，鼠标光标变为 ﹀ 形状。

STEP03 在绘图区单击鼠标左键，确定样条曲线的起点。

STEP04 移动鼠标光标到第 2 点位置时单击鼠标左键。用同样的方法绘制其他点，最后在样条曲线的终点处双击鼠标左键或按 Esc 键，完成样条曲线的绘制，绘制过程如图 2-22 所示。

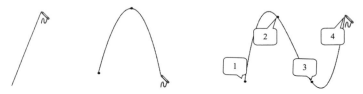

图 2-22 绘制样条曲线

绘制完样条曲线后，如果想改变其形状，可以通过以下方式进行修改。

（1）选中待编辑的样条曲线，这时光标会出现在样条曲线的型值点和端点上。

（2）拖曳型值点或端点可以改变样条曲线的形状，拖曳型值点或端点两端的箭头可以改变样条曲线的曲率，如图 2-23 所示。

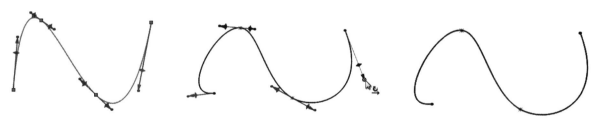

图 2-23 编辑样条线

2.1.2 基础训练——绘制五角星

下面通过绘制如图 2-24 所示的五角星来介绍草图绘制的基本步骤。

【操作步骤】

STEP01 新建文件。

单击 按钮新建一个零件文件，在【草图】功能区中单击 （绘制草图）按钮，进入草图绘制模式，选择【前视基准面】作为绘图基准面。

图 2-24　五星图形

绘制五角星

STEP02 绘制多边形。

（1）选择【草图】功能区中的 （多边形）工具，捕捉到原点，绘制一个多边形。

（2）在打开的【多边形】属性管理器中修改边数为"5"、内切圆的直径为"50"、角度为"90"。

（3）单击 按钮。完成多边形的绘制，如图 2-25 所示。

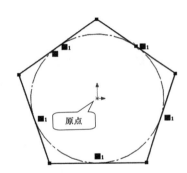

图 2-25　绘制多边形

STEP03 绘制线段。

（1）选择【草图】功能区中的 （直线）工具，绘制不相邻的各顶点之间的连线。

（2）单击 按钮，完成各顶点的连线，结果如图 2-26 所示。

STEP04 删除多余线段。

（1）选择五边形的一条边线，按 Delete 键将其删除。

（2）用同样的方法删除多边形的各边线和内切圆，结果如图 2-27 所示。

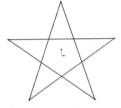

图 2-26　绘制直线　　　　　　　　　　　图 2-27　删除线段

STEP05 剪裁线段。

（1）选择【草图】功能区中的 （剪裁实体）工具，打开【剪裁】属性管理器，如图 2-28 所示。

（2）单击 ⊹ 按钮，选择五角星内的线段对其进行剪裁，如图 2-29 所示。

（3）剪裁完成后单击 ✓ 按钮，结果如图 2-30 所示。

图 2-28　剪裁属性管理器

剪裁五边形
内部线段

图 2-29　剪裁线段

图 2-30　剪裁结果

STEP06　单击绘图区右上角的 ↳ 按钮，退出草图绘制环境，完成五角星的绘制，最终结果如图 2-24 所示。

下面用所学的知识绘制如图 2-31 所示的凸轮草图。

【操作步骤】

STEP01　新建文件。

单击 ▯ 按钮新建一个零件文件，在【草图】功能区中单击 ⊵ （绘制草图）按钮，进入草图绘制模式，选择【前视基准面】作为绘图基准面。

STEP02　绘制圆。

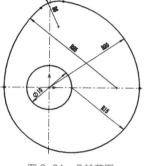

图 2-31　凸轮草图

绘制凸轮草图

（1）单击【草图】功能区中的 ⟋· （直线）右边的 · 按钮，在弹出的下拉工具列表中选择 ⟋ 中心线(N) 工具，绘制如图 2-32 所示的中心线。

（2）选择【草图】功能区中的 ⊙ 工具，绘制一个圆，结果如图 2-33 所示。

图 2-32　绘制中心线

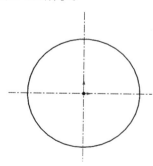

图 2-33　绘制圆

STEP03　修改尺寸。

（1）选择【草图】功能区中的 ⟋ （智能尺寸）工具，将鼠标光标移到圆周上单击，在适当位置单击鼠标左键放置尺寸，弹出【修改】对话框。

（2）在【修改】对话框中输入"10"。

（3）修改完成后单击 ✓ 按钮，完成圆的尺寸标注，结果如图 2-34 所示。

STEP04 绘制圆弧。

（1）选择【草图】功能区中的⬚（圆心／起／终点画弧）工具，以 ϕ10 圆与水平中心线的右交点为圆心，绘制一个起点和终点都位于水平中心线上的半圆，并标注半径尺寸为"15"，结果如图 2-35 所示。

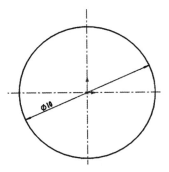

图 2-34 修改尺寸

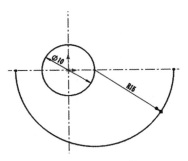

图 2-35 绘制半圆

（2）使用⬚工具，以原点为圆心，绘制一起点位于水平中心线上、终点位于竖直中心线上的 1/4 圆，标注半径尺寸为"20"，结果如图 2-36 所示。

（3）使用⬚工具，将鼠标光标移到原点右侧，并使其位于水平中心线上，然后单击鼠标左键，绘制 1/4 圆。标注半径尺寸为"25"、圆心距原点尺寸为"15"，结果如图 2-37 所示。

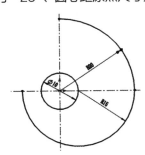

图 2-36 绘制 1/4 圆

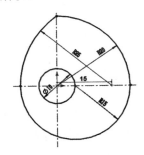

图 2-37 绘制圆弧

STEP05 创建圆角。

（1）选择【草图】功能区中的⬚（绘制圆角）工具，打开的【绘制圆角】属性管理器。

（2）选择 R25 和 R20 的圆弧，输入圆角半径为"6"，如图 2-38 所示。

（3）创建完成后单击 ☑ 按钮，完成后如图 2-39 所示。

图 2-38 圆角属性管理器

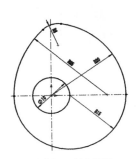

图 2-39 绘制圆角

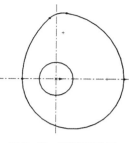

STEP06 单击绘图区右上角的 ⤴ 按钮，退出草图绘制环境，完成凸轮的绘制，结果如图 2-40 所示。

图 2-40　绘制凸轮结果

2.1.3　编辑二维草图

除了用于绘制草图实体的绘制工具外，SolidWorks 2017 还提供了一些用于辅助绘制草图实体的编辑工具。熟练地运用这些草图实体编辑工具，是练就绘图基本功的重要因素。SolidWorks 的工作流程是先建立一个基体特征，然后逐一添加其他特征。这样，在建立后期特征时，就经常需要引用已有特征的边界，从而在两个特征之间形成一种关联关系。

❶ 转换实体引用

如果引用对象改变，转换后的草图实体也会随之更新。实现这个功能的工具就是 ⓝ（转换实体引用），利用该工具可以将边线、环、面、外部草图轮廓、一组边线及一组外部草图轮廓投影到草图基准面上，并在该草图上生成一个或多个草图实体。

转换实体引用的步骤如下。

STEP01 进入零件绘制模式，选择【前视基准面】作为绘图基准面。

STEP02 单击【草图】功能区中的 ⊙ 按钮，绘制一个圆。

STEP03 单击【特征】功能区中的 ⬈（拉伸凸台/基体）按钮，在打开的【凸台-拉伸】属性管理器中选择拉伸方式为【给定深度】，并输入深度值"10"，然后单击 ✓ 按钮，完成拉伸特征的创建。

STEP04 单击【特征】功能区中的 ⬈（参考几何体）按钮，在弹出的下拉菜单中选择 ▣ 基准面，打开【基准面】属性管理器，选择模型端面作为参考平面，如图 2-41 左图所示，输入偏移距离为"20"，单击 ✓ 按钮完成"基准面 1"的创建。

STEP05 选择创建的基准面 1 后，单击 ⊟（草图绘制）按钮，进入草图绘制环境。

STEP06 选择圆柱体的周边圆。

STEP07 单击【草图】功能区中的 ⓝ（转换实体引用）按钮，即可将草图模型转换为实体引用。

转换实体引用的过程如图 2-41 所示。

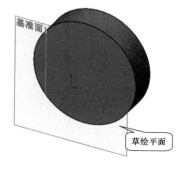

图 2-41　转换实体引用

❷ 等距实体

等距实体的步骤如下。

STEP01 选择【前视基准面】作为绘图基准面，绘制一个任意尺寸的圆形。

STEP02 单击【草图】功能区中的 ⊟（等距实体）按钮，在绘图区中选择欲等距的实体，然后在【等距实体】属性管理器的【参数】栏中输入等距距离为"10"。

STEP03 单击 ☑ 按钮，完成等距实体的操作。

绘制过程如图 2-42 所示。

 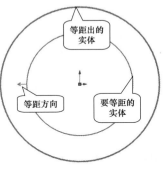 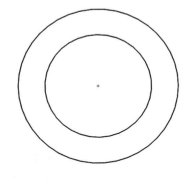

图 2-42 等距实体

 当用户欲改变等距的方向时，可以在【等距实体】属性管理器的【参数】栏中选择【反向】复选项。

3 绘制圆角

绘制圆角的步骤如下。

STEP01 选择【前视基准面】作为绘图基准面，绘制一个任意尺寸的矩形。

STEP02 单击【草图】功能区中的 按钮，在打开的【绘制圆角】属性管理器的【圆角参数】栏中输入圆角半径为"10"，如图 2-43 所示。

STEP03 单击需要圆角处理的两个草图实体或直接单击两交叉实体的交点即可。

绘制过程如图 2-44 所示。

  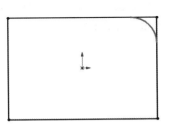 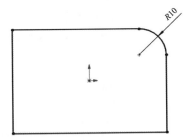

图 2-43 【绘制圆角】对话框

图 2-44 绘制圆角

 在绘制圆角时，如果在角部存在尺寸标注或几何关系，并且用户希望保留虚拟交点，则需在【绘制圆角】属性管理器中选择【保持拐角处约束条件】复选项；如果需要被圆角化处理的两个实体没有直接相交，并且不存在尺寸标注或几何关系，则所选实体将会被延伸后再生成圆角，如图2-45 所示。

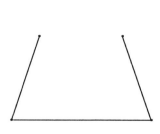

图 2-45　延伸曲线后创建圆角

❹ 绘制倒角

绘制倒角的方式有三种，介绍如下。

（1）等距倒角

STEP01　选择【前视基准面】作为绘图基准面，绘制一个任意尺寸的矩形。

STEP02　单击 按钮旁边的 ，在其下拉菜单命令中选择 绘制倒角 工具，打开如图 2-46 所示的【绘制倒角】属性管理器，系统默认选择【相等距离】复选项，输入倒角的距离值为"10"。

STEP03　单击需要倒角的两个实体或直接单击两交叉实体的交点即可，结果如图 2-47 所示。

图 2-46　【绘制倒角】属性管理器 1

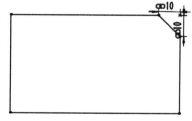

图 2-47　绘制倒角 1

（2）距离倒角

STEP01　在【绘制倒角】属性管理器中取消对【相等距离】复选项的选择后，【绘制倒角】属性管理器变成如图 2-48 所示的形式。

STEP02　在此属性管理器中分别输入距离值为"15"和"10"。

STEP03　单击需要倒角处理的两个实体或直接单击两交叉实体的交点，即可实现任意距离倒角的绘制，如图 2-49 所示。

图 2-48　【绘制倒角】属性管理器 2

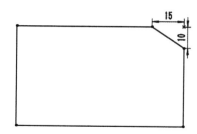

图 2-49　绘制倒角 2

（3）边角倒角

STEP01 绘制倒角时，若选择【角度距离】单选项，则【绘制倒角】属性管理器变成如图 2-50 所示的形式。

STEP02 分别输入距离值"10"和角度值"45"后，单击需要倒角处理的两个实体或直接单击两交叉实体的交点，即可实现任意距离和角度倒角的绘制，如图 2-51 所示。

图 2-50 【绘制倒角】属性管理器 3

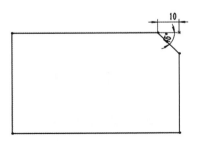

图 2-51 绘制倒角 3

❺ 剪裁图形

单击【草图】功能区中的 ⚔（剪裁实体）按钮，打开如图 2-52 所示的【剪裁】属性管理器，通过该属性管理器可以看到剪裁有【剪裁到最近端】、【强劲剪裁】、【边角】、【在内剪除】和【在外剪除】5 种方式，分别介绍如下。

（1）利用【剪裁到最近端】方式剪裁实体

STEP01 单击【剪裁】属性管理器中的 ⊞ 按钮，如图 2-52 所示。

STEP02 将鼠标光标移动到欲剪裁掉的实体上，被剪裁的部分高亮显示，单击鼠标左键，则所选实体被裁剪掉。

STEP03 剪裁过程如图 2-53 所示。

图 2-52 【剪裁】属性管理器

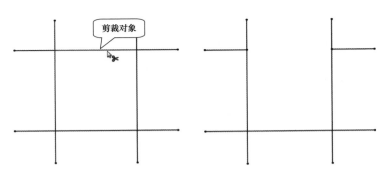

图 2-53 剪裁到最近端

（2）利用【强劲剪裁】方式剪裁实体

STEP01 单击【剪裁】属性管理器中的 ⊞ 按钮。

STEP02 选中一个实体作为剪裁对象，如图 2-54 左图所示。然后移动鼠标被剪裁的图元会用两种不同的颜色区分开来，颜色不同于选中颜色的部分为保留部分，如图 2-54 中间图所示，剪裁结果如图 2-54 右图所示。

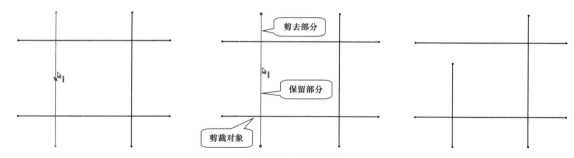

图 2-54 剪裁示例

（3）利用【边角】方式剪裁实体

(STEP01) 单击【剪裁】属性管理器中的 ⊞ 按钮。

(STEP02) 选择草图实体 1，该实体以绿色显示，然后把鼠标光标移到实体 2 上，实体 2 欲保留的部分将以红色高亮显示，选择实体 2，则这两个实体将同时在交点处被剪断。

剪裁过程如图 2-55 所示。

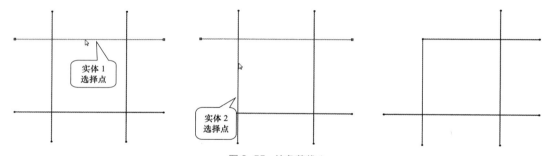

图 2-55 边角剪裁 1

 要点提示　当选择点不同时，所剪裁的结果也不同，如图 2-56 所示。

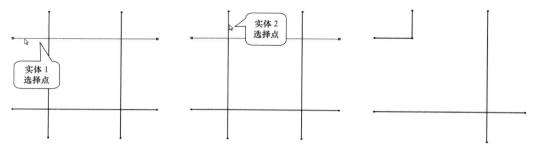

图 2-56 边角剪裁 2

（4）利用【在内剪除】方式剪裁实体

(STEP01) 单击【剪裁】属性管理器中的 ⊞ 按钮。

(STEP02) 选择实体 1 和实体 2 作为剪刀线。

(STEP03) 选择与实体 1 和实体 2 同时相交的实体 3，则实体 3 位于实体 1 和实体 2 之间的部分被剪裁掉。

剪裁过程如图 2-57 所示。

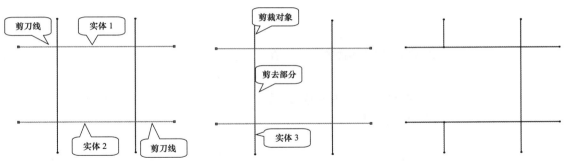

图 2-57 在内剪除

（5）利用【在外剪除】方式剪裁实体

(STEP01) 单击【剪裁】属性管理器中的 ⊞ 按钮。

(STEP02) 选择线段 1 和线段 2 作为剪刀线。

(STEP03) 选择与实体 1 和实体 2 同时相交的线段 3，则所显示线段位于线段 1 和线段 2 之外的部分被
剪裁掉。

剪裁过程如图 2-58 所示。

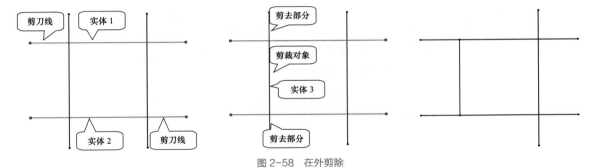

图 2-58 在外剪除

⑥ 镜像图形

镜像实体的步骤如下。

(STEP01) 单击【草图】功能区中的 ⋈ 镜向实体 按钮，打开【镜像】属性管理器。

(STEP02) 选择圆作为要镜像的实体、点画线作为镜像点。

(STEP03) 单击 ☑ 按钮，完成草图的镜像操作。

镜像过程如图 2-59 所示。

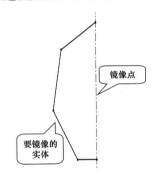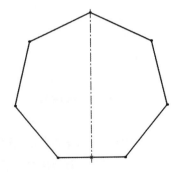

图 2-59 镜像图形

❼ 延伸

延伸实体的步骤如下。

STEP01 单击 ✄（剪裁实体）按钮下边的 ⎯・，在其下拉菜单命令中单击 ⊤ 延伸实体 按钮，鼠标光标变为 ↳⊤ 形状。

STEP02 将鼠标光标移动到要延伸的草图实体上，系统以红色高亮显示延伸后的预览，单击鼠标左键，即可完成草图实体延伸，结果如图 2-60 所示。

图 2-60　延伸图形

❽ 圆周阵列和线性阵列

SolidWorks 2017 提供了圆周阵列和线性阵列两种阵列方式。

（1）线性阵列的步骤

STEP01 在【草绘】功能区中单击 ⠿ 线性草图阵列 按钮，鼠标光标变为 ⫞ 形状。

STEP02 打开【线性阵列】属性管理器，在【方向 1】栏中输入间距为"10"、数量为"3"，在【方向 2】栏中输入数量为"3"、间距为"10"，如图 2-61 所示。

STEP03 选择圆作为要阵列的实体，绘图区出现预览方式。

STEP04 单击 ☑ 按钮，完成线性阵列操作，阵列过程如图 2-62 所示。

图 2-61　【线性阵列】属性管理器

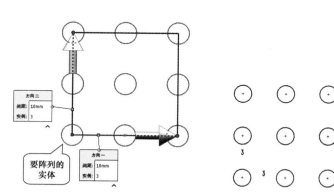

图 2-62　圆周阵列

（2）圆周阵列的步骤

STEP01 单击 ⠿ 线性草图阵列 按钮旁边的 ⁝，在其下拉菜单命令中单击 ⠿ 圆周草图阵列 按钮，鼠标光标变为 ⫞ 形状。

STEP02 在打开的【圆周阵列】属性管理器中设置中心 X 为"0"、中心 Y 为"0"、数量为"8"、间距为"360"、半径为"16.02"、圆弧角度为"270 度"，如图 2-63 所示。

STEP03 选择要阵列的实体，绘图区出现预览方式。

STEP04 单击 ✓ 按钮，完成圆周阵列操作。

阵列过程如图 2-64 所示。

图 2-63 【圆周阵列】属性管理器

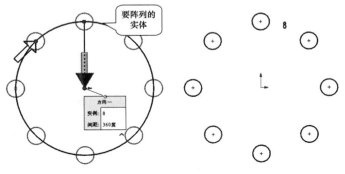

图 2-64 圆周阵列

2.1.4 基础训练——绘制连杆草图

下面用所学知识绘制如图 2-65 所示的连杆草图。

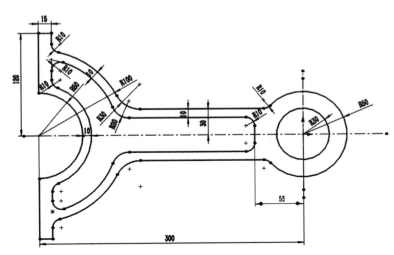

图 2-65 连杆草图

【操作步骤】

STEP01 新建文件。

单击 📄 按钮新建一个零件文件，在【草图】功能区中单击 ⏣ 按钮，进入草图绘制模式，选择【前视基准面】作为绘图基准面。

STEP02 绘制圆弧。

（1）单击【草图】功能区中的 ✏ （直线）右边的 ▾ 按钮，在弹出的下拉工具列表中选择 ✏ 中心线(N) 工具，绘制如图 2-66 所示的中心线。

（2）选择【草图】功能区中的 ⌒ 工具，绘制如图 2-67 所示的圆弧。

绘制连杆草图

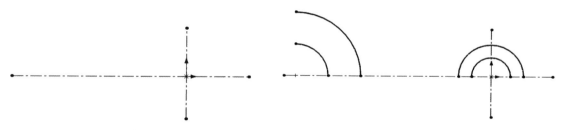

图 2-66　绘制中心线　　　　　　　　　　图 2-67　绘制圆弧

STEP03 绘制直线。

（1）选择【草图】功能区中的 ✐（直线）工具，绘制如图 2-68 所示的草图。

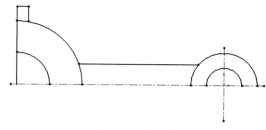

图 2-68　绘制直线

（2）选择【草图】功能区中的 ✐（智能尺寸）工具，标注并修改草图尺寸，结果如图 2-69 所示。

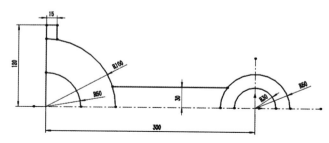

图 2-69　标注尺寸

STEP04 创建等距实体。

（1）选择【草图】功能区中的 ⬚工具，打开【等距实体】属性管理器。

（2）选择需要偏移的线段，在【等距实体】属性管理器中设置等距参数为"10"。

（3）设置完成后单击 ✓ 按钮，结果如图 2-70 所示。

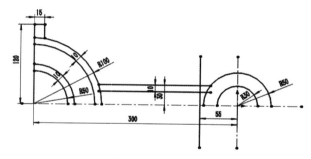

图 2-70　等距操作

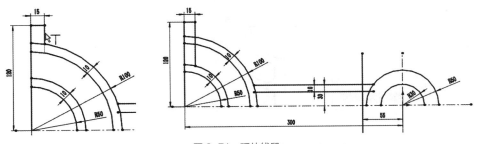

STEP05 延伸线段。

单击 ✄ 下方的 ▢▾ 按钮，在弹出的下拉工具列表中选择 ⊤ 延伸实体 工具，选择欲延伸的线段，对其进行延伸，结果如图 2-71 所示。

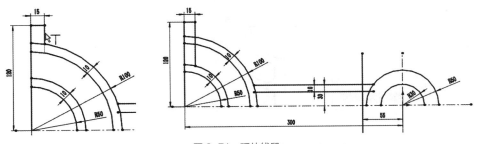

图 2-71　延伸线段

STEP06 修剪草图。

（1）选择【草图】功能区中的 ✄（剪裁实体）工具，打开【剪裁】属性管理器。

（2）单击 ⊞ 按钮，裁剪草图中的多余线段。

（3）剪裁完成后单击 ✓ 按钮，结果如图 2-72 所示。

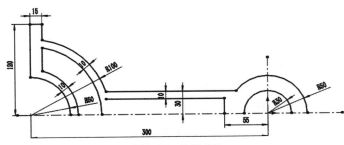

图 2-72　修剪图形

STEP07 创建圆角。

选择【草图】功能区中的 ▢（圆角）工具，对草图进行圆角处理，结果如图 2-73 所示。

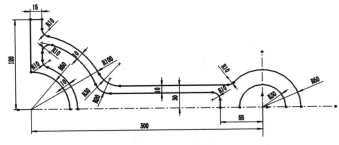

图 2-73　倒圆角

STEP08 镜像草图。

（1）选择【草图】功能区中的 ⊪ 镜向实体 工具，打开【镜像】属性管理器。

（2）选择除水平中心线外的所有草图实体作为欲镜像的实体，选择水平中心线为镜像点。

（3）设置完成后单击 ✓ 按钮，完成草图的镜像，如图 2-74 所示。

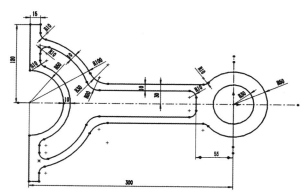

图 2-74　镜像图形

(STEP09) 单击绘图区右上角的 按钮，退出草图绘制环境，完成连杆的绘制，结果如图 2-75 所示。

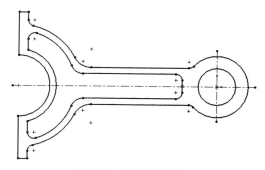

图 2-75　连杆的设计结果

2.1.5　使用约束工具绘制草图

在 SolidWorks 中，草图设计分两步进行：第一步是利用草图绘制工具绘制出草图的轮廓，第二步是利用尺寸标注工具和添加几何关系工具精确定义草图，进而完成草图的绘制。

❶ 标注草图尺寸

SolidWorks 中主要的标注工具是智能尺寸工具，该工具可以根据用户所选的标注对象自动调整标注方式。

（1）标注线段的步骤

(STEP01) 单击【草图】功能区中的 （智能尺寸）按钮，鼠标光标变为 形状。

(STEP02) 选择要标注的线段，线段的现有尺寸值显示出来。

(STEP03) 移动鼠标光标到合适的位置，单击鼠标左键，确定尺寸放置的位置，系统打开【修改】窗口，输入尺寸值为"30"。

(STEP04) 单击 按钮完成标注，标注过程如图 2-76 所示。

图 2-76　标注线段尺寸

（2）标注角度的步骤

(STEP01) 单击【草图】功能区中的 ![] 按钮。

(STEP02) 选择形成夹角的两条线段，两线段的现有角度值显示出来。

(STEP03) 移动鼠标光标到合适的位置，单击鼠标左键，确定尺寸放置的位置，系统打开【修改】窗口，输入尺寸值为"45"。

(STEP04) 单击 ![] 按钮完成标注，结果如图 2-77 所示。

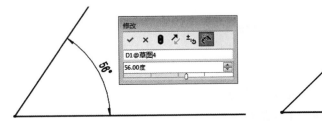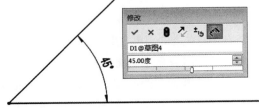

图 2-77　标注角度

（3）标注圆弧的步骤

(STEP01) 单击【草图】功能区中的 ![] 按钮。

(STEP02) 选择要标注的圆弧，圆的半径值显示出来。

(STEP03) 移动鼠标光标到合适的位置，单击鼠标左键，确定尺寸放置的位置，系统打开【修改】窗口，输入圆弧半径值为"20"。

(STEP04) 单击 ![] 按钮完成标注，结果如图 2-78 所示。

(STEP05) 当标注圆弧尺寸时，系统默认的尺寸类型为圆弧半径，如果要标注圆弧的直径，就要选择圆弧和两个端点，如图 2-79 所示。

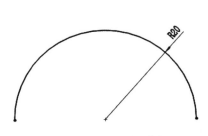

图 2-78　标注圆弧尺寸 1

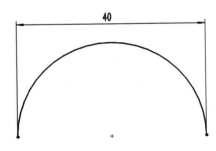

图 2-79　标注圆弧尺寸 2

（4）标注圆的步骤

(STEP01) 单击【草图】功能区中的 ![] 按钮。

(STEP02) 选择要标注的圆，圆的直径值显示出来。

(STEP03) 移动鼠标光标到合适的位置，单击鼠标左键，确定尺寸放置的位置，系统打开【修改】窗口，输入圆的直径值为"80"。

(STEP04) 单击 ![] 按钮完成标注，结果如图 2-80 所示。

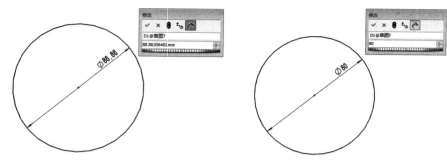

图 2-80 标注圆尺寸

（5）标注两直线间的距离的步骤

STEP01 单击【草图】功能区中的 按钮。

STEP02 选择相距的两条直线，两直线的现有距离值显示出来。

STEP03 移动鼠标光标到合适的位置，单击鼠标左键，确定尺寸放置的位置，系统打开【修改】窗口，输入距离值为"20"。

STEP04 单击 按钮完成标注，结果如图 2-81 所示。

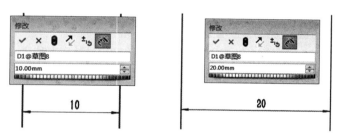

图 2-81 标注两直线间的距离

（6）修改尺寸值的步骤

STEP01 在草图编辑状态下，移动鼠标光标到尺寸线上，鼠标光标变为 形状。

STEP02 双击鼠标左键，在当前尺寸线的位置上打开【修改】窗口，输入尺寸值为"20"。

STEP03 单击 按钮，完成尺寸修改。修改过程如图 2-82 所示。

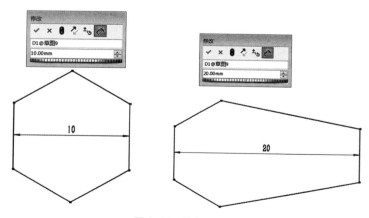

图 2-82 修改尺寸值

❷ 添加几何关系

在绘制草图时，有些几何关系是根据鼠标光标在绘图区的不同位置自动产生的，但 SolidWorks 2017 只能添加有限的几何关系，如水平、竖直及相切等。为了更有效、更合理地定义草图，对那些无法自动生成的几何关系，用户可以通过【添加几何关系】工具自行添加，步骤如下。

STEP01 选择需要添加约束关系的两条边线后，此时，系统会在绘图区左边弹出【属性】管理器，如图 2-83 所示。在此管理器中的"添加几何关系"栏中列出了所选图元可添加的约束关系，单击 = 按钮，添加相等约束。

STEP02 单击 ✓ 按钮，完成几何关系的添加，添加过程如图 2-84 所示。

图 2-83 【属性】管理器

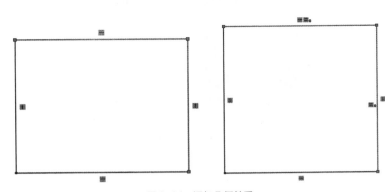

图 2-84 添加几何关系

2.1.6 基础训练——绘制扳手草图

下面，用所学知识绘制如图 2-85 所示的扳手草图。

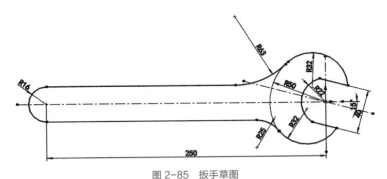

图 2-85 扳手草图

【操作步骤】

STEP01 新建文件。

单击 ▣ 按钮新建一个零件文件，在【草图】功能区中单击 📐 按钮，进入草图绘制模式，选择【前视基准面】作为绘图基准面。

STEP02 绘制中心线。

单击【草图】功能区中的 ∕· （直线）右边的 ▾ 按钮，在弹出的下拉工具列表中选择 ⌁ 中心线(N) 工具，绘制如图 2-86 所示的中心线。

绘制扳手草图

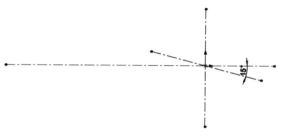

图 2-86　绘制中心线

　要点提示　　绘制倾斜中心线时，如果通过捕捉的方法找不到原点，可先绘制一条倾斜线，然后通过添加几何关系的方法为原点和倾斜中心线添加重合关系，如图 2-87 所示。

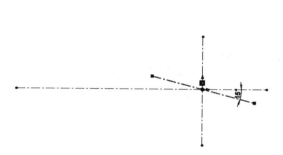

图 2-87　约束中心线

STEP03 创建等距实体。

（1）选择【草图】功能区中的 工具，打开【等距实体】属性管理器。

（2）选择上一步创建的斜中心线对其进行等距偏移操作，在【等距实体】属性管理器中设置等距参数。

（3）设置完成后单击 按钮，结果如图 2-88 所示。

STEP04 绘制圆弧与圆。

（1）选择【草图】功能区中的 工具，过原点绘制圆弧，使其两端点位于距原点为"20"的两条线段上，并标注其半径为"22"，结果如图 2-89 所示。

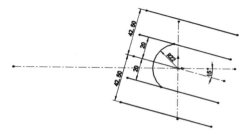

图 2-88　绘制等距线　　　　　　　　　　　图 2-89　绘制圆弧

（2）选择【草图】功能区中的 工具，绘制 3 个圆，并标注尺寸。其中，ϕ100 圆的圆心位于原点上，其他两个 ϕ64 圆的圆心位于竖直中心线的左侧，结果如图 2-90 所示。

（3）选择上部 ϕ64 和 ϕ100 的圆，在打开的【添加几何关系】属性管理器中，单击 按钮，为其添加相切关系。继续为上部 $\phi 64$ 的圆和距原点为 42.5 的线段添加相切关系，结果如图 2-91 所示。

（4）用同样的方法为下部 $\phi 64$ 和 $\phi 100$ 的圆及线段添加相切关系，结果如图 2-92 所示。

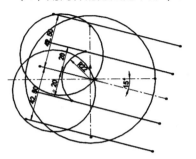

图 2-90　绘制圆

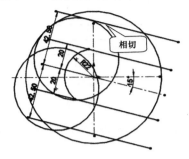

图 2-91　添加约束 1

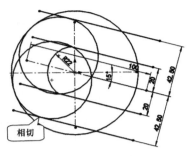

图 2-92　添加约束 2

STEP05　修剪草图。

（1）选择【草图】功能区中的 $\mathbf{k}$ （剪裁实体）工具，打开【剪裁】属性管理器。

（2）单击 ⊞ 按钮，裁剪草图中的多余线段。

（3）剪裁完成后单击 ☑ 按钮，结果如图 2-93 所示。

STEP06　绘制切线弧。

利用【草图】功能区中的直线工具 ✎ 和切线弧工具 ⤵ 绘制草图，并标注尺寸，结果如图 2-94 所示。

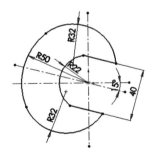

图 2-93　裁剪草图

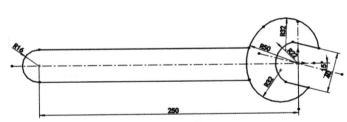

图 2-94　绘制切线弧

STEP07　绘制圆角。

选择【草图】功能区中的 ⤵ 工具，对草图进行倒圆角处理，结果如图 2-95 所示。

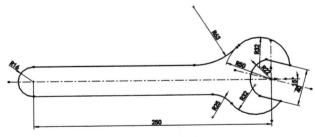

图 2-95　绘制圆角

STEP08　绘制圆弧。

选择【草图】功能区中的 ⤵ 工具，过原点绘制 $R50$ 的圆弧，并补充倒圆角时裁剪掉的圆弧，结果如图 2-96 所示。

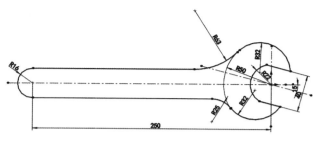

图 2-96　绘制圆弧

(STEP09)　单击绘图区右上角的 └₀ 按钮，退出草图绘制环境，完成图形的绘制，最终结果如图 2-97 所示。

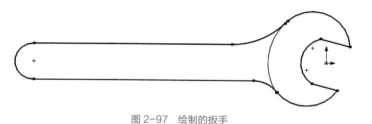

图 2-97　绘制的扳手

2.2　典型实例

前面已经介绍了绘制和修改草图实体的方法，下面通过实例介绍如何用实体绘制工具绘制二维草图。

2.2.1　实例 1——绘制轴端固定板草图

下面绘制如图 2-98 所示的轴端固定板草图。

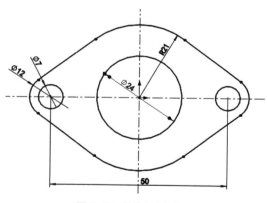

图 2-98　轴端固定板草图

【操作步骤】

(STEP01)　新建文件。

单击 🗋 按钮新建一个零件文件，在【草图】功能区中单击 └ 按钮，进入草图绘制模式，选择【前视基准面】作为绘图基准面。

(STEP02)　绘制圆。

（1）单击【草图】功能区中的 ╱▪（直线）右边的 ▪ 按钮，在弹出的下拉工具列表中选择 ╱ 中心线(N) 工具，绘制如图 2-99 所示的中心线。

绘制轴端固定板草图

（2）选择【草图】功能区中的  工具，捕捉到原点，绘制直径为"42"的圆，并标注尺寸，结果如图2-100所示。

图 2-99　绘制中心线

图 2-100　绘制圆 1

STEP03 使用 ⊙工具，将鼠标光标移动到水平中心线上，当中心线变为红色时，绘制一个直径为"7"的圆，并标注尺寸，结果如图 2-101 所示。

STEP04 使用 ⊙工具，捕捉到 φ7 圆的圆心后，绘制一个直径为"12"的圆，并使用镜像工具镜向两圆，结果如图 2-102 所示。

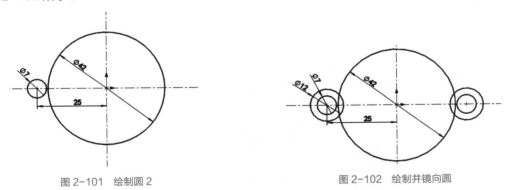

图 2-101　绘制圆 2

图 2-102　绘制并镜向圆

STEP05 绘制切线。

选择【草图】功能区中的 ／工具，绘制 4 条与 φ12 和 φ42 圆相切的线段，结果如图 2-103 所示。

STEP06 剪裁实体。

选择【草图】功能区中的 ✂（剪裁实体）工具，单击 ⊞按钮，裁剪草图，结果如图 2-104 所示。

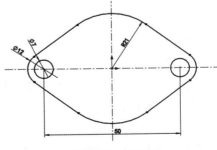

图 2-103　绘制切线

图 2-104　裁剪曲线

STEP07 绘制圆。

单击【草图】功能区中的 ⊙按钮，捕捉到圆点，绘制 φ24 的圆，结果如图 2-105 所示。

STEP08 标注尺寸。

单击【草图】功能区中的 （智能尺寸）按钮，标注草图尺寸。

STEP09 单击绘图区右上角的 按钮，退出草图绘制环境，结果如图 2-106 所示。

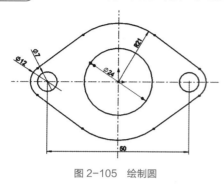

图 2-105 绘制圆

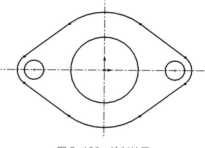

图 2-106 绘制结果

2.2.2 实例 2——绘制摇臂

本例绘制图 2-107 所示摇臂图案，主要应用圆、直线等基本图形绘制工具和添加几何关系、圆周阵列等图形编辑工具。

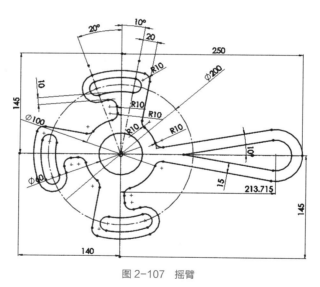

图 2-107 摇臂

【操作步骤】

STEP01 新建文件。

单击 按钮新建一个零件文件，在【草图】功能区中单击 按钮，进入草图绘制模式，选择【前视基准面】作为绘图基准面。

STEP02 绘制中心线和辅助线。

（1）单击【草图】功能区中的 （直线）右边的 按钮，在弹出的下拉工具列表中选择 中心线(N) 工具，绘制中心线并使用 工具修改尺寸。

（2）选择【草图】功能区中的 工具，捕捉到原点，绘制一个直径为"200"的圆，并在【圆】属性管理器中勾选【作为构造线】复选框。完成后的辅助线如图 2-108 所示。

绘制摇臂

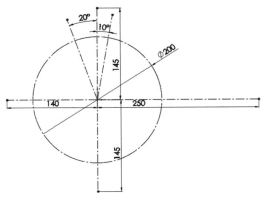

图 2-108　绘制中心线和辅助线

STEP03　绘制圆。

（1）选择【草图】功能区中的 ⊏ 工具，打开【等距实体】属性管理器。

（2）选择上一步创建的构造圆对其进行等距偏移操作，在【等距实体】属性管理器中设置等距参数，设置完成后单击 ✓ 按钮，结果如图 2-109 所示。

（3）选择【草图】功能区中的 ⊙ 工具，捕捉中心线与构造圆的交点，绘制如图 2-110 所示的与外圆弧相切的小圆。

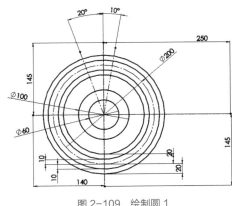

图 2-109　绘制圆 1

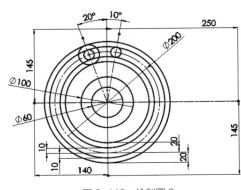

图 2-110　绘制圆 2

STEP04　剪裁实体。

（1）选择【草图】功能区中的 ✂ （剪裁实体）工具，打开【剪裁】属性管理器。

（2）单击 ⊞ 按钮，裁剪草图中的多余线段。

（3）剪裁完成后单击 ✓ 按钮，结果如图 2-111 所示。

STEP05　等距实体。

（1）选择【草图】功能区中的 ⊏ 工具，打开【等距实体】属性管理器。

（2）选择如图 2-111 所示的斜中心线，对其进行等距偏移操作，在【等距实体】属性管理器中设置等距参数为"20"，如图 2-112 所示。

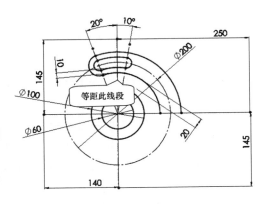

图 2-111　裁剪图形

STEP06 绘制线段。

利用【草图】功能区中的直线工具 ✎ ，绘制线段 1、2，结果如图 2-113 所示。

图 2-112 【等距实体】属性管理器

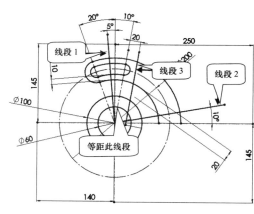

图 2-113 绘制线段

STEP07 剪裁实体。

使用 ✄ （剪裁实体）工具，剪裁多余的线段和弧线，结果如图 2-114 所示。

STEP08 绘制圆角。

选择【草图】功能区中的 ◠ 工具，对草图进行倒圆角处理，如图 2-115 所示在 1、2、3、4 处倒圆角。

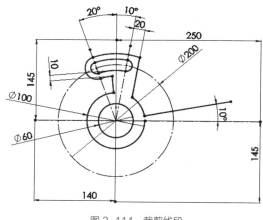

图 2-114 裁剪线段

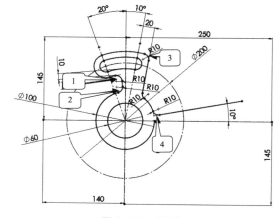

图 2-115 倒圆角

STEP09 修改尺寸。

选择【草图】功能区中的 ⟨尺⟩ 工具，对线段 5 进行尺寸约束。

STEP10 镜像实体。

（1）选择【草图】功能区中的 ⟨镜向实体⟩ 工具，打开【镜像】属性管理器。

（2）选择线段 5 作为欲镜像的实体，选择水平中心线为镜像点。

（3）设置完成后单击 ✓ 按钮，完成草图的镜像，结果如图 2-116 所示。

STEP11 等距实体并镜像。

（1）使用 ◰ 工具，打开【等距实体】属性管理器。

（2）选择线段 5 对其进行等距偏移操作，在【等距实体】属性管理器中设置等距参数为"15"。

（3）使用 镜向实体 工具，打开【镜像】属性管理器。

（4）选择等距出的线段作为欲镜像的对象，选择水平中心线作为镜像点，单击 ✓ 按钮，完成草图的镜像，结果如图 2-117 所示。

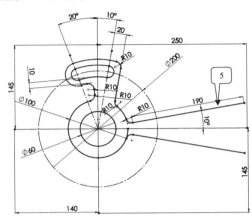

图 2-116　尺寸约束并镜像对象

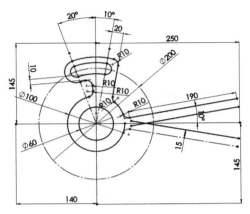

图 2-117　绘制并镜像线段

STEP12 绘制相切圆。

绘制与镜像前后线段相切的两个圆，结果如图 2-118 所示。

STEP13 剪裁实体。

使用 （剪裁实体）工具，剪裁多余的线段和弧线，结果如图 2-119 所示。

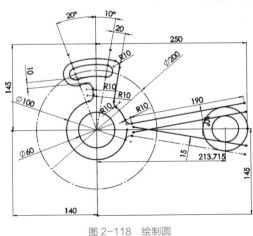

图 2-118　绘制圆

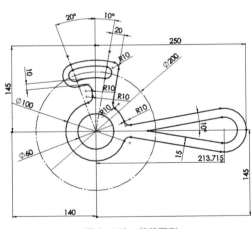

图 2-119　裁剪图形

STEP14 阵列草图。

（1）单击【草图】功能区中 线性草图阵列 右边的 按钮，在弹出的工具下拉列表中选择 圆周草图阵列 工具，参数设置如图 2-120 所示。

（2）在【圆周阵列】属性管理器中，选择阵列中心为原点，阵列个数为"3"，角度为"-180度"。

（3）设置完成后单击 ✓ 按钮，完成阵列。

STEP15 剪裁多余的线段和弧线，最终结果如图 2-121 所示。

图 2-120　阵列参数

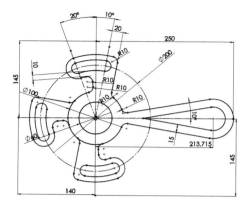

图 2-121　阵列结果

2.2.3　实例 3——绘制棘轮

外棘轮机构是一种典型的机械零件，在绘制该棘轮机构时，综合使用了各种绘图工具和多种编辑工具，最后设计结果如图 2-122 所示。

【操作步骤】

(STEP01)　新建文件。

单击 按钮新建一个零件文件，在【草图】功能区中单击 按钮，进入草图绘制模式，选择【前视基准面】作为绘图基准面。

绘制棘轮

(STEP02)　创建基本图元。

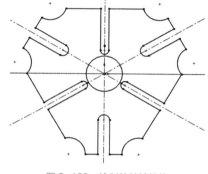

图 2-122　绘制外棘轮机构

（1）在【草绘】功能区中单击 中心线(N) 按钮，分别绘制一条水平中心线和一条竖直中心线。

（2）单击 中心线(N) 按钮，绘制一条与竖直中心线的夹角成 60° 的中心线，并用 工具绘制一条水平直线，结果如图 2-123 所示。

（3）在【草绘】功能区中单击 按钮，绘制两个圆，小圆直径为"0.5"，大圆直径为"0.7"，然后利用 工具绘制一段圆弧（半径为 2.5），如图 2-124 所示。

要点提示

绘制的大小两个圆的圆心在同一水平线上。

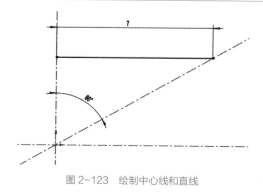

图 2-123　绘制中心线和直线

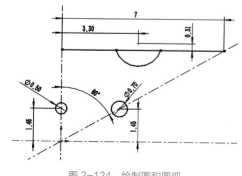

图 2-124　绘制圆和圆弧

（4）使用 工具绘制两条直线，使用相切约束工具保证直线与圆相切，结果如图 2-125 所示。

（5）使用 ∠ 工具，过圆弧的圆心绘制直线与右侧圆切线相交，再使用垂直约束工具使两者相互垂直，结果如图 2-126 所示。

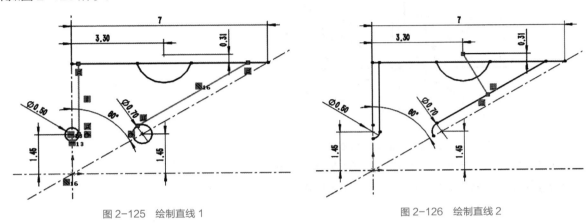

图 2-125　绘制直线 1　　　　　　　　　图 2-126　绘制直线 2

（6）在【草绘】功能区单击 ✂ 按钮，剪去多余线段，结果如图 2-127 所示。

STEP03 编辑图元。

（1）选中所有几何图形作为复制对象。

（2）单击 ⊢⊢ 镜向实体 按钮，选取如图 2-127 所示的中心线 L 作为参照，镜像图形，结果如图 2-128 所示。

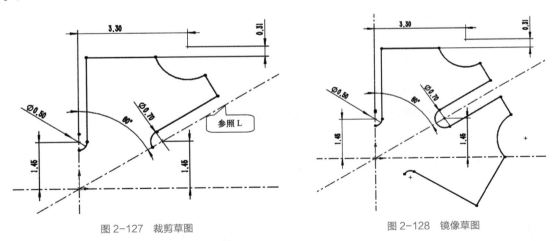

图 2-127　裁剪草图　　　　　　　　　图 2-128　镜像草图

（3）再次选取工作区中的所有图元作为复制对象，单击 ⊢⊢ 镜向实体 按钮，选取竖直中心线作为复制参照，完成第 2 次镜像复制，结果如图 2-129 所示。

（4）选中镜像复制后左侧的图形，在草绘功能区中选择 ⊹⊹ 圆周草图阵列 工具，打开【圆周阵列】属性对话框。

（5）在对话框中输入相应数值，如图 2-130 所示。

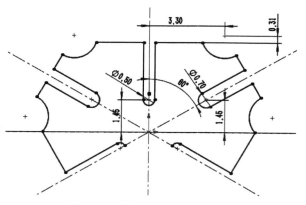

图 2-129　第 2 次镜像复制后的图形

图 2-130　圆周阵列

（6）输入完成后然后单击 ☑ 按钮，圆周阵列后的结果如图 2-131 所示。

STEP04 以中心线交点为圆心，用 ◎ 工具绘制直径为 "2.2" 的圆，如图 2-132 所示。

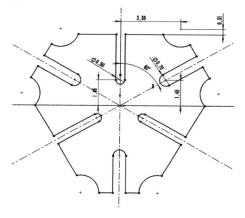

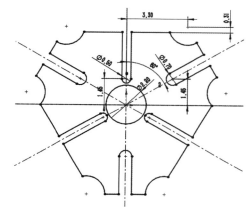

图 2-131　旋转复制图形

图 2-132　绘制圆

STEP05 单击绘图区右上角的 ↳ 按钮，完成绘制，退出草图绘制环境。

2.2.4　实例 4——绘制滑块

下面继续介绍基本设计工具的用法，本例绘制的滑块效果如图 2-133 所示。

【操作步骤】

STEP01 新建文件。

单击 ▣ 按钮新建一个零件文件，在【草图】功能区中单击 ▭ 按钮，进入草图绘制模式，选择【前视基准面】作为绘图基准面。

绘制滑块

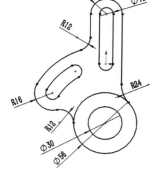
图 2-133　滑块尺寸图

STEP02 绘制基本图元 1。

（1）使用【草绘】功能区中的 ⟋中心线(N) 工具绘制一竖三横的 4 条中心线，结果如图 2-134 所示。

（2）使用【草绘】功能区中的 ◎ 工具在中心线的各交点处任意绘制圆，并使用智能尺寸工具进行尺寸标注，如图 2-135 所示。

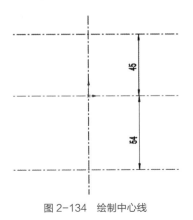

图 2-134　绘制中心线

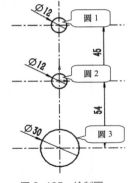

图 2-135　绘制圆

（3）绘制圆 3 的两个同心圆，其中一个过圆 2 的圆心，如图 2-136 所示。

（4）使用 中心线(N) 工具绘制两条穿过圆 3 圆心的中心线，如图 2-137 所示。

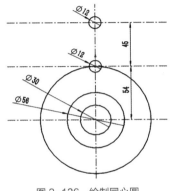

图 2-136　绘制同心圆

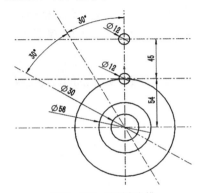

图 2-137　绘制中心线

（5）选中与圆 3 同心且过圆 2 的圆，在左边的【属性】管理器中，勾选【作为构造线】复选框选项，将其转换为构造圆，结果如图 2-138 所示。

STEP03　绘制基本图元 2。

（1）以 STEP02（4）绘制的两条中心线与构造圆的交点为圆心，绘制两个任意大小的圆，结果如图 2-139 所示。

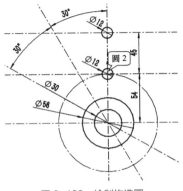

图 2-138　绘制构造圆

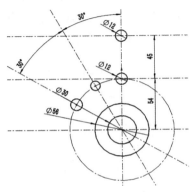

图 2-139　绘制圆

（2）选中圆 2 与上一步绘制的两个圆，在左边的【属性】管理器（见图 2-140）中为其添加相等约束，结果如图 2-141 所示。

图 2-140　绘制圆

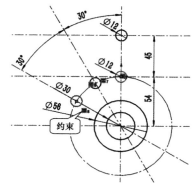

图 2-141　显示等直径约束

（3）在【草绘】功能区中单击 按钮，绘制同心圆弧，结果如图 2-142 所示。

（4）绘制如图 2-143 所示的 4 条弧线。

要点提示　为了方便观察最后的设计结果，这里关闭了尺寸显示。

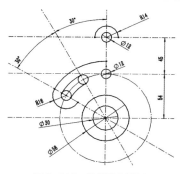

图 2-142　绘制同心圆弧

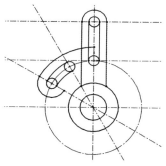

图 2-143　绘制直线

（5）使用圆弧工具绘制 3 段圆弧，如图 2-144 所示。

（6）修改圆弧的尺寸值，为其添加相切约束，并使用【草绘】功能区中的 ⚔ 工具剪去多余图线，结果为如图 2-145 所示的修整图形。

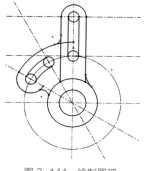

图 2-144　绘制圆弧

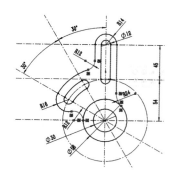

图 2-145　调整圆弧尺寸并删除多余线段

(STEP04) 适当调整图形上的尺寸参数大小和位置，关闭尺寸显示和基准线，完成设计。

2.3 小结

绘制二维图形是创建三维模型的基础环节。希望读者熟练掌握这些设计工具的用法，为以后学习三维建模奠定良好的基础。学习基本设计工具用法的同时，要充分理解"约束"的含义和设计意义，同时还要掌握提高绘图效率的基本技巧。

无论怎样复杂的二维图形都是由直线、圆、圆弧、样条曲线和文本等基本图元组成。系统为每一种图元提供了多种创建方法，在设计时可以根据具体情况进行选择。创建二维图元后，一般都还要使用系统提供的修改、裁剪及复制等工具进一步编辑图元，最后才能获得理想的图形。

2.4 习题

1. 简要说明二维图形与三维实体模型之间的关系。
2. 说明"约束"的含义及其在绘制二维图形中的重要作用。
3. 绘制如图 2-146 所示的端盖草图，并标注尺寸。
4. 绘制如图 2-147 所示的旋转手柄草图，并标注尺寸。
5. 绘制如图 2-148 所示的座体草图，并标注尺寸。

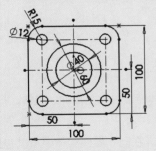
图 2-146 端盖草图

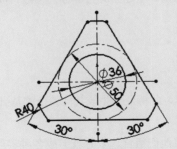
图 2-147 旋转手柄草图

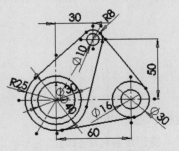
图 2-148 座体草图

第 3 章
创建基础实体特征

【学习目标】
- 明确三维实体特征的含义。
- 明确创建参考基准面的方法。
- 明确创建各种基础实体特征的方法。
- 掌握创建三维模型的一般方法和技巧。

SolidWorks 2017 设计的基础是三维实体建模，软件提供了很多在草图基础上进行实体建模的工具，每一种工具都可以建立一种具有特殊性质的实体。按照创建的顺序将特征分为基本特征和构造特征两类，最先建立的特征称为基本特征，在基本特征的基础上建立的特征称为构造特征。

3.1 知识解析

在零件中生成的第一个特征为基体，此特征为生成其他特征的基础。基体特征可以是拉伸、旋转、扫描、放样、曲面加厚或钣金法兰。

特征是各种单独的加工形状，当将他们组合起来时就形成各种零件实体。在同一零件实体中可以包括单独的拉伸、旋转、放样和扫描特征等加材料特征。加材料特征工具是最基本的 3D 绘图方式，用于完成最基本三维几何体建模任务。

3.1.1 创建基准特征

SolidWorks 将这种具有特殊性质的实体称为特征。也就是说，特征是单个的加工形状，当把各种特征按照一定的方式组合起来时就形成了各种零件。

❶ 特征建模原理

SolidWorks 中应用特征造型进行零件设计，大致要遵循以下几个基本步骤。

（1）进入零件设计模式。

（2）分析零件特征，并确定特征的创建顺序。

（3）创建与修改基本特征。

（4）创建与修改构造特征。

（5）创建好所有特征后，存储零件模型。

❷ 创建基准面

参考几何体是较复杂零件建模的参考基准，主要包括基准面、基准轴和基准点等。灵活地使用这些参考几何体，可以很方便地进行特征设计。参考基准面是用户根据设计需要建立起来的辅助绘图基准面，它可以使用户很方便地生成位于各种不同空间位置的集合结构。

在【特征】功能区中单击【参考几何体】下拉按钮中的 基准面 按钮，或选择菜单命令中的【插入】/【参考几何体】/【基准面】，打开【基准面】属性管理器，如图 3-1 所示。在该属性管理器中选择生成基准面的方式，并完成相应的设置，然后在绘图区中选择用于生成基准面的实体，设置完成后单击 按钮，退出基准面管理器。

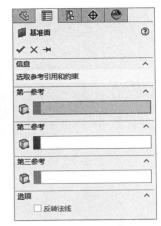

图 3-1 【基准面】属性管理器

（1）通过"直线 / 点"创建基准面

利用一条直线和直线外一点创建基准面，此基准面包含指定的直线和点，如图 3-2 所示。由于直线可以由两点确定，因此，这个方法也可以通过 3 个点来完成，如图 3-3 所示。

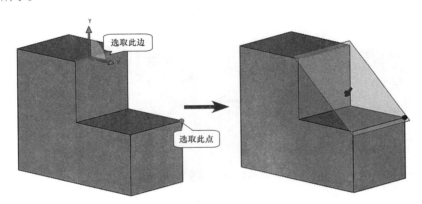

图 3-2 通过"直线 / 点"创建基准面

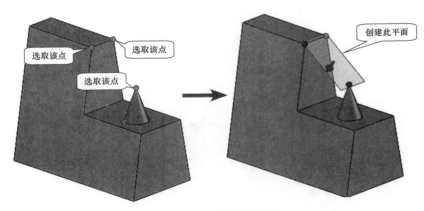

图 3-3 选择三点创建基准面

（2）通过"点和平行面"创建基准面

在【特征】功能区中单击【参考几何体】下拉按钮中的 基准面 按钮，打开【基准面】属性管理器。选取特征的一个面，按住 Ctrl 键再选择一个点，完成基准面的建立，过程如图 3-4 所示。

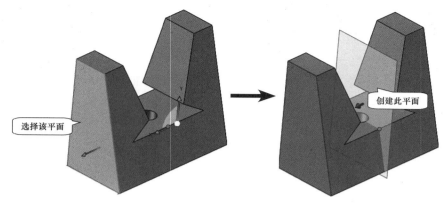

图 3-4　通过"点和平行面"创建基准面

（3）通过"两面夹角"创建基准面

打开【基准面】属性管理器。选择一个平面和位于该面上的一边线。激活【第一参考】栏中的列表框，在【角度】中输入值为"30"。完成基准面的建立，过程如图 3-5 所示。

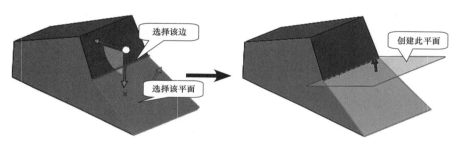

图 3-5　通过"两面夹角"创建基准面

（4）使用"等距距离"创建基准面

打开【基准面】属性管理器。在【基准面】属性管理器中单击圆按钮。选择一平面，并输入等距距离为"10"，然后选择【反向】复选项。完成基准面的建立，过程如图 3-6 所示。

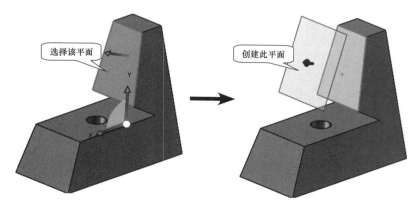

图 3-6　使用"等距距离"创建基准面

❸　创建基准轴

参考基准轴用于在一个零件中生成参考基准轴线，用以辅助圆周阵列等。

单击【特征】功能区中【参考几何体】下拉按钮中的☑按钮，或选择菜单命令中的【插入】/【参考几何体】/

【基准轴】，打开如图 3-7 所示的【基准轴】属性管理器。

在【基准轴】属性管理器中选择生成基准轴的方式，并完成相应的设置，然后在绘图区选择用于生成基准轴的实体，最后单击☑按钮完成基准轴的创建。

基准轴的类型及生成基准轴的方式如下。

◎ ⬈：通过已有的一条直线、模型边线或临时轴生成基准轴。

◎ ⚡：通过两个平面（可以是两个基准面）的交线生成基准轴。

◎ ⬈：通过两个空间点（顶点、中点或草图点）生成基准轴。

◎ ⬛：通过圆柱或圆锥的轴线生成基准轴。

◎ ⬈：通过空间一点并垂直于空间平面生成基准轴。

（1）使用"一直线/边线/轴"为参照创建

①通过边线生成基准轴。

单击【参考几何体】下拉按钮中的⬈按钮，打开【基准轴】属性管理器。在【基准轴】属性管理器中单击⬈按钮。选择一条边线。单击☑按钮，完成基准轴的建立。建立过程如图 3-8 所示。

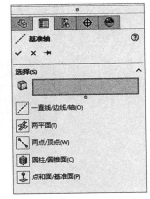

图 3-7 【基准轴】属性管理器

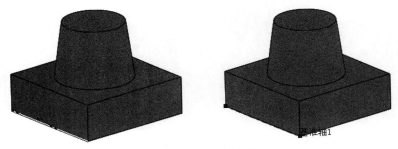

图 3-8 通过边线生成基准轴

②通过临时轴生成基准轴。

单击【参考几何体】下拉按钮中的⬈按钮，打开【基准轴】属性管理器。在【基准轴】属性管理器中单击⬈按钮。选择菜单命令【视图】/【隐藏显示】/【临时轴】，使临时轴在图形中显示出来，选择临时轴。单击☑按钮，完成基准轴的建立。建立过程如图 3-9 所示。

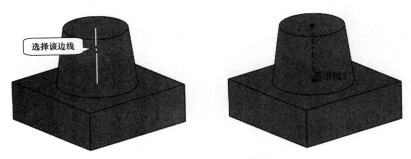

图 3-9 通过临时轴生成基准轴

（2）过"两平面"的交线创建基准轴

单击【参考几何体】下拉按钮中的⬈按钮，打开【基准轴】对话框。在【基准轴】对话框中单击⚡按钮。选择两相交平面。单击☑按钮，完成基准轴的建立。建立过程如图 3-10 所示。

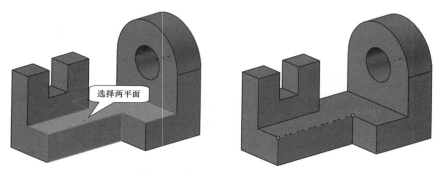

图 3-10　过两平面的交线创建基准轴

（3）过"两点 / 顶点"创建基准轴

单击【参考几何体】下拉按钮中的 按钮，打开【基准轴】属性管理器。在【基准轴】属性管理器中单击 按钮，选择两个顶点。单击 按钮，完成基准轴的建立。建立过程如图 3-11 所示。

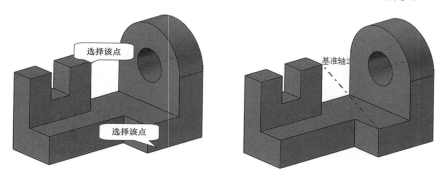

图 3-11　过两点 / 顶点创建基准轴

（4）通过"圆柱 / 圆锥面"创建基准轴

单击【参考几何体】下拉按钮中的 按钮，打开【基准轴】属性管理器。在【基准轴】属性管理器中单击 按钮，选择圆锥面。单击 按钮，完成基准轴的建立。建立过程如图 3-12 所示。

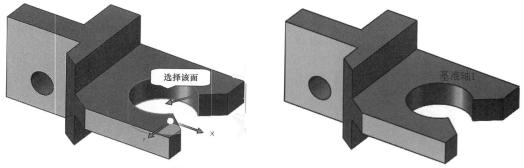

图 3-12　通过圆柱 / 圆锥面创建基准轴

（5）通过"点和面 / 基准面"创建基准轴

单击【参考几何体】下拉按钮中的 按钮，打开【基准轴】属性管理器。在【基准轴】属性管理器中单击 按钮，选择一平面和一个顶点。单击 按钮，完成基准轴的建立。建立过程如图 3-13 所示。

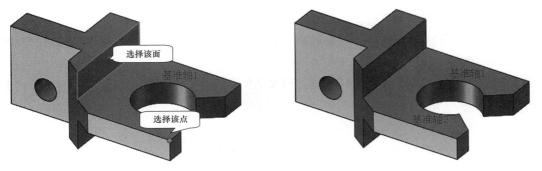

图 3-13　通过点和面 / 基准面创建基准轴

❹ 创建基准点

基准点与草图绘制中的实体点是两个完全不同的概念，基准点一般用作草图绘制和特征造型中的定位参考。

生成基准点的步骤如下。

STEP01 单击【特征】功能区中【参考几何体】下拉按钮中的 按钮，或选择菜单命令中的【插入】/【参考几何体】/【点】，打开如图 3-14 所示的【点】属性管理器。

图 3-14　【点】属性管理器

STEP02 在【点】属性管理器中选择生成基准点的方式，并完成相应的设置，然后在绘图区选择用于生成基准点的实体。

STEP03 单击 ☑ 按钮，完成基准点的创建。

基准点的类型及生成基准点的方式如下。

◎ ⓒ：通过一条边线、轴线或草图直线以及一个点，或者通过 3 个点生成基准点。

◎ ⓘ：通过一个点生成平行于一基准面的基准点。

◎ Ⓧ：生成通过一边线或轴线，并与一个面或基准成一定角度的基准点。

◎ ⓘ：生成通过一边线或者已有一点，投影到平面上产生新的基准。

◎ ☑：生成平行于一基准面或面，并偏移指定距离的基准点。

◎ ⓦ：生成通过一点垂直于一边线、轴线或曲线的基准点。

3.1.2 创建拉伸实体特征

拉伸特征是由截面轮廓草图通过拉伸得到的。当拉伸一个轮廓时，需要选择拉伸类型，在拉伸属性管理器定义拉伸特征的特点。

单击【特征】功能区上的 按钮，选择基准平面或现有草图后属性管理器才会显示【凸台－拉伸】面板，如图 3-15 所示。

图 3-15 【凸台－拉伸】属性管理器

❶【从】卷展栏

在【凸台－拉伸】面板的【从】卷展栏中展开拉伸初始条件的下拉列表，可以选取 4 种条件来确定特征的起始面，如图 3-16 所示。

图 3-16 初始条件

各项的初始条件含义如下。

◎ 草图基准面：从草图所在的基准面开始拉伸，如图 3-17 所示。

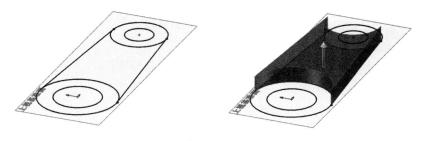

图 3-17 【草图基准面】拉伸

◎ 曲面/面/基准面：从这些实体之一开始拉伸，为曲面/面/基准面选择有效的实体，实体可以是平面或非平面，平面实体不必与草图基准面平行，如图 3-18 所示。

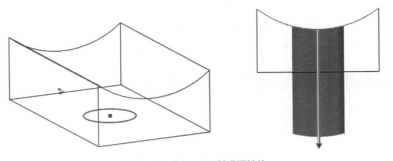

图 3-18　曲面/面/基准面拉伸

◎ 顶点：从所选择顶点的位置开始拉伸，如图 3-19 所示。

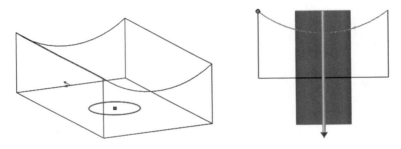

图 3-19　顶点拉伸

◎ 等距：从与当前草图基准面等距的基准面上开始拉伸，如图 3-20 所示。

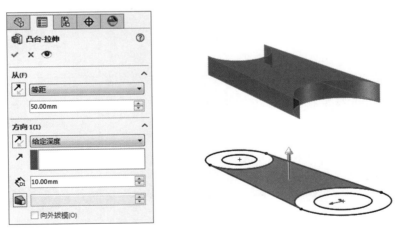

图 3-20　等距拉伸

❷【方向 1】卷展栏

【方向 1】卷展栏用来设置拉伸的终止条件、拉伸方向、拉伸深度及拉伸拔模等选项。拉伸的终止条件决定特征的延伸方式，如表 3-1 所示。

表 3-1 拉伸特征

序号	终止条件	含义	示例图
1	给定深度	直接输入数值确定特征深度	
2	完全贯穿	在草绘平面两侧产生拉伸特征	
3	成形到下一面	拉伸至特征生成方向上的下一个曲面为止	
4	成形到一顶点	拉伸到指定的模型或草图的顶点	
5	成形到一面	拉伸到指定的曲面或基准面	
6	到指定面的指定距离	拉伸到指定面给定距离的面	
7	成形到实体	在图形区域选择要拉伸的实体作为实体 / 曲面实体 ⬟，在装配件中拉伸时可以使用成形到实体已延伸草图到所选的实体	
8	两侧对称	从草图基准面向两个方向对称拉伸	

◎ ⬈（拉伸方向）：在图形区域选择方向向量，以垂直于草图轮廓的方向拉伸草图，如图 3-21 所示。

图 3-21 基座零件

◎ 合并结果（仅限于凸台/基体拉伸）：如有可能，将所产生的实体合并到现有实体。如果不选择，特征将生成一个不同的实体。

◎ ▣（拔模开/关）：新增拔模的拉伸特征，设定拔模角度，如图 3-22 和图 3-23 所示。

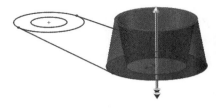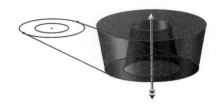

图 3-22 正向拔模 图 3-23 向外拔模

❸【方向 2】卷展栏

【方向 2】卷展栏的功能与【方向 1】卷展栏的功能相同。【方向 2】表示拉伸的另一方向，如图 3-24 所示。

图 3-24 【方向 2】拉伸

❹【薄壁特征】卷展栏

使用【薄壁特征】卷展栏中的选项可以控制拉伸厚度（不是深度）。薄壁特征基体可用作钣金零件的基础。当设计薄壳的塑胶产品时，也需要创建薄壁特征，如图 3-25 所示。

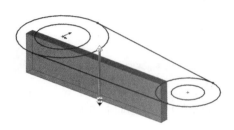

图 3-25 薄壁特征

❺【所选轮廓】卷展栏

【所选轮廓】选项组，允许使用部分草图来生成拉伸特征。在图形区域中选择草图轮廓和模型边线。

3.1.3 基础训练——创建基座零件

下面，通过创建如图 3-26 所示的基座零件，介绍基准面在实体建模中的应用。

【操作步骤】

(STEP01) 绘制草图 1。

（1）进入零件绘制模式，选择【前视基准面】作为绘图基准面。利用直线  工具绘制如图 3-27 所示的草图，并标注尺寸。

（2）完成后退出草绘环境。

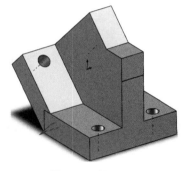

创建基座零件

图 3-26　基座零件

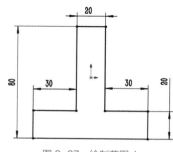

图 3-27　绘制草图 1

(STEP02) 创建拉伸特征。

（1）单击【特征】功能区中的 📦 按钮，打开【凸台－拉伸】属性管理器，如图 3-28 所示。

（2）输入深度值为"60mm"。单击 ✓ 按钮，完成拉伸特征地创建，如图 3-29 所示。

图 3-28　【凸台－拉伸】属性管理器

图 3-29　创建拉伸特征

(STEP03) 创建基准。

（1）单击【参考几何体】下拉选项中的 ▣ 基准面 按钮，选择拉伸特征的一个侧面和其一条边线作为参考，创建基准面。

（2）在【基准面】属性管理器中单击 ↘ 按钮，并输入角度值为"45"，然后选择【反向】复选项，最后单击 ✓ 按钮，完成基准面的创建，如图 3-30 所示。

(STEP04) 绘制草图 2。

（1）选择新建基准面作为绘图基准面，利用草图绘制工具绘制如图 3-31 所示的草图，并标注尺寸。

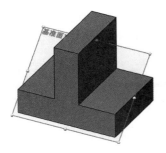

图 3-30　创建基准面 1

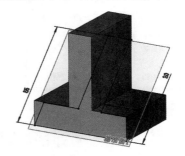

图 3-31　绘制草图 2

（2）单击【特征】功能区中的  按钮，打开【凸台 - 拉伸】属性管理器，输入深度值为"60"。单击 ✓ 按钮，完成拉伸特征的创建，如图 3-32 所示。

(STEP05) 创建切除特征。

（1）选择基座底面作为绘图基准面，利用草图绘制工具绘制如图 3-33 所示的草图，并标注尺寸，完成后退出草绘。

图 3-32　拉伸结果

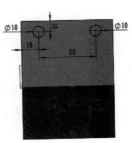

图 3-33　绘制草图 3

（2）单击 按钮，设置深度为【完全贯穿】，单击 ✓ 按钮，完成拉伸切除特征的创建，如图 3-34 所示。

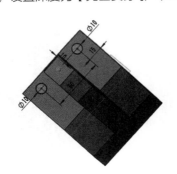

图 3-34　创建切除特征

(STEP06) 复制特征。

（1）在模型树中选择拉伸切除特征，按住 Ctrl 键，按住鼠标左键将鼠标光标拖曳到基座的另一底面上，系统打开如图 3-35 所示的【复制确认】对话框。

（2）单击 悬空 按钮后，打开如图 3-36 所示的警告对话框，单击 停止并修复(S) 按钮，在打开如图 3-37 所示的【什么错】对话框中单击 关闭(Q) 按钮，将拉伸切除特征复制到基座上。

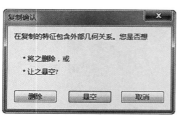

图 3-35 【复制确认】对话框

图 3-36 【警告】对话框

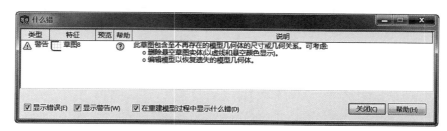

图 3-37 【什么错】对话框

> **要点提示** 由于复制的特征存在位置尺寸不确定的问题，因此，它没有在图形中显示，但是，系统确实已经将其添加到了模型中，用户可以在设计树中看到已经添加了【切除－拉伸 2】项目。

（3）用鼠标右键单击设计树中的【切除－拉伸 2】，如图 3-38 所示，在打开的快捷菜单中选择【编辑草图】命令。进入草图编辑状态，修改草图尺寸后，退出草图绘制环境，完成特征地创建，如图 3-39 所示。

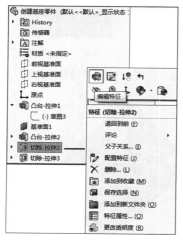

图 3-38 【切除－拉伸 2】编辑特征

图 3-39 最终创建结果

3.1.4 创建旋转实体特征

本节将继续介绍创建基础实体特征的一般方法。

旋转是指通过绕中心线旋转一个或多个轮廓来添加或移除材料，可以生成凸台／基体／旋转切除或旋转曲面。旋转特征可以是实体、薄壁特征或曲面。

单击【特征】功能区上的 ◎ 按钮，选择基准平面绘制草图后属性管理器才会显示【旋转】面板，如图 3-40 所示。

图 3-40 【旋转】属性管理器

生成旋转特征的准则如下。

①实体旋转特征的草图可以包含多个相交轮廓。

②薄壁或曲面旋转特征的草图可包含多个开环的或闭环的相交轮廓。

③轮廓不能与中心线交叉。如果草图包含一条以上的中心线，请选择想要用作旋转轴的中心线。仅对于旋转曲面和旋转薄壁特征而言，草图不能位于中心线上。

④当在中心线内为旋转特征标注尺寸，将生成旋转特征的半径尺寸。如果通过中心线外为旋转特征标注尺寸时，将生成旋转特征的直径尺寸。

执行【旋转凸台 / 基体】命令并进入草图模式绘制草图后，生成一个草图，包含一个或多个轮廓和一中心线、直线或边线作为特征旋转所绕的轴。属性管理器才显示【旋转】面板。【旋转】面板及生成的旋转特征，如图 3-41 所示。

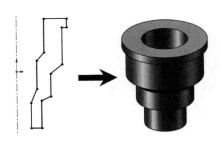

图 3-41 油杯模型

【旋转】面板中各选项组中的选项含义如下。

◎ 旋转参数：设定旋转参数。

◎ 旋转轴：选择某一特征旋转所绕的轴，根据所生成特征的类型，可以为中心线、直线或一条边线。

◎ 旋转类型：从草图定义旋转方向，包括给定深度、成形到一顶点、成形到一面、成形到指定面的指定距离、两侧对称，与前面的拉伸类型相类似。

◎ 角度：定义旋转所包括的角度，默认的角度为 360 度，角度以顺时针从所选草图测量。

要点提示　　在进行旋转之前，须确保草图图形封闭，并且不能有多余或重复的线条，草图中也只能有一条中心线。

3.1.5 基础训练——创建法兰盘零件

下面通过创建如图 3-42 所示的法兰盘零件来介绍基准轴在实体建模中的应用。

【操作步骤】

(STEP01) 绘制草图 1。

(1)进入零件绘制模式,选择【前视基准面】作为绘图基准面。

图 3-42　法兰盘零件

(2)利用草图绘制工具绘制如图 3-43 所示的草图,并标注尺寸。

(3)单击【特征】功能区中的 按钮,打开【旋转】属性管理器,选择中心线作为旋转轴,选择草图作为轮廓,单击 按钮,完成旋转特征的创建,如图 3-44 所示。

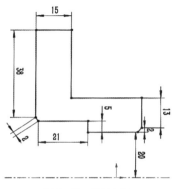

图 3-43　绘制草图

图 3-44　旋转特征

(STEP02) 绘制草图 2。

选择法兰盘的端面作为绘图基准面,利用草图绘制工具绘制如图 3-45 所示的草图,并标注尺寸。

(STEP03) 创建拉伸剪切特征。

(1)单击【特征】功能区中的 按钮,在打开的【切除 - 拉伸】属性管理器中选择切除方式为【完全贯穿】。单击 按钮,完成拉伸切除特征的创建,如图 3-46 所示。

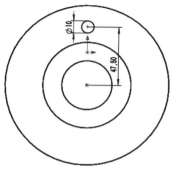

图 3-45　绘制草图

图 3-46　生成特征

(2)单击【参考几何体】下拉按钮中的 按钮,打开【基准轴】属性管理器,选择外圆面后,单击 按钮,完成基准轴的建立,如图 3-47 所示。

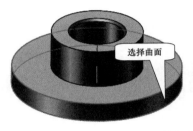
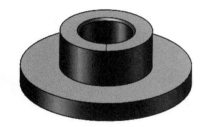

选择曲面

图 3-47　创建基准

STEP04 阵列特征。

（1）单击【特征】功能区中的 █ （圆周阵列）按钮，在打开的【圆周阵列】属性管理器中选择"基准轴1"作为阵列轴。

（2）修改阵列个数为"4"，选择拉伸切除特征为阵列实体，如图 3-48 所示。单击 ☑ 按钮，完成圆周阵列特征的创建，最终结果如图 3-49 所示。

图 3-48　【阵列】对话框

图 3-49　创建法兰

3.1.6　基础训练——创建螺栓

下面，用本章所学的知识绘制如图 3-50 所示的螺栓模型。

【操作步骤】

STEP01 新建零件文件。

单击 █ 按钮新建零件文件，使用默认设计模板进入三维建模环境。

STEP02 创建拉伸特征 1。

（1）在【特征】工具组中单击 █ 按钮，打开【拉伸】属性管理器中，选取【前视基准面】基准平面作为草绘平面。

（2）单击【草图】功能区中的 █ 按钮，以原点为圆心绘制一内切圆直径为"24"的六边形，结果如图 3-51所示。

（3）草图绘制完成后，单击绘图区域右上角的 █ 按钮，在打开的【凸台 - 拉伸】属性管理器中设置【给

创建螺栓

图 3-50　螺栓模型

定深度】为"10",然后单击 ☑ 按钮,完成拉伸特征的创建,生成基础实体,结果如图 3-52 所示。

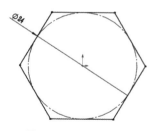

图 3-51　绘制草图 1

图 3-52　创建拉伸实体 1

STEP03　创建拉伸特征 2。

（1）使用拉伸工具选择模型的一端面作为绘图基准面,单击【草图】功能区中的 ◎ 按钮,以原点为圆心绘制一直径为"16"的圆,结果如图 3-53 所示。

（2）退出草绘模式后,在打开的【凸台 - 拉伸】属性管理器中设置【给定深度】为"50",然后单击 ☑ 按钮,完成拉伸特征的创建,生成基础实体,结果如图 3-54 所示。

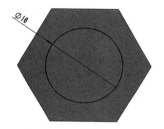

图 3-53　绘制草图 2

图 3-54　创建拉伸实体 2

STEP04　创建螺旋线。

（1）选择菜单命令【插入】/【曲线】/【螺旋线 / 涡状线】,选择模型的一端面作为绘图基准面,单击【草图】功能区中的 ◎ 按钮,以原点为圆心绘制一直径为"14"的圆,结果如图 3-55 所示。

（2）退出草绘模式后在左边打开的【螺旋线 / 涡状线】属性管理器中,设置【定义方式】为【高度和螺距】,在【高度】栏中输入高度值为"38"、【螺距】值为"2"、【起始角】度为"0",并选择【反向】复选项,然后单击 ☑ 按钮,完成螺旋线的插入,结果如图 3-56 所示。

图 3-55　绘制草图 3

图 3-56　创建螺旋线

STEP05　绘制扫描截面。

（1）在【草图】工具组中单击 ⬜ 按钮进入草绘模式,选取【上视基准面】基准平面作为草绘平面。

（2）绘制如图 3-57 所示草图,绘制完成后单击 ⬜ 按钮退出草绘模式。

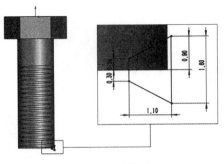

图 3-57 绘制草图 4

STEP06 创建扫描截面。

单击【特征】功能区中的 ❿（扫描切除）按钮，打开【切除－扫描】属性管理器，选择上一步绘制的草图作为轮廓，选择螺旋线作为路径，此时绘图区出现预览视图。单击 ☑ 按钮，完成扫描切除特征的创建，如图 3-58 所示。

图 3-58 创建扫描切除特征

STEP07 创建旋转切除特征。

（1）单击【特征】功能区中的 ❿（旋转切除）按钮，将【上视基准面】作为绘图基准面，绘制草图并标注尺寸，结果如图 3-59 所示。

（2）草图绘制完成后，单击绘图区域右上角的 ❿ 按钮，在打开的【切除－旋转】对话框中选择【单向】选项，输入旋转角度为"360"。

（3）单击 ☑ 按钮，完成旋转切除特征的创建，最终结果如图 3-60 所示。

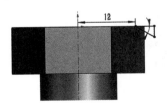

图 3-59 绘制草图 5

图 3-60 创建基准轴

3.1.7 创建放样实体特征

放样是一种更加灵活的特征创建手段，可以创建外形结构更复杂的三维模型。

❶ 放样

放样是通过在多个轮廓之间进行过渡以生成特征的造型方法，主要用于截面形状变化较大的场合，创建结果如图 3-61 所示。

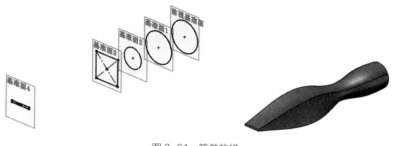

图 3-61　简单放样

沿中心线放样效果如图 3-62 所示。

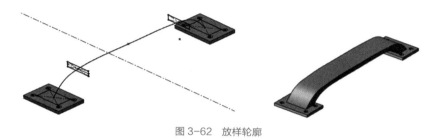

图 3-62　放样轮廓

❷　放样特征的属性设置

下面介绍放样实体特征的创建方法，放样特征通过在轮廓之间进行过渡以生成特征，放样的对象可以是基体、凸台、切除或曲面，也可以使用两个或多个轮廓生成放样，但仅第一个以及最后一个对象的轮廓可以是点。选择菜单命令中的【插入】/【凸台/基体】/【放样】，弹出【放样】属性管理器，如图 3-63 所示。

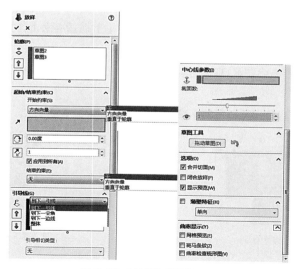

图 3-63　【放样】属性管理器

（1）【轮廓】选项组

◎ ⛃（轮廓）：用来生成放样的轮廓，可以选择要放样的草图轮廓、面或者边线。

◎ ⬆（上移）、⬇（下移）：调整轮廓的顺序。

（2）【起始 / 结束约束】选项组

◎【开始约束】、【结束约束】: 应用约束以控制开始和结束轮廓的相切，包括如下选项。

　【无】: 不应用相切约束（即曲率为零）。

　【方向向量】: 根据所选的方向向量应用相切约束。

　【垂直于轮廓】: 应用在垂直于开始或结束轮廓处的相切约束。

◎【方向向量】: 按照所选择的方向向量应用相切约束，放样与所选线性边线或轴相切，也可与所选面或者基准面的法线相切。

◎ 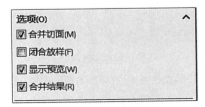【拔模角度】: 为起始或结束轮廓应用拔模角度。

◎【起始 / 结束处相切长度】: 控制对放样的影响量。

◎【应用到所有】: 显示一个为整个轮廓控制所有约束的控标。

（3）【引导线】选项组

【引导线感应类型】: 控制引导线对放样的影响力，包括如下选项。

◎【到下一引线】: 只将引导线延伸到下一引导线。

◎【到下一尖角】: 只将引导线延伸到下一尖角。

◎【到下一边线】: 只将引导线延伸到下一边线。

◎【整体】: 将引导线影响力延伸到整个放样。

◎【引导线】: 选择引导线来控制放样。

◎【上移】、【下移】: 调整引导线的顺序。

（4）【中心线参数】选项组

◎【中心线】: 使用中心线引导放样形状。

◎【截面数】: 在轮廓之间并围绕中心线添加截面。

◎【显示截面】: 显示放样截面。

（5）【草图工具】选项组

◎【拖动草图】: 激活拖动模式，当编辑放样特征时，可以从任何已经为放样定义了轮廓线的 3D 草图中拖动 3D 草图线段、点或基准面，3D 草图在拖动时自动更新。

◎【撤销草图拖动】: 撤销先前的草图拖动并将预览返回到其先前状态。

（6）【选项】选项组，如图 3-64 所示

◎【合并切面】: 如果对应的线段相切，则保持放样中的曲面相切。

图 3-64 【选项】栏

◎【闭合放样】: 沿放样方向生成闭合实体，选择此选项会自动连接最后一个和第一个草图实体。

◎【显示预览】: 显示放样的上色预览；取消选择此选项，则只能查看路径和引导线。

◎【合并结果】: 合并所有放样要素。

❸ 生成放样特征的操作步骤

STEP01 选择菜单命令中的【插入】/【凸台/基体】/【放样】，弹出【放样】属性管理器。在【轮廓】选项组中，单击【轮廓】选择框，在图形区域中选择草图，如图 3-65 所示。

STEP02 在【轮廓】选项组中，单击【轮廓】选择框，在图形区域中分别选择圆形草图的一个顶点和底面草图的另一个顶点，单击 ☑【确定】按钮，如图 3-65 右所示。

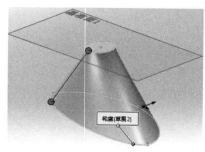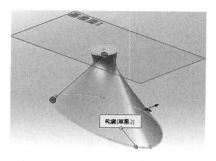

图 3-65 【放样】过程

STEP03 在【起始/结束约束】选项组中，设置【开始约束】为【垂直于轮廓】，单击 ☑【确定】按钮，如图 3-66 所示。

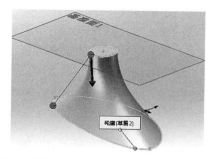

图 3-66 放样过程

创建放样特征时，理论上各个特征截面的线段数量应相等，并且要合理地确定截面之间的对应点，如果系统自动创建的放样特征截面之间的对应点不符合用户的要求，则创建放样特征时必须使用引导线。

（1）简单放样特征的创建方法

简单放样特征是由两个或者两个以上的规格特征截面形成的，此时无需专门指定各个特征截面之间融合点的对应关系，完全由系统自动生成，如图 3-67 所示。

（2）带引导线的放样特征

如果放样特征各个特征截面之间的融合效果不符合用户要求，可使用带引导线的方式来创建放样特征，如图 3-68 所示。

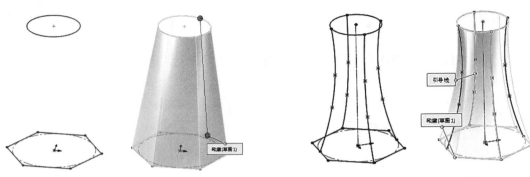

图 3-67　简单放样　　　　　　　　　　　　图 3-68　带引导线放样

使用引导线方式创建放样特征时，用户必须注意以下事项。

◎ 引导线必须与所有特征截面相交。

◎ 可以使用任意数量的引导线。

◎ 引导线可以相交于点。

◎ 可以使用任意草图曲线、模型边线或曲线作为引导线。

◎ 如果放样失败或扭曲，可以添加通过参考点的样条曲线作为引导线，可以选择适当的轮廓顶点以生成这条样条曲线。

◎ 引导线可以比生成的放样特征长，放样终止于最短引导线的末端。

（3）带中心线的放样特征

放样特征在创建过程中，各个特征截面沿着一条轨迹线扫描的同时相互融合，如图 3-69 所示。

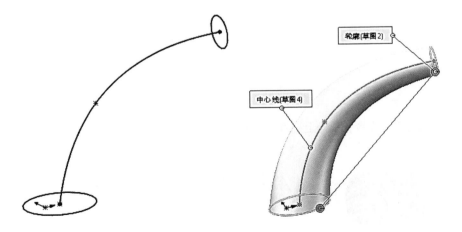

图 3-69　中心线放样

3.1.8　基础训练——创建放样特征

利用拉伸、放样等方法来创建如图 3-70 所示的扁瓶体。瓶口由拉伸命令创建，瓶体由放样特征实现。

创建放样特征

【操作步骤】

(STEP01)　新建零件文件。

（1）使用 （拉伸凸台／基体）工具，选择上视基准平面作为草绘平面，绘制如图 3-71 所示的圆。

（2）退出草绘环境后，再创建出拉伸长度为"15mm"的等距拉伸实体特征，如图 3-72 所示。等距距离为"80mm"，结果如图 3-73 所示。

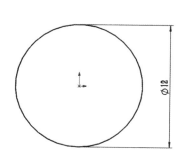

图 3-70　扁瓶体放样

图 3-71　绘制草图

图 3-72　【凸台－拉伸】属性管理器

图 3-73　创建等距实体

(STEP02)　创建基准面。

（1）利用 （基准面）命令，参照上视基准面平移"55mm"，添加"基准面 1"，如图 3-74 所示。

图 3-74　创建基准面 1

（2）进入草绘环境，在上视基准面中绘制如图 3-75 所示的椭圆形，长距和短距分别为"30mm"和"12mm"。

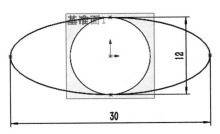

图 3-75　绘制椭圆

STEP03 绘制草图。

在新添加的基准面1上，绘制如图 3-76 所示的图形。

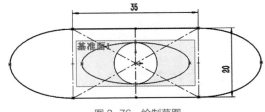

图 3-76　绘制草图

STEP04 创建放样。

单击 🔔（放样凸台／基体）按钮，打开【放样】属性而板，设置如图 3-77 所示的数据，完成扁瓶体的制作。

图 3-77　放样特征

要点提示　　　使用放样特征时，选择放样轮廓的顺序非常重要，否则可能因为生成自相交叉的几何体而无法实现放样特征命令。

3.1.9　创建扫描实体特征

本节将继续介绍创建扫描实体特征的一般方法。扫描特征是将一个轮廓沿着给定的路径"掠过"，从而生成的基体、凸台、切除或曲面的一种特征。扫描特征可分为凸台扫描特征和切除扫描特征，想要创建一个扫描特征必须包含两大要素，即扫描轮廓和扫描路径。

❶ 扫描特征的属性设置

在创建扫描之前，首先要绘制好草图，然后再单击【特征】工具栏中的 ⬢（扫描）按钮，或选择菜单命令中的【插入】/【凸台／基体】/【扫描】，弹出【扫描】属性管理器，如图 3-78 所示。

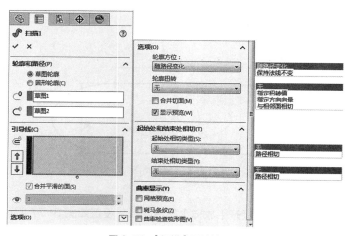

图 3-78　【扫描】属性管理器

（1）【轮廓和路径】选项组

◎　🗗（轮廓）：用于收集生成扫描的草图轮廓。

◎　🗗（路径）：用于收集轮廓扫描的草图路径。图 3-79 所示为扫描轮廓和曲线特征。

（2）【引导线】选项组

◎　🗐（引导线）：在轮廓沿路径扫描时加以引导以生成特征。

◎　⬆（上移）：用于向上调整引导线的顺序。

◎　⬇（下移）：用于向下调整引导线的顺序。

◎【合并平滑的面】：用于改进带引导线扫描的性能，并在引导线或路径不是曲率连续的所有点处分割扫描。

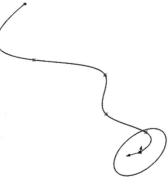

图 3-79　草图特征

◎　👁（显示截面）：用于显示扫描的截面。

（3）【选项】选项组

【轮廓方位】：用来控制轮廓在沿路径扫描时的方向，包括如下选项。

◎【随路径变化】：轮廓相对于路径时刻保持处于同一角度。

◎【保持法向不变】：使轮廓总是与起始轮廓保持平行。

【沿路径扭转】选项组包括如下选项。

◎【指定扭转值】：用于在沿路径扭曲时，可以指定预定的扭转数值。

◎【指定方向向量】：用于在沿路径扭曲时，可以定义扭转的方向向量。

◎【与相邻面相切】：用于在沿路径扭曲时，指定与相邻面相切。

◎【合并切面】：如果扫描轮廓具有相切线段，可以使所产生的扫描中的相应曲面相切，保持相切的面可以是基准面、圆柱面或锥面。

◎【显示预览】：一显示扫描的上色预览；取消选择此选项，则只显示轮廓和路径。

（4）【起始处 / 结束处相切】选项组

【起始处相切类型】：其选项包括如下内容。

◎【无】：不应用相切。

◎【路径相切】：垂直于起始点路径而生成扫描。

【结束处相切类型】：与起始处相切类型的选项相同，在此不做赘述。

（5）【曲率显示】选项组

◎【网格预览】：勾选此项，可以更改和预览网格数量以及大小，如图 3-80 所示。

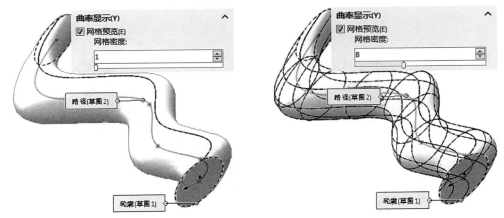

图 3-80　网格预览

◎【斑马条纹】：勾选此项，用于生成扫描模型的斑马条纹，如图 3-81 所示。

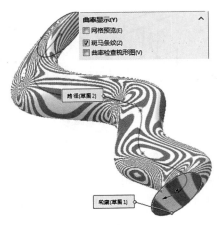

图 3-81　添加斑马条纹

◎【曲率检查梳形图】：勾选此项，可以设置和查看曲面网格的生成，控制网格曲线的数量、大小和方向，如图 3-82 所示。

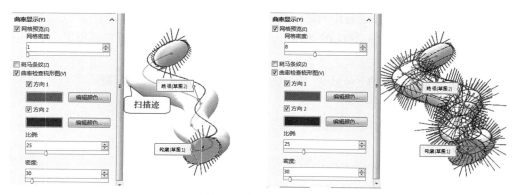

图 3-82　曲率检查和梳理

❷ 扫描轨迹的创建方法

　　在创建扫描特征时，可以使用特征创建时的草绘轨迹，也可以使用由选定基准曲线或边组成的轨迹，如图 3-83 所示。

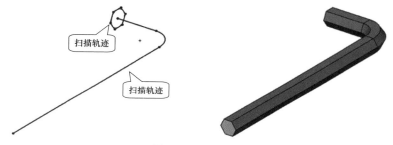

图 3-83　扫描特征

　　扫描特征主要由扫描轨迹和扫描截面构成，如图 3-84 所示。扫描轨迹可以指定现有的曲线、边，也可以进入草绘器进行草绘。扫描的截面包括恒定截面和可变截面。

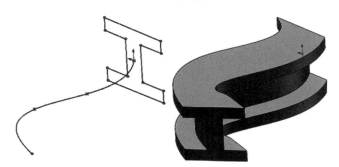

图 3-84　扫描特征

　　简单扫描特征由一条轨迹线和一个特征截面构成。由于要生成实体特征，所以无论轨迹线是否封闭，其特征截面必须是一个封闭图形，否则无法生成实体扫描特征。这个实例的轨迹线是封闭的，但是特征截面是开放的，只要特征截面是开放的，系统就提示无法生成实体特征。反之，如果特征截面是封闭的，而扫描轨迹线是开放的，只要特征截面在扫描的过程中不自交，则就可以生成一个实体特征，如图 3-85 所示。

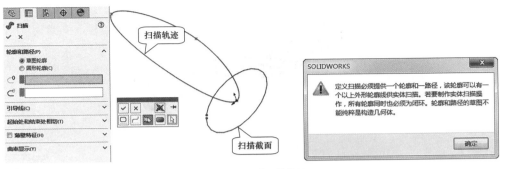

图 3-85　扫描开放截面

（1）带引导线的扫描特征

简单扫描特征的特征截面是相同的；如果特征截面在扫描的过程中是变化的，则必须使用带引导线的方式创建扫描特征，也就是说，增加辅助轨迹线并使之对特征截面的变化规律加以约束。从图 3-86 和图 3-87 中可见，添加与不添加引导线，特征形状是完全不同的。

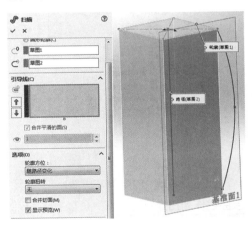

图 3-86　无引导线

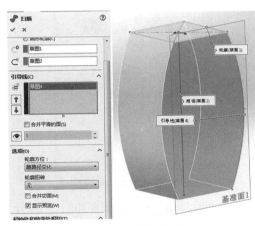

图 3-87　添加引导线

（2）扫描切除

扫描切除是沿着一条路径移动轮廓或截面来切除实体的特征造型方法，单击▇按钮或者执行菜单命令中的【插入】/【切除】/【扫描】，启动工具，扫描切除演示如图 3-88 所示。

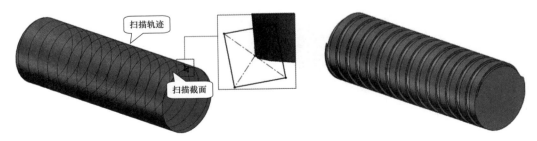

图 3-88　扫描切除

3.1.10　基础训练——创建麻花绳造型

下面，通过创建如图 3-89 所示的麻花绳来介绍扫描在实体建模中的应用。

图 3-89　麻花绳

创建麻花绳造型

【操作步骤】

STEP01 绘制草图 1。

（1）新建一个零件文件。

（2）首先单击【草图】功能区中的 ⊏ 按钮，弹出如图 3-90 所示的【编辑草图】属性面板。

（3）然后选择前视基准面作为草绘平面并自动进入到草绘环境中，如图 3-91 所示。

图 3-90　【编辑草图】属性管理器

图 3-91　选择前视基准面

（4）单击样条曲线 Ⓝ 按钮，绘制如图 3-92 所示的样条曲线作为扫描轨迹。

（5）单击【草绘】选项卡中的 ⏎ 按钮，退出草绘环境。

（6）下一步进行扫描截面的绘制，如图 3-93 所示，选择上视基准面作为草绘平面。

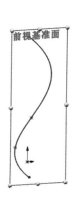

图 3-92　绘制扫描轨迹

图 3-93　选择基准面

（7）在上视基准面中绘制如图 3-94 所示的圆形阵列，结果如图 3-95 所示。

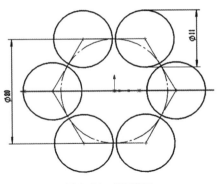

图 3-94 绘制草图　　　　　　　　　　　　　　　　图 3-95 结果显示

STEP02 创建扫描。

在【特征】功能区中单击 ✏ 扫描 按钮，打开【扫描】属性面板，如图 3-96 所示。

STEP03 创建扫描造型。

（1）选择如图 3-97 所示的草图，如果轮廓扭转栏选择"无"，则会出现如图 3-98 所示的形状。

图 3-96 【扫描】属性管理器　　　　图 3-97 选择草图特征　　　　图 3-98 无轮廓扭转情况

（2）选择方向为沿路径变化，轮廓扭转为"指定扭转值"，扭转控制为"圈数"，则实现纹路造型特征，如图 3-99 所示。

STEP04 单击 ✓ 按钮，完成麻花绳扫描特征的创建，如图 3-100 所示。

图 3-99 添加指定扭转值　　　　　　　　　　　　　图 3-100 创建结果

STEP05 最后，保存结果，完成扫描特征的创建。

3.2 典型实例

下面通过一组典型实例来说明创建基础实体特征的方法和技巧。

3.2.1 实例 1——创建开关模型

下面，利用拉伸工具和拉伸切除工具，设计如图 3-101 所示的开关实体特征。

【操作步骤】

STEP01 新建零件文件。

单击 按钮新建零件文件，使用默认设计模板进入三维建模环境。

图 3-101　开关模型

STEP02 创建拉伸特征 1。

（1）在【特征】工具组中单击 按钮打开【拉伸】操控面板，选取【上视基准面】基准平面作为草绘平面。

（2）利用 工具绘制如图 3-102 所示的草图。

（3）草图绘制完成后，单击绘图区域右上角的 按钮，在打开的【凸台－拉伸】属性管理器中设置【给定深度】为"5"，然后单击 按钮，完成拉伸特征的创建，生成基础实体，结果如图 3-103 所示。

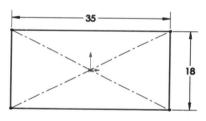

图 3-102　绘制草图 1

图 3-103　创建拉伸实体 1

STEP03 创建拉伸特征 2。

使用拉伸工具，选择如图 3-103 所示的平面作为草绘基准平面，使视角正视于所选平面，绘制如图 3-104 所示的草图，在属性管理器中设置拉伸深度为"5.5"，然后单击 按钮，完成拉伸特征的创建，结果如图 3-105 所示。

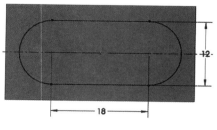

图 3-104　绘制草图 2

图 3-105　创建拉伸实体 2

STEP04 创建拉伸特征 3。

使用拉伸工具，选择模型下底面作为草绘基准平面，单击【标准视图】功能区中的 按钮，使视角正视于所选平面，绘制如图 3-106 所示的草图，拉伸深度为"19.0"，然后单击 按钮，完成拉伸特征的创建，结果如图 3-107 所示。

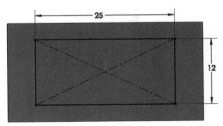

图 3-106　绘制草图 3

图 3-107　创建拉伸实体 3

STEP05　创建拉伸特征 4。

　　使用拉伸工具，选择如图 3-107 所示的平面作为草绘基准平面，单击【标准视图】功能区中的 按钮，使视角正视于所选平面，绘制如图 3-108 所示的草图，拉伸深度为"10.0"，然后单击 按钮，完成拉伸特征的创建，结果如图 3-109 所示。

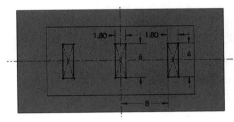

图 3-108　绘制草图 4

图 3-109　创建拉伸实体 4

STEP06　创建拉伸切除特征 1。

　　（1）选择【右视基准面】作为草绘基准平面，单击【标准视图】功能区中的 按钮，使视角正视于所选平面，单击【特征】功能区中的 （拉伸切除）按钮，绘制如图 3-110 所示的草图。

　　（2）单击绘图区右上角的 按钮，退出草图绘制环境，此时打开【切除 - 拉伸】对话框，设置【方向 1】中的终止条件为【完全贯穿 - 两者】、【方向 2】中的终止条件为【完全贯穿】，然后单击 按钮，生成如图 3-111 所示的拉伸切除实体。

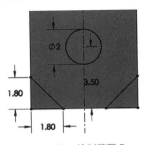

图 3-110　绘制草图 5

图 3-111　创建拉伸切除特征

STEP07　创建拉伸切除特征 2。

　　（1）单击【特征】功能区中的 按钮，打开【圆角】属性管理器，在【圆角类型】中单击 按钮，在【圆角项目】中选择【切线延伸】复选项，并输入圆角半径为"3.00"，选择要倒圆角的边线，如图 3-112 所示，其他参数保持不变。

　　（2）单击 按钮，完成圆角特征的创建，最终结果如图 3-113 所示。

图 3-112　编辑圆角

图 3-113　创建的圆角

3.2.2　实例 2 ——创建支架模型

本例将使用扫描、拉伸和拉伸切除工具创建如图 3-114 所示的支架模型。

【操作步骤】

(STEP01)　绘制草图 1。

（1）单击□按钮，新建零件文件。

（2）选择【前视基准面】作为绘图平面，绘制如图 3-115 所示的草图（包括一条中心线），草图关于中心线对称。

（3）单击↩按钮退出草绘环境。

创建支架模型

图 3-114　支架模型

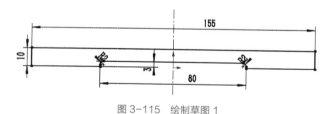

图 3-115　绘制草图 1

(STEP02)　创建拉伸特征 1。

（1）单击 按钮，弹出【凸台 - 拉伸】属性管理器，在【方向 1】中设置终止条件为【两侧对称】，拉伸深度为"30"，如图 3-116 所示。

（2）单击 按钮，生成如图 3-117 所示的拉伸实体。

图 3-116　拉伸参数设置

草绘平面

图 3-117　拉伸结果

STEP03 创建拉伸剪切特征1。

（1）选择如图 3-117 所示的参考面，单击 回 按钮，进入草绘环境。单击 回 弹出【转换实体引用】属性管理器。将如图 3-117 所示的外轮廓线转换成轮廓线，绘制如图 3-118 所示的草图。

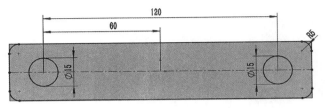

图 3-118 绘制草图 2

（2）单击 回 按钮退出草绘，弹出【切除 - 拉伸】属性管理器，设置终止条件为【给定深度】、拉伸深度值为 "30"。设置拉伸切除参数如图 3-119 所示，然后单击 ✓ 按钮，完成拉伸切除，结果如图 3-120 所示。

图 3-119 设置拉伸切除参数

图 3-120 拉伸切除结果

STEP04 创建拉伸特征2。

（1）单击 回 按钮，选择如图 3-120 所示的平面作为草绘平面，绘制 φ30 的圆，结果如图 3-121 所示。

（2）退出草绘，弹出【凸台 - 拉伸】属性管理器，在【从】的下拉列表中选择【等距】，输入距离值为 "75"。

（3）在【方向 1】中选择终止条件为【给定深度】，拉伸深度值为 "40"，如图 3-122 所示，单击 ✓ 按钮，完成拉伸，结果如图 3-123 所示。

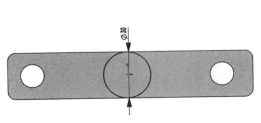

图 3-121 绘制草图 3

图 3-122 拉伸参数设置

图 3-123 拉伸圆柱体

STEP05 创建扫描特征。

（1）以【右视基准面】作为草绘基准面，绘制如图 3-124 所示的草图作为扫描轮廓线。

（2）以【前视基准面】作为草绘基准面，绘制如图 3-125 所示的草图作为扫描路径。圆弧的两个端点分别与圆柱体下端面和线段具有相切关系。

图 3-124　绘制草图 4

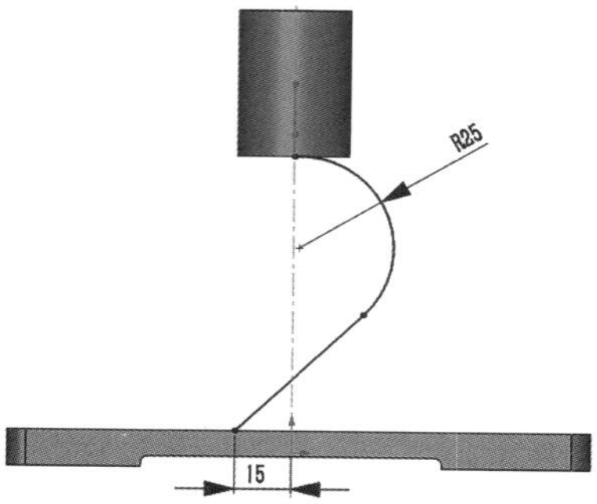

图 3-125　绘制草图 5

（3）单击 扫描 按钮，弹出【扫描】属性管理器，选择如图 3-124 所示的草图作为扫描轮廓，如图 3-125 所示的草图作为路径，如图 3-126 所示，然后单击 ✓ 按钮，完成扫描，结果如图 3-127 所示。

图 3-126　设置扫描参数

图 3-127　扫描结果

STEP06　创建拉伸切除特征 2。

（1）单击 按钮，选择底部表面作为绘图平面，绘制矩形如图 3-128 所示。

（2）退出草绘系统弹出【切除－拉伸】属性管理器，设置终止条件为【完全贯穿】，单击 ✓ 按钮，切除多余实体，结果如图 3-129 所示。

图 3-128　绘制草图 6

图 3-129　切除多余实体

STEP07 创建拉伸特征 3。

（1）单击 按钮，选择【右视基准面】作为绘图基准面，绘制如图 3-130 所示 ϕ 30 的圆。

（2）退出草绘系统弹出【凸台 - 拉伸】属性管理器，在【从】中的下拉列表中选择【等距】，输入距离值为"60"。

（3）在【方向 1】中设置终止条件为【成形到一面】，单击 按钮改变方向，选择圆弧面为终止面，如图 3-131 所示，最后单击 按钮完成拉伸，结果如图 3-132 所示。

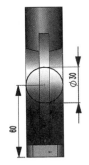

图 3-130 绘制草图 7

图 3-131 设置拉伸参数

图 3-132 拉伸结果

STEP08 创建拉伸切除特征 3。

（1）单击 按钮，选择步骤 7 的圆柱体顶面作为草绘平面，绘制如图 3-133 所示的草图。

（2）退出草绘系统弹出【拉伸切除】属性管理器，设置终止条件为【完全贯穿】，最后单击 按钮完成拉伸切除，结果如图 3-134 所示。

图 3-133 绘制草图 8

图 3-134 拉伸切除结果

（3）创建草绘特征 9。重复步骤（1）和（2），圆柱体顶面草绘如图 3-135 所示，设置拉伸切除【终止条件】为【给定深度】，深度值为"60"，切除结果如图 3-136 所示。

图 3-135 绘制草图 9

图 3-136 切除结果

STEP09 创建螺旋曲线。

（1）单击 按钮，选择上一步的圆柱体顶平面作为绘图基准面，使用【转换实体】命令将圆柱体的外圆边线转换为实体线，如图 3-137 所示，退出草绘环境。

（2）选择菜单命令中的【插入】/【曲线】/【螺旋线 / 涡状线】，弹出的【螺旋线 / 涡状线】属性管理器。

（3）设置【螺距】为"2"、选取【反向】复选项、【圈数】为"10"、【起始角度】为"0"，如图 3-138 所示。然后单击 按钮，完成螺旋线地创建，如图 3-139 所示。

图 3-137 转换实体线

图 3-138 创建螺旋线

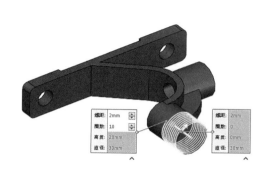

图 3-139 绘制草图 10

STEP10 创建扫面切除。

（1）单击 按钮，选择【右视基准面】作为绘图基准面，绘制如图 3-140 所示的草图，三角形为等边三角形，边长为"2"，其中一边与圆柱体的投影边线重合，退出草绘环境。

（2）单击 扫描切除 按钮，如图 3-139 所示螺旋线作为扫描路径，选择如图 3-140 所示的草图作为扫描轮廓，参数设置如图 3-141 所示。

（3）单击 按钮，最终结果如图 3-142 所示。

图 3-140 绘制草图 11

图 3-141 设置切除参数

图 3-142 支架模型

3.2.3　实例 3 ——创建轴承座上盖模型

本例将使用旋转、拉伸和拉伸切除工具，创建如图 3-143 所示的轴承座上盖模型。

【操作步骤】

(STEP01) 绘制草图 1。

（1）单击 🗋 按钮，新建零件文件。

（2）选择【前视基准面】作为绘图平面，绘制如图 3-144 所示的草图，草图关于中心线对称。

（3）单击 🗗 按钮退出草绘环境。

图 3-143　轴承座上盖模型

图 3-144　绘制草图 1

(STEP02) 创建旋转特征。

（1）单击 🍙 按钮，弹出如图 3-145 所示的【旋转】属性管理器，设置旋转角度为 "360 度"。

（2）单击 ☑ 按钮，生成如图 3-146 所示的拉伸实体。

图 3-145　拉伸参数设置

图 3-146　旋转结果

(STEP03) 创建拉伸特征 1。

（1）单击 🍙 按钮启动拉伸工具，选择【前视基准面】进入草绘环境。绘制如图 3-147 所示的草图。

（2）单击 🗗 按钮退出草绘，弹出【凸台 - 拉伸】属性管理器，设置终止条件为【给定深度】、拉伸深度值为 "46mm"，如图 3-148 所示。然后单击 ☑ 按钮，完成拉伸，结果如图 3-149 所示。

(STEP04) 创建简单孔。

（1）单击 🕸 （异型孔向导）按钮，打开【孔规格】属性管理器，设置如图 3-150 所示的参数。

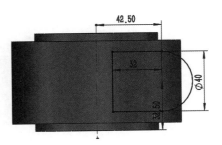

图 3-147　绘制草图 2

图 3-148 设置拉伸切除参数

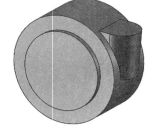

图 3-149 创建拉伸结果

图 3-150 设置孔参数

（2）切换至 位置 选项卡，单击 3D草图 按钮，在模型中选择放置点，如图 3-151 所示。

（3）单击 ✓ 按钮，完成孔的创建。

STEP05 创建镜像特征。

（1）在【特征】功能区中单击 镜向 按钮，打开【镜像】属性管理器。

（2）选取【右视基准面】作为镜像基准面，选取步骤（3）和（4）创建的特征为镜像对象，如图 3-152 所示。

（3）单击 ✓ 按钮完成镜像，结果如图 3-153 所示。

图 3-151 创建孔特征

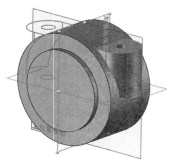

图 3-152 镜像预览

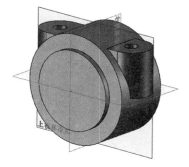

图 3-153 完成镜像创建

STEP06 创建剪切特征 1。

（1）选择【前视基准面】作为草绘基准面，绘制如图 3-154 所示的草图，退出草绘环境。

（2）单击 ◎ 按钮，启动【切除 - 拉伸】工具，设置【方向 1】为【两侧对称】，深度为 "65"。

（3）单击 ✓ 按钮完成切除，结果如图 3-155 所示。

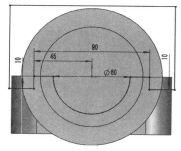

图 3-154 绘制草图 3

图 3-155 切除结果

STEP07 创建基准面。

（1）单击【参考几何体】中单击■按钮，打开【基准面】属性管理器。

（2）选择【前视基准面】为参照，输入距离值为"60"，单击☑按钮完成创建，结果如图 3-156 所示。

STEP08 创建拉伸特征 2。

（1）单击●按钮，选择上一步创建基准面 1 作为绘图平面，绘制如图 3-157 所示的草图。

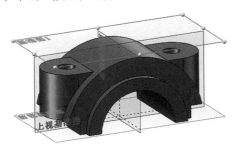

图 3-156　创建基准面

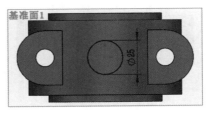

图 3-157　绘制草图 4

（2）退出草绘系统，弹出【切除－拉伸】属性管理器，设置终止条件为【给定深度】值为"10"，单击反向☑按钮，调整拉伸方向，结果如图 3-158 所示。

STEP09 创建沉头孔。

（1）单击●按钮，打开【孔规格】属性管理器，设置如图 3-159 所示的参数。

图 3-158　创建拉伸特征

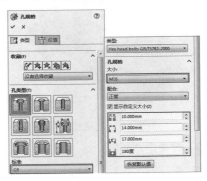

图 3-159　设置孔参数

（2）切换至 位置 选项卡，单击 3D草图 按钮，在模型中选择放置点，如图 3-160 所示。

（3）单击☑按钮完成创建，结果如图 3-161 所示。

图 3-160　选择放置点

图 3-161　创建沉头孔特征

STEP10 创建切除特征 3。

（1）单击 按钮，选择【上视基准面】为草绘平面，绘制如图 3-162 所示的草图。

（2）退出草绘系统，弹出【拉伸切除】属性管理器，设置终止条件为【两侧对称】，输入深度值为"31"。

（3）单击 按钮完成拉伸切除，结果如图 3-163 所示。

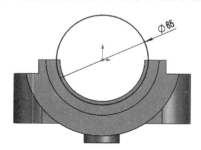

图 3-162　绘制草图 5

图 3-163　创建切除特征

STEP11 创建倒圆角特征。

（1）单击 按钮，打开【圆角】属性管理器。设置圆角半径为"2"，选择如图 3-164 所示的边。

（2）单击 按钮完成倒圆角特征的创建，结果如图 3-165 所示。

图 3-164　选择倒圆边

图 3-165　创建圆角特征

STEP12 创建倒角特征。

（1）单击 按钮，打开【倒角】属性管理器。设置距离值为"2.5"，选择如图 3-166 所示的边。

（2）单击 按钮完成倒角特征的创建，结果如图 3-167 所示。

图 3-166　选择倒角边

图 3-167　创建倒角特征

（3）再次启动【倒角】工具，设置距离值为"5"，选择如图 3-168 所示的边。

（4）单击 按钮完成倒角特征的创建，结果如图 3-169 所示。

图 3-168　选择倒角边

图 3-169　创建倒角特征

3.2.4　实例 4 ——创建轴承座模型

本例将使用拉伸、镜像和拉伸切除工具，创建如图 3-170 所示的轴承座底座模型。

【操作步骤】

STEP01　绘制草图 1。

（1）单击 □ 按钮，新建零件文件。

（2）选择【前视基准面】作为绘图平面，绘制如图 3-171 所示的草图，草图关于中心线对称。

（3）单击 📥 按钮退出草绘环境。

创建轴承座模型

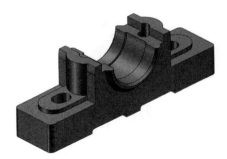

图 3-170　轴承座底座模型

图 3-171　绘制草图 1

STEP02　创建旋转特征。

（1）单击 🌶 按钮，弹出如图 3-172 所示的【旋转】属性管理器，设置旋转角度为 "180 度"。

（2）单击 ☑ 按钮，生成如图 3-173 所示的拉伸实体。

图 3-172　旋转参数设置

图 3-173　旋转拉伸结果

STEP03　创建拉伸特征 1。

（1）单击 按钮启动拉伸工具，选择【前视基准面】进入草绘环境，绘制如图 3-174 所示的草图。

（2）单击 按钮退出草绘，弹出【凸台-拉伸】属性管理器，设置终止条件为【两侧对称】、拉伸深度值为"55"。然后单击 按钮，完成拉伸，结果如图 3-175 所示。

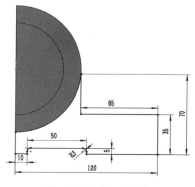

图 3-174　绘制草图 2

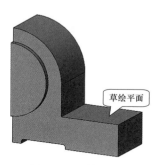

图 3-175　创建结果

STEP04 创建拉伸特征 2。

（1）单击 按钮，选择如图 3-175 所示的绘图平面，绘制如图 3-176 所示的草图。

（2）退出草绘系统弹出【凸台-拉伸】属性管理器，设置终止条件为【给定深度】值为"5"，结果如图 3-177 所示。

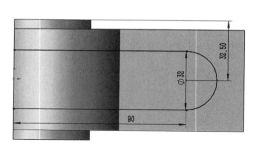

图 3-176　绘制草图 3

图 3-177　创建拉伸特征

STEP05 创建拉伸特征 3。

（1）单击 按钮，选择如图 3-175 所示的绘图平面，绘制如图 3-178 所示的草图。

（2）退出草绘系统弹出【凸台-拉伸】属性管理器，设置终止条件为【给定深度】值为"80"，结果如图 3-179 所示。

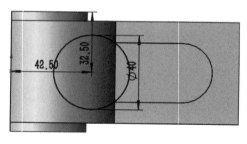

图 3-178　绘制草图 4

图 3-179　创建拉伸特征

STEP06 创建镜像特征 1。

（1）在【特征】功能区中单击 ㈱ 按钮，打开【镜像】属性管理器。

（2）选取【右视基准面】作为镜像基准面，选取步骤（1）到（5）创建的特征为镜像对象，如图 3-180 所示。

（3）单击 ☑ 按钮完成镜像，结果如图 3-181 所示。

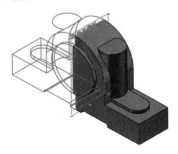

图 3-180　选取特征

图 3-181　镜像特征

STEP07 创建简单孔。

（1）单击 ㈱（异型孔向导）按钮，打开【孔规格】属性管理器，设置如图 3-182 所示的参数。

（2）切换至 ㈱ 位置 选项卡，单击 3D草图 按钮，在模型中选择放置点。

（3）单击 ☑ 按钮，完成孔的创建，如图 3-183 所示。

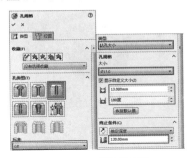

图 3-182　设置孔参数

图 3-183　创建孔特征

STEP08 创建剪切特征 1。

（1）选择【前视基准面】作为草绘基准面，绘制如图 3-184 所示的草图，退出草绘环境。

（2）单击 ㈱ 按钮启动【切除 - 拉伸】工具，设置【方向 1】为【两侧对称】、深度为"65"。

（3）单击 ☑ 按钮完成切除，结果如图 3-185 所示。

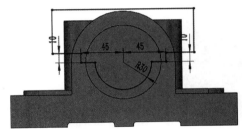

图 3-184　绘制草图 5

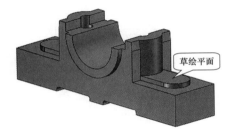

图 3-185　创建切除特征

STEP09 创建切除特征 2。

（1）单击 按钮，选择上一步创建基准面 1 作为绘图平面，绘制如图 3-186 所示的草图。

（2）退出草绘系统，弹出【切除－拉伸】属性管理器，设置终止条件为【给定深度】、值为"40"，结果如图 3-187 所示。

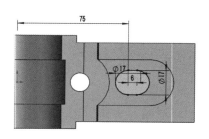

图 3-186 绘制草图 6

图 3-187 创建切除特征

STEP10 创建切除特征 3。

（1）单击 按钮，选择底面作为绘图平面，绘制如图 3-188 所示的草图。

（2）退出草绘系统弹出【切除－拉伸】属性管理器，设置终止条件为【给定深度】、值为"20"，结果如图 3-189 所示。

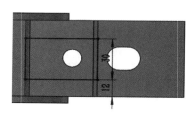

图 3-188 绘制草图 7

图 3-189 创建切除特征

STEP11 创建镜像特征 2。

（1）在【特征】功能区中单击 按钮，打开【镜像】属性管理器。

（2）选取步骤（9）和（10）创建的剪切特征为镜像对象，选择【右视基准面】作为镜像基准，如图 3-190 所示。

（3）单击 按钮完成镜像，结果如图 3-191 所示。

图 3-190 设置镜像参数

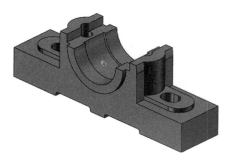

图 3-191 完成镜像创建

STEP12 创建倒圆角特征。

（1）单击 按钮，打开【圆角】属性管理器。设置圆角半径为"2"，选择如图 3-192 所示的边。

（2）单击 按钮完成倒圆角特征的创建，结果如图 3-193 所示。

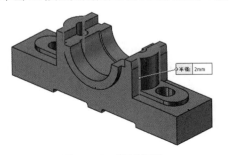

图 3-192 选取倒圆边

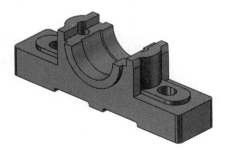

图 3-193 创建圆角

STEP13 创建倒圆角特征。

（1）单击 按钮，打开【圆角】属性管理器。设置圆角半径为"5"，选择底座的 4 条边边。

（2）单击 按钮完成倒圆角特征的创建，结果如图 3-194 所示。

STEP14 创建倒角特征。

（1）单击 按钮，打开【倒角】属性管理器。设置距离值为"2.5mm"，选择如图 3-194 所示的边。

（2）单击 按钮完成倒角特征的创建，结果如图 3-195 所示。

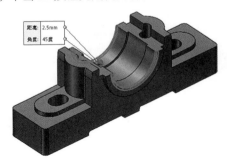

图 3-194 选取倒角边

图 3-195 创建倒角

（3）再次启动【倒角】工具，设置距离值为"5mm"，选择如图 3-196 所示的边。

（4）单击 按钮完成倒角特征的创建，结果如图 3-197 所示。

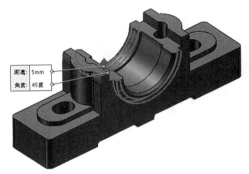

图 3-196 选取倒角边

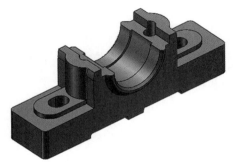

图 3-197 创建倒角

3.3　小结

实体模型相对于线框模型和表面模型而言，具有实心结构、质量、重心以及惯性矩等物理属性的模型形式。在实体模型上可以方便地进行材料切割、穿孔等操作，是现代三维造型设计中的主要模型形式，用于工业生产的各个领域，例如 NC 加工、静力学和动力学分析、机械仿真以及构建虚拟现实系统等。在 SolidWorks 中，先创建基础实体特征，然后在其上创建圆角、壳体等工程特征。

基础实体特征按照创建原理又包括拉伸、旋转、扫描和放样等设计方法。将一定形状和大小的草绘剖面沿直线轨迹拉伸即可生成拉伸实体特征，一定形状和大小的草绘剖面沿曲线轨迹扫描即可生成扫描实体特征，一定形状和大小的草绘剖面绕中心轴线旋转即可生成旋转实体特征。放样特征则将不同形状和大小的多个截面按照一定顺序依次相连。

3.4　习题

1. 简要说明实体模型的特点和用途。
2. 简要说明实体建模的基本步骤。
3. 使用基础实体建模方法（旋转）创建如图 3-198 所示的实体模型。
4. 使用基础实体建模方法创建如图 3-199 所示的实体模型。

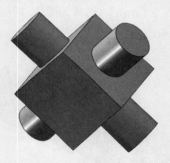

图 3-198　实体模型 1

图 3-199　实体模型 2

5. 使用基础实体建模方法创建（扫描）如图 3-200 所示的实体模型。
6. 使用基础实体建模方法创建（放样）如图 3-201 所示的实体模型。

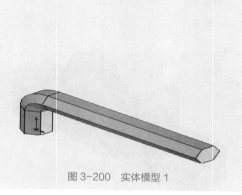

图 3-200　实体模型 1

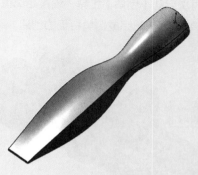

图 3-201　实体模型 2

第4章
创建工程特征及特征操作

【学习目标】
- 了解工程特征的特点和用途。
- 掌握常用工程特征的创建方法。
- 掌握常用特征操作方法的应用。
- 掌握三维建模的一般技巧。

在创建基础实体之后，还需要继续在其上创建其他各类特征，其中一种重要的特征类型就是本章将要重点介绍的工程特征。工程特征是具有一定工程应用价值的特征，例如孔特征、倒圆角特征等，这些特征具有相对固定的形状，比较明确的用途。

4.1 知识解析

所谓工程特征，就是针对工程实际需要所出现的零件特征，使它们和实际紧密联系，实际意义远大于其几何构型意义。

4.1.1 创建工程特征——圆角和倒角

SolidWorks 软件除了提供几何拓扑学中所必须的简单特征外，同样为方便用户设计而内置了圆角、倒角等工程特征功能。通常使用基本特征进行零件的初始造型设计，然后使用工程特征进行零件的细化成型设计。

❶ 圆角特征

圆角特征就是在零件上生成一个光滑的内圆角或外圆角过渡面。可以为一个面的所有边线、所选的多组面、所选的边线或边线环生成圆角。圆角特征包括下列几种类型：恒定大小圆角、变量大小圆角、面圆角和完整圆角。图 4-1 所示为【圆角】属性管理器，管理器中有 **手工** 和 **FilletXpert** 两个选项卡。

图 4-1 【圆角】属性管理器

◎【手工】：此选项卡用于在特征层级保持控制。

◎【FilletXpert】（圆角专家）：可以创建半径恒定的圆角，也可以选中【变量大小圆角】复选框后在一个特征中创建多个具有不同半径的圆角，并可以对其中任意圆角半径进行修改。

（1）圆角类型

◎【恒定大小圆角】：恒定大小圆角就是被倒圆角的边或面其半径值是恒定常数，如图 4-2 所示。

◎【变量大小圆角】：变半径圆角是可以在一条边线上的不同点指定不同的半径值而生成的圆角特征，如

图 4-3 所示。

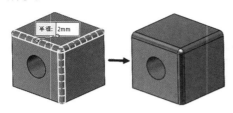
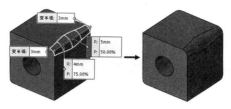

图 4-2　恒定大小圆角　　　　　　　　　　图 4-3　变量大小圆角

◎【面圆角】：面圆角就是在两个面之间的相交处以指定的半径值生成圆角特征，如图 4-4 所示。

◎【完整圆角】：完整圆角就是指在两个相间隔的曲面之间创建完全倒圆角特征，即用一个与两个曲面同时相切的圆弧面来连接两个曲面特征，如图 4-5 所示。

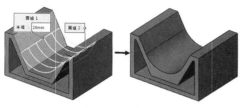
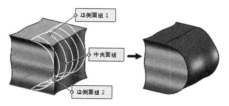

图 4-4　面圆角　　　　　　　　　　　　图 4-5　完整圆角

（2）要圆角化的项目

◎【切线延伸】：选择复选框后，所选边线延伸至曲线被截断处。

◎【完整预览】：选择该复选框，表示显示所有边线的圆角预览。

◎【部分预览】：选择该复选框，表示只显示一条边线的圆角预览。

◎【无预览】：选择该复选框，表示不显示任何边线的圆角预览。

（3）圆角参数

圆角参数栏为设定被倒圆角的边或面的参数变量，包括圆角形式、半径值和轮廓。

◎ 圆角形式包括：

【对称】：选择此项，表示边线圆角两侧对称。

【非对称】：选择此项，表示边线圆角两侧半径不同。

◎ 轮廓形式包括：

【圆形】：选择此项，表示边线圆角呈圆形弧面。

【圆锥】：选择此项，表示边线圆角弧面呈锥形方程式比例变化。

【圆锥半径】：选择此项，表示边线圆角弧面呈锥形曲率半径变化。

【曲率连续】：选择此项，表示圆角弧面沿曲线曲率变化。

❷ 倒角特征

倒角工具在所选边线、面或顶点上生成一倾斜特征（斜面）。它跟【圆角】命令的使用方法与成形方式大体相似，区别在于【倒角】成形的特征为直面，而【圆角】为圆弧面。多个实体的边线，可以在同一倒角特征中生成。图 4-6 所示为【倒角】属性管理器。

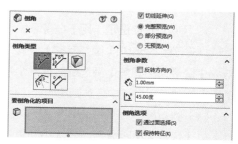

图 4-6　【倒角】属性管理器

（1）倒角的类型

倒角的类型共有 5 种，即【角度距离】、【距离距离】、【顶点】、【等距面】和【面－面】，他们的区别如表 4-1 所示。

表 4-1 倒角类型差别

倒角类型	倒角结果		说明
	选取【对称】复选项	选取【非对称】复选项	
角度距离	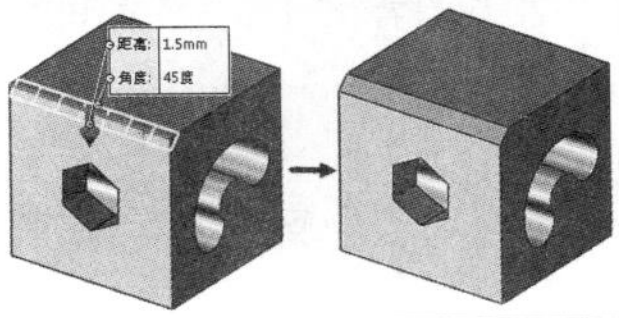		通过输入距离和角度来确定
距离距离	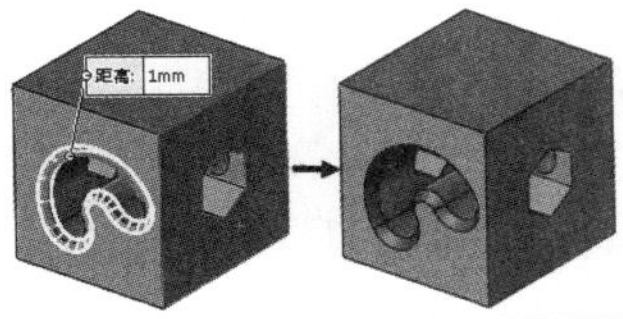	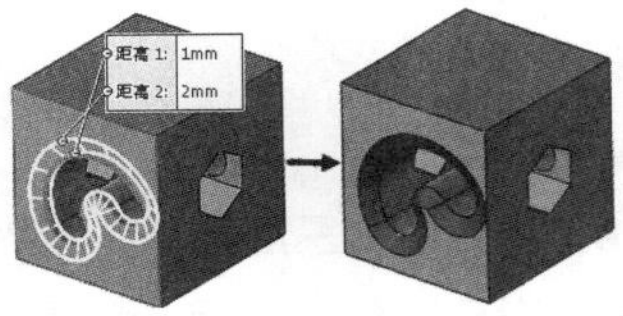	通过输入两个距离来确定
顶点	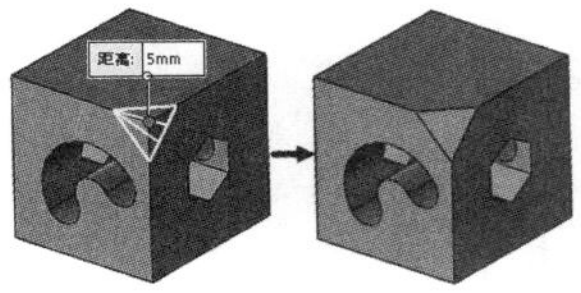	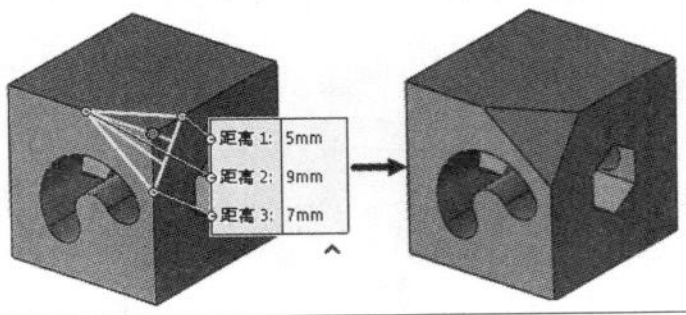	在所选顶点输入 3 个距离或选择相同距离
等距面	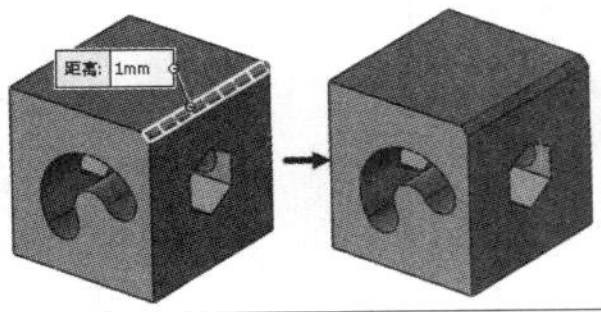	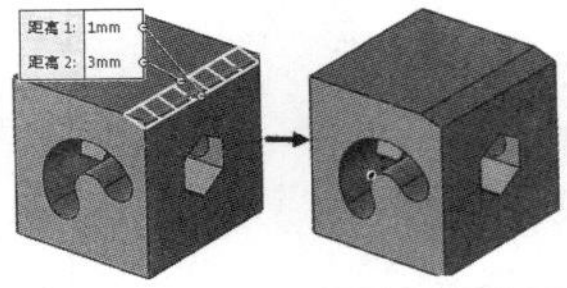	通过输入距离来确定
面－面	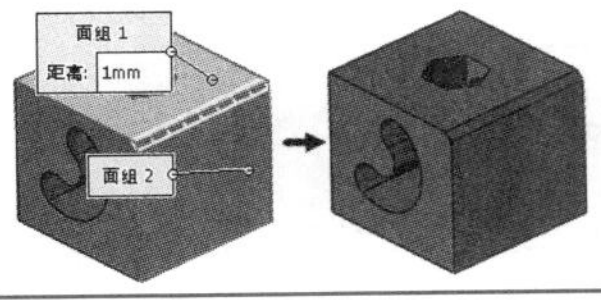	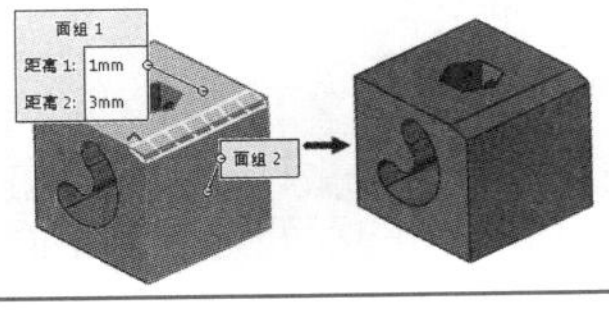	通过输入距离来确定

（2）要倒角化的项目

◎【切线延伸】：表示所选边线延伸至被截断处。

◎【完整预览】：表示显示所有边线的倒角预览。

◎【部分预览】：表示只显示一条边线的倒角预览。

（3）倒角参数

◎【反转方向】：用于反转倒角的生成方向。

◎【距离】：应用到第一个所选的草图实体。

◎【角度】：应用到从第一个草图实体开始的第二个草图实体。

（4）倒角选项

◎【通过面选择】：选择此复选框，通过隐藏边线的面选取边线。

◎【保持特征】：选择此复选框，系统将保留诸如切除或拉伸之类的特征，这些特征在应用倒角时通常被移除，如图 4-7 所示。

原始零件　　　　保持特征被清除　　　　保持特征被复选

图 4-7　【保持特征】复选项的作用

4.1.2　基础训练——圆角与倒角

利用拉伸、圆角和倒角等工具创建如图 4-8 所示的叉架实体特征。

创建圆角与倒角

【操作步骤】

(STEP01)　新建零件文件。

(STEP02)　创建拉伸实体。

（1）单击 按钮，选择前视基准面为绘图平面，绘制如图 4-9 所示的草图。

（2）退出草绘，设置终止条件为【两侧对称】，深度值为"10"，单击 按钮完成拉伸，结果如图 4-10 所示。

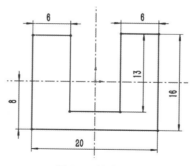

图 4-8　叉架实体特征　　　　　图 4-9　拉伸草图　　　　　图 4-10　拉伸实体

（3）选择如图 4-11 所示的平面为绘图平面，单击 按钮，绘制如图 4-12 所示的草图。

（4）退出草绘，设置终止条件为【给定深度】，深度值为"24mm"，单击 按钮完成拉伸，结果如图 4-13 所示。

参考平面

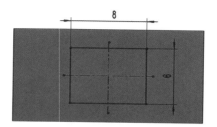

图 4-11　选择绘图基准面　　　　图 4-12　拉伸草图　　　　图 4-13　拉伸结果

(STEP03)　创建完整圆角。

（1）单击 按钮，打开【圆角】属性管理器，圆角类型设置为【完整圆角】。

（2）分别为边侧面组 1、中央面组和边侧面组 2 选择如图 4-14 所示的平面。

（3）勾选【切线延伸】复选框，单击 ✓ 按钮完成创建。

(STEP04) 创建恒定大小圆角。

（1）打开【圆角】属性管理器，设置圆角类型为【恒定大小圆角】，输入半径值为"2mm"。

（2）选择如图 4-15 所示的对称的两条边线。单击 ✓ 按钮，结果如图 4-16 所示。

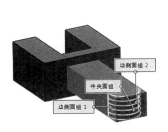

图 4-14　选择圆角面组

图 4-15　拉伸结果

图 4-16　选择绘图基准面

(STEP05) 创建切除特征。

（1）单击 按钮，选择如图 4-16 所示的平面，绘制如图 4-17 所示的草图。

（2）退出草绘，设置终止条件为【完全贯穿】，单击 ✓ 按钮完成拉伸，如图 4-18 所示。

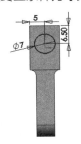

图 4-17　拉伸草图

图 4-18　拉伸切除结果

(STEP06) 创建倒角。

（1）单击 倒角 按钮，打开【倒角】属性管理器。

（2）单击 按钮设置类型为【角度距离】，选择如图 4-19 所示的 6 条边线作为参照。

（3）输入距离值为"1.5mm"，单击 ✓ 按钮完成创建，结果如图 4-20 所示。

图 4-19　创建倒角边

图 4-20　倒角结果

(STEP07) 创建切除特征。

（1）单击 按钮，选择如图 4-21 所示的平面，绘制如图 4-22 所示的草图。

（2）退出草绘，设置终止条件为【完全贯穿】，单击 ✓ 按钮完成拉伸，如图 4-23 所示。

图 4-21　选择绘图基准面

图 4-22　拉伸草图

图 4-23　拉伸结果

STEP08　保存文件，将其命名为"Trestle.sldprt"。

4.1.3　创建工程特征——孔和筋

SolidWorks 软件除了提供圆角、倒角等常用工程特征外，还有其他一些特殊的工程特征，本节将介绍异形孔和筋的一般创建方法。

❶ 孔

孔特征就是在实体上产生各种类型的型孔，是零件模型上最常见的结构之一，应用广泛。在 SolidWorks 2017 中，根据孔的不同形状和作用，把孔分为简单直孔和异型孔两种。

◎ 简单直孔：这种孔只有单一的直径参数，结构比较简单，只需指定孔的直径参数和孔中心轴线在实体特征上的放置位置即可创建此类孔特征。

◎ 异型孔：这种孔具有复杂的剖面结构。根据具体的结构和作用不同，分为柱形沉头孔、锥形沉头孔、孔、直螺纹孔、锥形螺纹孔、旧制孔、柱孔槽口、锥孔槽口和槽口 9 种，如表 4-2 所示。

表 4-2　异型孔种类

柱形沉头孔	锥形沉头孔	孔	直螺纹孔	锥形螺纹孔	旧制孔	柱孔槽口	锥孔槽口	槽口

不论创建哪一种孔特征，都要经过两个步骤，一是设计孔的剖面特征，二是确定孔中心轴线的放置位置。

在创建基础实体特征之后，选择菜单命令中的【插入】/【特征】/【孔向导】，或在【特征】功能区中选取 按钮，打开如图 4-24 所示的【孔规格】属性管理器。

【孔规格】属性管理器中有【类型】和【位置】两个选项卡。

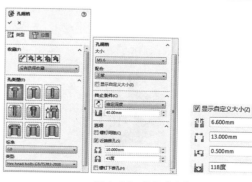

图 4-24　选择【孔】工具

◎【类型】选项卡（默认）：设定各种孔的类型参数。

◎【位置】选项卡：在平面或非平面上找出异型孔，使用尺寸和其他草图工具来定位孔中心。

【类型】选项卡中有以下几组参数需要设置。

（1）孔类型

选择孔特征生成的类型，共有 9 个选项可供选择，可根据需要进行选择。

◎【标准】栏：为设置孔的生成标准，如 GB、IS、ISO、JIS、KS 等，其中 GB 是中国标准，IS 和 ISO 为国际认证标准，JIS 是日本标准，KS 是韩国的标准。

◎【类型】栏：为设置孔生成的类型，会根据标准不同而不同，GB（国标）中常见的有六角头螺栓、直螺纹、管螺纹和梯形螺纹等。

（2）孔规格

◎【大小】栏：是设置孔的直径，常见为直径符号 φ 显示。

◎【配合】栏：为设置孔的连接关系，包含紧密、正常和松弛 3 种。

◎【显示自定义大小】复选框：勾选此项后可以设置孔的直径、深度、角度等参数。

（3）终止条件

终止条件下拉列表里选择孔特征生成的终止条件，共有 6 个终止条件可供选择。

◎ 给定深度：从指定的开始条件处到指定的距离生成孔特征。

◎ 完全贯穿：从指定的开始条件处到贯穿所有现有的几何体。

◎ 成型到下一面：从指定的开始条件处到下一面（该面能隔断整个轮廓并且在同一零件上）以生成特征。

◎ 成型到一顶点：从指定的开始条件处到达指定的顶点。

◎ 成型到一面：从指定的开始条件处到所选的曲面以生成孔特征。

◎ 到离指定面指定的距离：从指定的开始条件处到距离某个面或曲面之指定的高度处。

按钮控制孔的生成方向。一般默认的是垂直于所选的基准平面，单击此按钮后将会反向生成。当终止条件是【给定深度】时，需要在 （盲孔深度）文本框中输入孔特征的深度。当终止条件是【给定深度】时，需要在 （盲孔深度）文本框中输入孔特征的深度。

（4）确定孔的位置

常见孔的位置一般都是开在圆柱圆心或者圆弧面的中心位置，而一些特殊的孔则需要用坐标点来进行位置约束，比如在平面上、在圆柱面上等。下面通过一个例子简单介绍孔位置的确定。

STEP01 打开资源包中的"第 4 章 / 素材 / 位置孔"，如图 4-25 所示。

STEP02 单击 按钮，打开【孔规格】属性管理器，设置如图 4-26 所示的参数。

STEP03 切换至【位置】选项卡，单击 3D草图 按钮后选择放置点，如图 4-27 所示。

图 4-25 选择绘图基准面

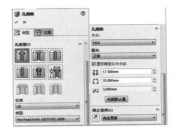

图 4-26 拉伸草图

图 4-27 拉伸结果

STEP04 再单击【草图】功能区中的 按钮，选择 4-27 所示的圆心，打开【点】属性管理器。

STEP05 设置如图 4-28 所示的 X 轴和 Z 轴参数，Y 轴不动。单击两次 按钮，完成创建，结果如图 4-29 所示。

孔的常见类型主要有以下 3 种。

（1）柱形沉头孔

柱形沉头孔顾名思义便是沉头和光孔都是圆柱形状，其生成特征如图 4-30 所示。

图 4-28　绘制正八边形截面

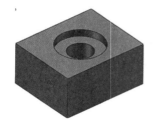

图 4-29　设置距离值

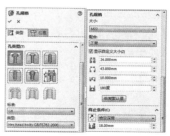

图 4-30　参数和属性设置

（2）锥形沉头孔

锥形沉头孔则是沉头为圆锥形状，光孔依然是圆柱形，其生成特征如图 4-31 所示。

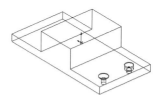

图 4-31　锥孔位置的选择

（3）螺纹孔

螺纹孔的特征生成形式主要有 3 种，其具体形状和含义如表 4-3 所示。

表 4-3　螺纹孔选项

图标	名称	图例示意	含义
	螺纹钻孔直径		在螺纹钻孔直径处切割孔
	装饰螺纹线		以装饰螺纹线在螺纹钻孔直径处切割孔
	移除螺纹线		在螺纹直径处切割孔

❷ 筋特征

加强筋是由绘制的开环或闭环轮廓所生成的特殊类型的拉伸特征。它在轮廓与现有零件之间添加指定方向和厚度的实体材料。可以用单一或多个草图生成筋，也可以用拔模生成筋特征。系统打开如图 4-32 所示的【筋】属性管理器，在此管理器中进行筋的一些属性的设置。

（1）【厚度】：用于选择筋特征的生成方位。

◎　 ≡（第一边）：使筋特征在草图的左侧生成。

◎　 ≡（两侧）：使筋特征在草图两侧生成。

◎　 ≡（第二边）：使筋特征在草图的右侧生成。

（2）⬚（筋厚度）：用于输入筋特征的厚度值。

图 4-32　【筋】属性管理器

（3）【拉伸方向】：用于设定筋特征的生成方向。

◎ ▧：平行于草图生成筋特征。

◎ ▨：垂直于草图生成筋特征。

◎【反转材料方向】：此复选框用于设定是朝向材料方向还是远离材料方向生成筋特征。可以勾选此复选框，然后预览，以决定是否选择该项。

（4）▧（拔模角度）：单击▧按钮可以打开和关闭拔模选项。用于设定是否在生成筋特征时产生拔模角度，打开时在旁边的框里可以输入拔模的角度。

（5）【所选轮廓】：用于选择筋特征生成的截止面，所选轮廓的名称将出现在列表框中。

在两板面之间绘制一条线段，在【筋】属性管理器中厚度方向选择【两侧】选项，拉伸厚度为默认，单击拔模▧按钮，输入角度值为"10"，如图4-33所示。

图4-33　筋的效果

4.1.4　基础训练——创建箱体模型

本例主要运用拉伸、拉伸切除、抽壳、筋、孔、镜向以及圆角等建模工具创建如图4-34所示的减速箱体模型。

图4-34　减速箱体模型

【操作步骤】

（STEP01）创建拉伸特征1。

（1）单击▧（拉伸凸台/基体）按钮，选择【前视基准面】绘制如图4-35所示的草图，退出草绘环境。

（2）设置拉伸方向为两侧对称，拉伸深度为"60mm"，结果如图4-36所示。

（STEP02）创建抽壳特征。

（1）单击▧（抽壳）按钮，打开【抽壳】属性管理器，设置厚度为"10mm"。

创建箱体模型

（2）单击 ☑ 按钮完成抽壳，结果如图 4-37 所示。

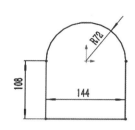

图 4-35　绘制草图

图 4-36　拉伸结果

图 4-37　抽壳特征

STEP03 创建拉伸特征 2。

（1）选择如图 4-36 所示的参考平面，单击 📷 按钮，绘制如图 4-38 所示的草图，退出草绘环境。

（2）设置【给定深度】为"5mm"，单击 ☑ 按钮，结果如图 4-39 所示。

STEP04 创建拉伸特征 3。

（1）选择如图 4-39 所示的平面，单击 📷 按钮，绘制如图 4-40 所示的草图，退出草绘环境。

图 4-38　绘制草图

图 4-39　生成拉伸

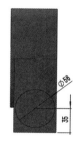

图 4-40　绘制草图

（2）设置【给定深度】为"3mm"，单击 ☑ 按钮，结果如图 4-41 所示。

STEP05 创建拉伸特征 4。

（1）选择如图 4-41 所示的平面，单击 📷 按钮，绘制如图 4-42 所示的草图，退出草绘环境。

（2）设置【给定深度】为"70mm"，方向 2 深度为"15mm"，单击 ☑ 按钮，结果如图 4-43 所示。

图 4-41　选择参考平面

图 4-42　绘制草图

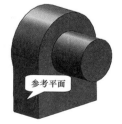

图 4-43　生成拉伸特征

STEP06 创建拉伸特征 5。

（1）选择【上视基准面】，单击 📷 按钮，绘制如图 4-44 所示的草图，退出草绘环境。

（2）设置【给定深度】为"40mm"，单击 ☑ 按钮，结果如图 4-45 所示。

STEP07 创建拉伸特征 6。

（1）选择如图 4-43 所示的参考面，单击 📷 按钮，绘制如图 4-46 所示的草图，退出草绘环境。

图 4-44 绘制圆

图 4-45 创建拉伸

图 4-46 绘制草图

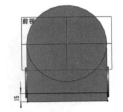

（2）设置【给定深度】为"30mm"，拉伸预览如图 4-47 所示。

STEP08 创建镜向特征。

（1）单击 ⊯（镜像）按钮，打开【镜像】属性管理器，选择【右视基准面】为镜像基准。

（2）选取拉伸特征"3mm"和"6mm"为镜像实体特征，结果如图 4-48 所示。

STEP09 创建拉伸特征 7。

（1）选择【前视基准面】，单击 ⓘ 按钮，绘制如图 4-49 所示的草图，退出草绘环境。

图 4-47 创建拉伸特征

图 4-48 镜像复制特征

图 4-49 绘制草图

（2）设置拉伸方向为【给定深度】，方向 1 为"92mm"，方向 2 为"108mm"，结果如图 4-50 所示。

STEP10 创建拉伸切除特征 1。

（1）选择如图 4-50 所示的平面，单击 ⓘ（拉伸切除）按钮，绘制如图 4-51 所示的草图。

（2）退出草绘，设置拉伸方向为【成形到下一面】，最后结果如图 4-52 所示。

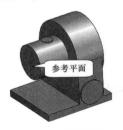

图 4-50 选取参考面

图 4-51 绘制草图

图 4-52 创建拉伸切除 1

STEP11 创建拉伸切除特征 2，拉伸方向为【成形到下一面】，结果如图 4-53 所示。

STEP12 创建拉伸切除特征 3，拉伸方向为【完全贯通】，结果如图 4-54 所示。

图 4-53 创建拉伸切除特征 2

图 4-54 创建拉伸切除特征 3

STEP13 创建拉伸切除特征 4，切除深度为"5mm"，如图 4-55 所示。

STEP14 创建圆角特征，设置【恒定大小圆角】，半径值为"15mm"，结果如图 4-56 所示。

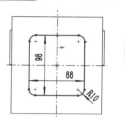

图 4-55　创建拉伸切除特征 4

图 4-56　创建圆角特征

STEP15 创建拉伸切除特征 5，拉伸方向为【成形到下一面】，结果如图 4-57 所示。

STEP16 创建螺纹孔。

（1）在【特征】功能区中单击 （异型孔向导）按钮，打开【孔规格】属性管理器，设置如图 4-58 所示的参数。

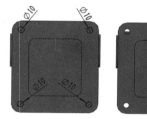

图 4-57　创建拉伸切除

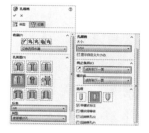

图 4-58　【孔规格】属性管理器

（2）切换到【位置】选项卡，单击 3D草图 按钮，选择如图 4-59 所示的圆心点。

（3）单击 ✓ 按钮，完成沉头孔的创建，结果如图 4-60 所示。

图 4-59　放置孔位置

图 4-60　生成孔特征

STEP17 创建 M6 的直螺纹孔，设置如图 4-61 所示的参数，选择如图 4-62 所示圆的 4 个象限点，结果如图 4-63 所示。

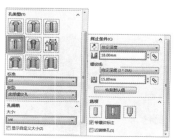

图 4-61　【孔规格】属性管理器

图 4-62　放置孔位置预览

图 4-63　生成孔特征

STEP18 镜像特征2。参照步骤17的操作方法，将M6螺纹孔通过【右视基准面】镜向复制到另一边，结果如图4-64所示。

STEP19 创建倒角特征1，设置倒角距离为"2mm"，选择如图4-65所示的轮廓。

图4-64 镜像复制孔特征

图4-65 创建倒角特征1

STEP20 创建圆角特征1，设置为【恒定大小圆角】，半径值为"5mm"，选择如图4-66所示的轮廓。

STEP21 创建圆角特征2，设置为【恒定大小圆角】，半径值为"1mm"，选择如图4-67所示的轮廓，结果如图4-68所示。

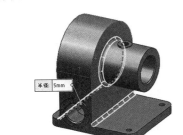

图4-66 创建倒角特征2

图4-67 创建倒角特征3

图4-68 完成倒角结果

STEP22 创建筋特征。

（1）在【特征】功能区中单击 （筋）按钮，启动【筋】工具，选择【前视基准试图】为参考平面，绘制如图4-69所示的草图。

（2）退出草绘环境，设置如图4-70所示的参数。单击 按钮，结果如图4-71所示。

图4-69 绘制草图

图4-70 【筋】属性管理器

图4-71 最终设计结果

STEP23 选择合适路径保存模型，完成减速箱的创建。

4.1.5　特征的阵列操作

特征阵列也是复制特征的一种方法，当要建立多个结构相同的特征并且特征呈某种规律排列时，只要建立相同结构中的一个，就可以使用阵列选项，达到快速且位置准确地复制特征，提高建模效率的目的。

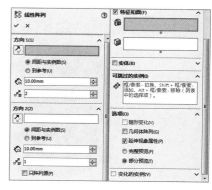

图 4-72　线性阵列管理器

❶ 线性阵列

当要创建多个特征相同且呈线性规律排列时，可用线性阵列进行复制操作。单击 （线性阵列）按钮，或选择菜单命令中的【插入】/【阵列 / 镜像】/【线性阵列】，系统弹出如图 4-72 所示的【线性阵列】属性管理器。

（1）【方向 1】栏中参数含义如下。

◎ 📐（阵列方向）: 为【方向 1】阵列设定方向。选择一线性边线、直线、轴或尺寸。如有必要，单击反向 📐 按钮来改变阵列的方向。

◎【间距与实例数】: 生成方式为两者距离和实例数量。

◎【到参考】: 生成方式为到某一参考线或面。

◎ 📐（间距）: 为【方向 1】设定阵列实例之间的间距。

◎ 📐（实例数）: 为【方向 1】设定阵列实例的数量。

（2）【方向 2】栏与【方向 1】的参数含义一直。

（3）【特征和面】栏中包含的选项如下。

◎ 📷（要阵列的特征）: 在模型实体中选择要阵列的特征，该特征的名称将会显示在列表框中。一旦选中后，所选特征的尺寸会显示出来。

◎ 📷（要阵列的面）: 在模型实体中选择要阵列的面，该面的名称将会显示在列表框中。

（4）【实体】栏与【特征和面】对立，展开该栏时则【特征和面】隐藏。

（5）【可跳过的实例】: 在生成阵列时可根据设计需要人为删除一些阵列实例。若想恢复阵列实例，再次单击图形区域中的实例标号。

（6）【选项】栏中参数含义如下。

◎【随形变化】: 允许重复时阵列更改。

◎【几何体阵列】: 只使用特征的几何体（面和边线）来生成阵列，而不阵列和求解特征的每个实例。【几何体阵列】选项可以加速阵列的生成及重建。对于与模型上其他面共用一个面的特征，不能使用几何体阵列选项。

◎【延伸视象属性】: 将 SolidWorks 的颜色、纹理和装饰螺纹数据延伸给所有阵列实例。

◎【完整预览】: 预览全部特征生成后的效果。

◎【部分预览】: 预览部分特征生成后的效果。

（7）【变化的实例】: 改变【方向 1】和【方向 2】的间距增量，调整阵列位置。

线性阵列演示如图 4-73 所示。

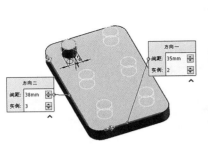

图 4-73　线性阵列

❷ 圆周阵列

当要创建多个相同特征且呈圆周形规律排列时，可用圆周阵列选项进行复制操作。单击 圆周阵列 按钮，或选择菜单命令中的【插入】/【阵列 / 镜像】/【圆周阵列】，系统弹出如图 4-74 所示的【阵列（圆周）】属性管理器。

（1）【方向 1】栏中的参数含义及设置如下。

◎　 （反向）：在模型实体上选择轴、模型边线或角度尺寸，阵列绕此轴生成。如有必要，单击反向 按钮来改变圆周阵列的方向。在此选择端盖的临时轴为阵列轴，如果此轴线没有显示出来，可以选择菜单命令中的【视图】/【临时轴】来显示或隐藏临时轴。

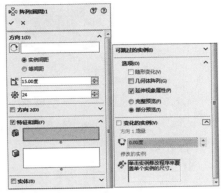

图 4-74　圆周阵列管理器

◎　【实例间距】：生成方式为两者距离和实例数量。

◎　【等间距】：默认实例之间间距相等的生成方式。

◎　 （角度）：设置实例生成的间距角度。

◎　 （实例数）：设置特征生成的实例数。

（2）【方向 2】栏中参数含义及设置与【方向 1】一致。

（3）【特征和面】栏中参数含义及设置如下。

◎　 （要阵列的特征）：在模型实体中选择要阵列的特征，该特征的名称将会显示在列表框中。一旦选中后，所选特征的尺寸会显示出来。

◎　 （要阵列的面）：在模型实体中选择要阵列的面，该面的名称将会显示在列表框中。

（4）【实体】栏与【特征和面】对立，展开该栏时则【特征和面】隐藏。

（5）【可跳过的实例】：在生成阵列时可根据设计需要人为删除一些阵列实例。若想恢复阵列实例，再次单击图形区域中的实例标号。

（6）【选项】栏中参数含义及设置如下。

◎　【随形变化】：允许重复时阵列更改。

◎　【几何体阵列】：只使用特征的几何体（面和边线）来生成阵列，而不阵列和求解特征的每个实例。【几何体阵列】选项可以加速阵列的生成及重建。对于与模型上其他面共用一个面的特征，不能使用几何体阵列选项。

◎　【延伸视象属性】：将 SolidWorks 的颜色、纹理和装饰螺纹数据延伸给所有阵列实例。

◎　【完整预览】：预览全部特征生成后的效果。

◎【部分预览】：预览部分特征生成后的效果。

（7）变化的实例：改变【方向1】和【方向2】的间距增量，调整阵列位置。

圆周阵列过程演示如图 4-75 所示。

图 4-75　圆周阵列

4.1.6　基础训练——创建齿轮零件模型

本练习主要运用拉伸、阵列、拉伸切除、镜像以及倒角等工具创建如图 4-76 所示的齿轮零件模型。

【操作步骤】

(STEP01)　创建轮齿拉伸。

（1）选择前视基准面，单击 ◉ 按钮启动拉伸工具，绘制如图 4-77 所示的构造线草图。

（2）选中齿廓线段，向往右阵列为"7.5"，再将其转换为实线，结果如图 4-78 所示。

创建齿轮零件模型

图 4-76　齿轮零件

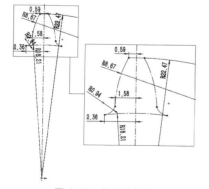

图 4-77　构造线草图

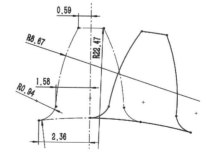

图 4-78　转换为实线

（3）退出草绘。设置终止条件为【给定深度】，值为"10mm"，最后结果如图 4-79 所示。

要点提示

　　在绘制时，可以将线段约束打开，可以使绘制更加方便，如图 4-80 所示。绘制完齿廓线后将其选中，在左边的属性管理器中勾选 □作为构造线(C) 复选框，即可将之转换为构造线。使用同样的方法也可将之转换为实线。

图 4-79　生成轮齿

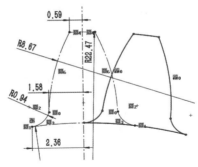

图 4-80　打开约束显示

(STEP02)　创建拉伸特征。

（1）单击 按钮启动拉伸工具，选择前视基准面绘制如图 4-81 所示的草图。

（2）退出草绘，设置方向为【两侧对称】，深度为"10mm"，结果如图 4-82 所示。

图 4-81　绘制圆

图 4-82　生成拉伸特征

(STEP03)　创建倒角特征。

（1）单击 （倒角）按钮，打开【倒角】属性管理器，设置倒角类型为【角度距离】。

（2）输入倒角距离值为"1"，选取如图 4-83 所示的边线，最后创建的结果如图 4-84 所示。

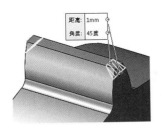

图 4-83　创建倒角

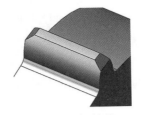

图 4-84　完成倒角

(STEP04)　创建圆周阵列。

（1）按住 Ctrl 键选中模型树中【凸台 - 拉伸 1】和【倒角 1】，单击 圆周阵列 按钮，打开【阵列（圆周）】属性管理器。

（2）在【方向 1】复选框中选取如图 4-82 所示的参考面，设置角度为"15"，数量为"24"。

（3）单击 按钮完成创建，结果如图 4-85 所示。

图 4-85　阵列轮齿

(STEP05)　创建切除特征。

（1）单击 按钮，选择如图 4-85 所示的参考面，绘制如图 4-86 所示的草图。

（2）设置拉伸方向为【完全贯穿】，单击 ☑ 按钮完成创建，结果如图 4-87 所示。

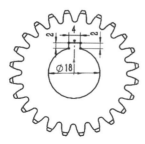

图 4-86　绘制草图

图 4-87　创建切除特征

STEP06 创建倒角特征 2。

（1）打开【倒角】属性管理器，设置倒角类型为【角度距离】。

（2）选取如图 4-88 所示的边线。单击 ☑ 按钮完成创建，结果如图 4-89 所示。

图 4-88　创建孔倒角

图 4-89　最终设计结果

4.1.7　特征的其他操作

❶ 拔模特征

拔模是指以指定的角度斜削模型中所选的面。其应用之一是使型腔零件具有一定的斜度，从而更容易脱出模具。可以在现有的零件上插入拔模，或者在拉伸特征时进行拔模。拔模可以应用到实体或曲面模型。在系统中拔模特征就是指在模型表面创建的倾斜结构，如图 4-90 所示。

在【特征】功能区中的单击 🔖（拔模）按钮或者执行菜单命令中的【插入】/【特征】/【拔模】，打开如图 4-91 所示的【拔模】属性管理器。系统提供了 3 种拔模类型，分别是【中性面】、【分型线】和【阶梯拔模】。

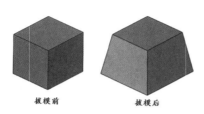

拔模前　　　　　拔模后

图 4-90　拔模特征示例

图 4-91　拔模属性管理器

（1）拔模方式

◎【手工】选项卡：用于控制特征层次。

◎【DraftXpert】选项卡：自动测试并找出拔模过程的错误。

（2）【拔模类型】栏

◎【中性面】：中性面是用来决定拔模方向的基准面或零件表面，拔模角度是垂直于中性面而度量的。拔模结果如图 4-92 所示。

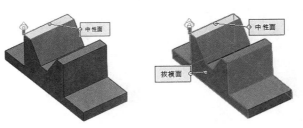

图 4-92　中性面拔模结果

◎【分型线】：用于对分型线周围的曲面进行拔模。分型线可以是空间的。如要在分型线上拔模，首先要插入一条分割线来分离要拔模的面，或者也可以使用现有的模型边线。然后再指定拔模方向，也就是指定移除材料的分型线一侧，拔模结果如图 4-93 所示。

◎【阶梯拔模】：阶梯拔模为分型线拔模的变体。可在不同的分型面上，同时生成拔模特征，拔模结果如图 4-94 所示。

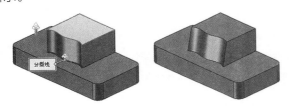

图 4-93　分型线拔模效果

图 4-94　阶梯拔模结果

（3）【拔模角度】栏

【拔模角度】栏：在■文本框中设置拔模特征生成的角度。

（4）【拔模沿面延伸】选项

系统提供了【无】、【沿切面】、【所有面】、【内部的面】和【外部的面】5种延伸方式，它们的含义如表4-4所示。

表 4-4　拔模沿面延伸

拔模沿面延伸	图形区域中的选择	拔模结果	说明
无			只有所选的面才进行拔模
沿切面			将拔模延伸到所有与所选面相切的面

拔模沿面延伸	图形区域中的选择	拔模结果	说明
所有面	中性面 / 拔模面		所有与中性面相邻的面以及从中性面拉伸的面都进行拔模
内部的面	中性面		所有从中性面拉伸的内部面都进行拔模包括在 3 个凸台上的任何面
外部的面	中性面		所有与中性面相邻的外部面都进行拔模

❷ 抽壳特征

抽壳工具会掏空零件，并使所选择的面敞开，在剩余的面上生成薄壁特征。如果没选择模型上的任何面，可以抽壳一实体零件，生成一闭合掏空的模型。也可使用多个厚度来抽壳模型，使不同面的薄壁厚度不一样。单击抽壳 🔘（抽壳）按钮，或选择菜单命令中的【插入】/【特征】/【抽壳】，系统弹出【抽壳】属性管理器，如图 4-95 所示。

图 4-95　抽壳管理器

（1）【参数】设置

◎　🔘（厚度）：输入抽壳特征的厚度。

◎　🔘（移除的面）：选取特征的抽壳面，该面变为天蓝色，如图 4-96 所示，选取后该面的名称会显示在复选框中。

◎【壳厚朝外】：使壳特征朝外生成，从而增加零件的外部尺寸，系统默认的是朝内生成。

◎【显示预览】：用来显示出抽壳特征的预览，如图 4-97 所示，生成抽壳结果如图 4-98 所示。

图 4-96　选取移除面

图 4-97　抽壳预览

图 4-98　抽壳结果

（2）【多厚度设定】选项设置

单击如图 4-99 所示光标所指的多厚度面列表框，激活该列表框。在模型上选取要设定不同厚度的面，如图 4-100 所示，该面变为紫色，厚度值显示在该面上，抽壳结果如图 4-101 所示。

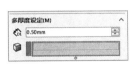

图 4-99　激活多厚度面列表框

图 4-100　选择多厚度面

图 4-101　抽壳特征

4.1.8　基础训练——抽壳与筋

利用放样、抽壳和筋等特征工具创建如图 4-102 所示的模型。

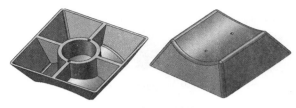

图 4-102　音响底座

【操作步骤】

(STEP01)　创建拉伸实体。

(1)单击 🔲（拉伸凸台/基体）按钮启动拉伸工具，选择前视基准面绘制如图 4-103 所示的草图。

(2)退出草绘，设置终止条件为【给定深度】，值为"30mm"，结果如图 4-104 所示。

创建抽壳与筋

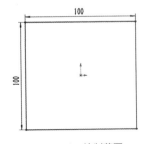

图 4-103　绘制草图

图 4-104　创建拉伸

(STEP02)　创建拔模特征。

(1)在【特征】功能区中单击 🔲（拔模）按钮，打开【拔模】属性管理器。

(2)选择底面为【中性面】，四周侧面为【拔模面】，设置拔模方向朝上，如图 4-105 所示。

(3)输入拔模角度值为"30"，单击 ✓ 按钮完成拔模，结果如图 4-106 所示。

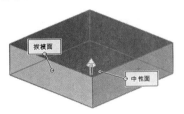

图 4-105　选取拔模面

图 4-106　拔模结果

STEP03 创建切除特征。

（1）选择【右视基准面】为参考面，单击 ⬚（拉伸切除）按钮，打开【拉伸 - 切除】属性管理器。

（2）绘制如图 4-107 所示的草图，退出草绘，设置拉伸方向为【完全贯穿 - 两者】。

（3）单击 ☑ 按钮完成创建，结果如图 4-108 所示。

图 4-107　绘制草图

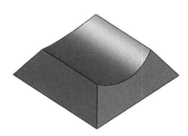

图 4-108　创建切除特征

STEP04 创建圆角特征。

（1）单击 ◉（圆角）按钮，打开【圆角】属性管理器，设置圆角类型为【恒定大小圆角】。

（2）输入半径值为"4mm"，选择如图 4-109 所示的凹面和 4 条棱线。

（3）单击 ☑ 按钮完成创建，结果如图 4-110 所示。

图 4-109　创建倒圆角预览

图 4-110　完成倒圆角

STEP05 创建抽壳特征。

（1）在【特征】功能区中单击 ◉（抽壳）按钮，打开【抽壳】属性管理器。

（2）输入厚度值为"2mm"，选择如图 4-111 所示的底面为要移出的面。

（3）单击 ☑ 按钮完成创建，结果如图 4-112 所示。

图 4-111　选取参考面

图 4-112　抽壳效果显示

STEP06 创建筋特征。

（1）单击 ◢（筋）按钮，选择【前视基准面】为参考面，绘制如图 4-113 所示草图。

（2）退出草退环境，输入厚度值为"4mm"，勾选【反转材料边】复选项。

（3）单击 ▩（拔模）按钮，激活拔模开关，输入角度值为"2"。单击 ☑ 按钮，结果如图 4-114 所示。

图 4-113　绘制草图

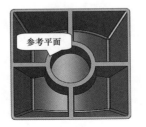

图 4-114　生成筋特征

STEP07 创建拉伸切除特征。

（1）单击 ▤ 按钮，选择如图 4-114 所示的参考面为草绘平面，绘制如图 4-115 所示的草图。

（2）设置拉伸方向为【形成到下一面】，结果如图 4-116 所示。

图 4-115　绘制圆

图 4-116　创建孔特征

STEP08 至此，完成音响底座的创建。选择适当路径，保存模型。

4.2　综合训练

下面通过 3 个综合实例介绍创建三维实体模型的一般方法和技巧。

4.2.1　实例 1——创建榔头模型

本例将创建一个榔头模型，如图 4-117 所示，全面训练前面所学的三维实体建模工具的用法。

【操作步骤】

STEP01 创建拉伸特征。

（1）单击按钮 ▥ 启动拉伸工具，选择前视基准面绘制如图 4-118 所示的草图。

创建榔头模型

图 4-117　榔头模型

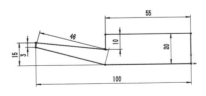

图 4-118　绘制草图

（2）退出草绘，设置方向为【给定深度】，深度为"40mm"，如图 4-119 所示。

（3）单击 ☑ 按钮，完成造型，创建的拉伸实体如图 4-120 所示。

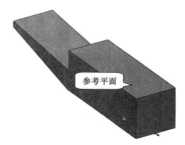

图 4-119　设置参数　　　　　　　　　图 4-120　拉伸结果

STEP02 创建加固凸缘造型。

（1）选择如图 4-120 所示的平面，单击 🖥 按钮，绘制如图 4-121 所示的草图。

（2）退出草绘环境，给定深度值为"3mm"。单击 ☑ 按钮完成创建，结果如图 4-122 所示。

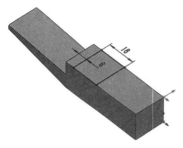

图 4-121　绘制草图　　　　　　　　　图 4-122　选择参考面

STEP03 创建切除轮廓特征。

（1）选择如图 4-122 所示的平面，单击 🖩（拉伸切除）按钮，绘制如图 4-123 所示的草图。

（2）退出草绘，设置切除深度为"25mm"。单击 ☑ 按钮完成创建，结果如图 4-124 所示。

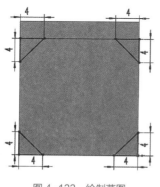

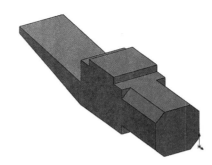

图 4-123　绘制草图　　　　　　　　　图 4-124　拉伸切除结果

要点提示

　　　这里可绘制两条中心线，然后使用镜像工具进行镜像，可以快速绘制出如图 4-123 所示的 4 个三角形。

（3）继续选择选右表面，启用 🖩（拉伸切除）工具绘制如图 4-125 所示的草图。

（4）退出草绘，设置切除深度为"5mm"，选择反侧切除。单击 ☑ 按钮完成创建，结果如图 4-126 所示。

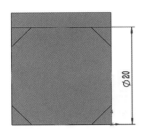

图 4-125　绘制草图

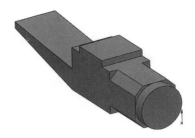

图 4-126　拉伸切除结果

(STEP04) 创建羊角尾部造型。

（1）单击 按钮，选择上视基准面，绘制如图 4-127 所示的楔形草图。

（2）退出草绘，设定终止条件为【完全贯穿】。单击 ☑ 按钮完成，结果如图 4-128 所示。

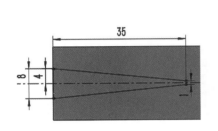

图 4-127　绘制草图

图 4-128　创建切除特征

(STEP05) 创建圆角特征。

（1）单击 ⬢（圆角）按钮，打开【圆角】属性管理器。设置圆角半径 R 为"1mm"，选择如图 4-129 所示的轮廓边。

（2）单击 ☑ 按钮完成创建，结果如图 4-130 所示。

(STEP06) 创建变半径圆角。

（1）启动 ⬢（圆角）工具，在【圆角类型】中设置圆角类型为 ⬢（变量大小圆角）。

（2）选择如图 4-131 所示的榔头尾部下边线，显示出两个顶点和 3 个未激活的控制点。

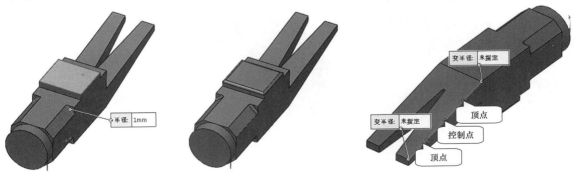

图 4-129　选取倒圆角边　　　　图 4-130　完成倒圆角　　　　图 4-131　选取边线

（3）此时【变半径参数】如图 4-132 所示，选中顶点 V1，设定半径为"2mm"，按 Enter 键确认输入，零件实体中会即时更新注释框，显示半径值为"0.5mm"，结果如图 4-133 所示。

图 4-132　设置参数

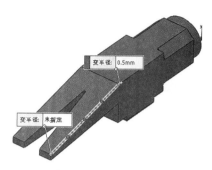

图 4-133　设置参数 1

（4）使用同样方法设定顶点 V2，设定半径为"2mm"，零件实体即时更新显示，如图 4-134 所示。

（5）在零件实体上单击激活一个控制点，如图 4-134 所示。在【变半径参数】的对象选择框中会出现控制点 P1 选项，如图 4-135 所示。

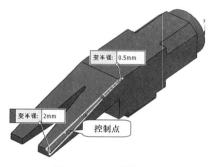

图 4-134　预览效果 1

图 4-135　选取控制点

（6）设定 P1 半径值为"1.8mm"，如图 4-136 所示，然后单击 ☑ 按钮完成造型，结果如图 4-137 所示。

（7）重复步骤（1）～（6），生成另一只羊角的变半径圆角，结果如图 4-138 所示。

图 4-136　设置参数 2　　　　　　图 4-137　设置参数 3　　　　　　图 4-138　预览效果 2

STEP07　生成面圆角。

（1）打开 🌢（圆角）属性管理器，设置圆角类型为 🔲（面圆角）。

（2）分别为【面 1】和【面 2】选项框选择如图 4-139 所示的平面，设置半径为"4mm"。

（3）单击 ☑ 按钮完成造型，结果如图 4-140 所示。

图 4-139　设置参数 4

图 4-140　面圆角设计结果

（4）用与步骤（1）相同的方法，在榔头中部另外两个面的相交线出生成半径为"4mm"的圆角，如图 4-141 所示。

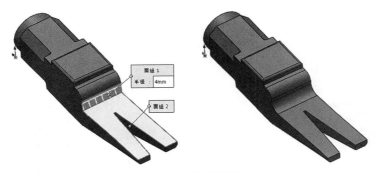

图 4-141　生成面圆角

STEP08　生成完整圆角。

（1）打开 ⬡（圆角）属性管理器，设置圆角类型为 ▣（完整圆角），如图 4-142 所示。

（2）依次为 3 个选项框选择如图 4-143 所示的面组，取消勾选【切线延伸】选项。

图 4-142　设置参数

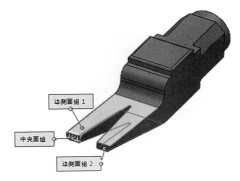

图 4-143　面圆角结果

（3）单击 ✓ 按钮完成创建，结果如图 4-144 所示。

（4）重复上述步骤，对另外一个羊角进行圆角处理，结果如图 4-145 所示。

图 4-144　创建面圆角

图 4-145　面圆角结果

STEP09 生成【距离距离】倒角。

（1）单击按钮，打开 🔶（倒角）属性管理器，设置倒角类型为 📐（距离距离）。

（2）选择羊角楔形槽内侧边线，设置【倒角参数】为【非对称】，如图 4-146 所示。

（3）输入倒角尺寸为 D1=1mm，D2=3mm，生成倒角特征预览如图 4-147 所示。

图 4-146　设置参数

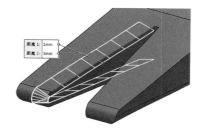

图 4-147　倒角预览 1

（4）选择楔形槽另一侧边线，保持倒角尺寸不变，生成预览如图 4-148 所示。

（5）最后单击 ✓ 按钮完成创建，结果如图 4-149 所示。

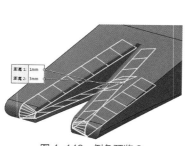

图 4-148　倒角预览 2

图 4-149　倒角结果

STEP10 生成角度距离倒角。

（1）打开 🔶（倒角）属性管理器，设置倒角类型为 📐（角度距离）。

（2）选择如图 4-150 所示的羊角楔形槽内边线，设置倒角尺寸为 D=1mm，角度为"45"，如图 4-151 所示。

（3）尺寸不变再选择楔形槽底侧边线，最后单击☑按钮完成创建，结果如图 4-152 所示。

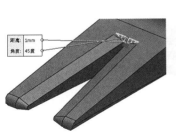

图 4-150 倒角预览

图 4-151 设置参数 5

图 4-152 倒角预览

STEP11 创建基准面。

（1）单击 ▣（基准面）按钮，选择如图 4-152 所示的参考面，设置如图 4-153 所示的参数。

（2）单击 ☑ 按钮完成基准面 1 的创建，结果如图 4-154 所示。

图 4-153 【基准面】属性管理器

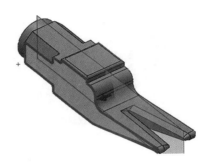

图 4-154 创建基准面

STEP12 创建筋特征。

（1）单击 ◢（筋）按钮，启动【筋】工具。选择【基准面 1】为参考平面，绘制如图 4-155 所示的草图，完成后退出草绘环境。

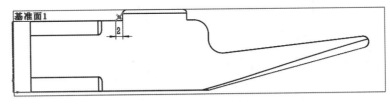

图 4-155 绘制草图

（2）设置筋厚度为"10mm"，勾选【反转材料方向】选项，单击 ☑ 按钮完成创建，结果如图 4-156 所示。

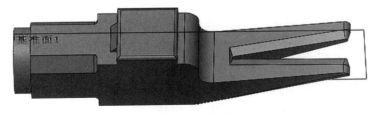

图 4-156 创建筋特征

（3）重复步骤（1）~（2），创建凸缘另外一侧的筋特征，结果如图 4-157 所示。

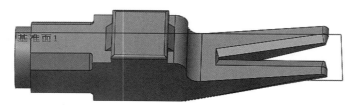

图 4-157　生成另一侧筋特征

STEP13　创建圆顶。

（1）执行菜单命令中的【插入】/【特征】/【圆顶】，打开【圆顶】属性管理器。

（2）设定圆顶参数为"10mm"，选取如图 4-158 左图所示的参考面。

（3）单击 ✓ 按钮完成圆顶特征，结果如图 4-158 右图所示。

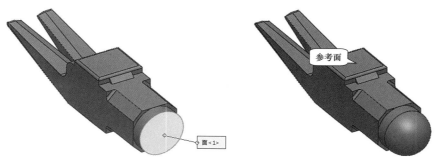

图 4-158　选取圆顶面

STEP14　创建参考点。

（1）选择如图 4-158 所示的参考面，在【草图】功能区中单击 ▪ （点）按钮，绘制如图 4-159 所示的点。

（2）单击右上角的 ↳ 按钮退出草绘环境，完成点的创建，如图 4-160 所示。

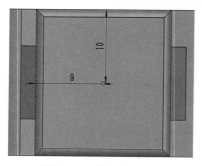

图 4-159　放置点的位置

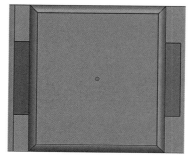

图 4-160　创建点

STEP15　创建光孔。

（1）在【特征】功能区中单击 ⚙ （异型孔向导）按钮，打开【孔规格】属性管理器，设置如图 4-161 所示的参数。

（2）切换到【位置】选项卡，单击 3D草图 按钮后选择上一步骤创建的点，如图 4-162 所示。

（3）单击 ✓ 按钮，完成沉头孔的创建，结果如图 4-163 所示。

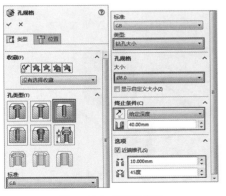

图 4-161　设置孔参数

图 4-162　放置孔位置

图 4-163　最终设计结果

4.2.2　实例 2——创建拨叉模型

下面介绍如图 4-164 所示的拨叉的建模过程，首先使用基本特征和工程特征工具建立拨叉的基体，然后使用拔模、螺纹孔等特征操作，从而完成零件设计。

【操作步骤】

(STEP01)　创建拉伸特征 1。

（1）单击按钮 📎 启动拉伸工具，选择前视基准面，绘制如图 4-165 所示的草图。

（2）退出草绘，设置方向为【两侧对称】，深度为"40mm"，结果如图 4-166 所示。

创建拨叉模型

图 4-164　拨叉模型

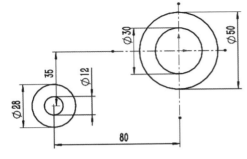

图 4-165　绘制草图

图 4-166　生成拉伸特征 1

(STEP02)　创建基准平面 1。

（1）单击【特征】功能区中的 🟦基准面 按钮，选择【前视基准面】为参考面，设置如图 4-167 所示的参数。

（2）单击 ☑ 按钮完成基准面 1 的创建，结果如图 4-168 所示。

图 4-167　创建基准面 1

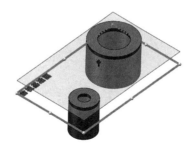

图 4-168　创建基准面

STEP03 创建肋板。

（1）选择上一步创建的基准面 1 为参考面，绘制如图 4-169 所示的草图。

（2）设置拉伸方向为【给定深度】，值为"10mm"，结果如图 4-170 所示。

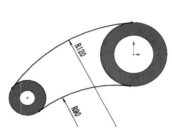

图 4-169　绘制草图

图 4-170　创建肋板

STEP04 创建镜像特征。

（1）单击 ⋈（镜像）按钮，打开【镜向】属性管理器，设置如图 4-171 所示的参数。

（2）选择肋板为镜像对象，前视基准面为镜像基准。

（3）单击 ☑ 按钮完成镜像，结果如图 4-172 所示。

图 4-171　选取镜像特征

图 4-172　创建镜像复制

STEP05 创建拉伸特征 2。

（1）选择【前视基准面】为参考面，绘制如图 4-173 所示的草图。

（2）设置拉伸方向为【两侧对称】，值为"26mm"，结果如图 4-174 所示。

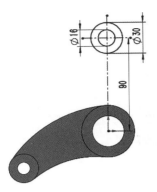

图 4-173　绘制草图

图 4-174　生成拉伸特征 2

STEP06 创建拉伸特征 3。

（1）选择【前视基准面】为参考面，绘制如图 4-175 所示的草图。

（2）设置拉伸方向为【两侧对称】，值为"25mm"，结果如图 4-176 所示。

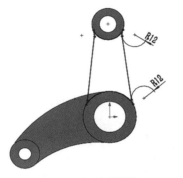

图 4-175　绘制草图

图 4-176　生成拉伸特征 3

STEP07 创建拔模特征。

（1）单击 ● 按钮，打开【拔模】属性管理器。

（2）选择【上视基准面】为【中性面】，选择如图 4-177 所示的两侧面为拔模面。

（3）设置拔模角度值为"3"，单击 ✓ 按钮，结果如图 4-178 所示。

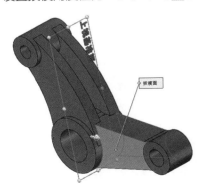

图 4-177　选取拔模面

图 4-178　创建拔模特征

STEP08 创建基准平面 2。

（1）单击 基准面 按钮，选择【右视基准面】为参考面，设置如图 4-179 所示的参数。

（2）单击 ✓ 按钮完成基准面 1 的创建，结果如图 4-180 所示。

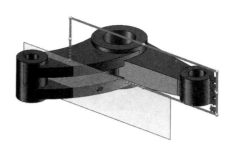

图 4-179　选取右视基准面　　　　　　　　图 4-180　创建基准面 2

STEP09 创建拉伸特征 4。

（1）选择【基准面 2】为参考面，绘制如图 4-181 所示的草图。

（2）设置拉伸方向为【成形到下一面】，选择如图 4-182 所示的面，完成创建。

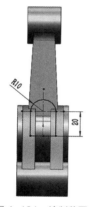

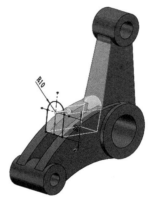

图 4-181　绘制草图　　　　　　　　　　图 4-182　创建拉伸特征 4

STEP10 创建 M12 螺纹孔。

（1）单击 ● 按钮，打开【孔规格】属性管理器，设置如图 4-183 所示的参数。

（2）切换到【位置】选项卡，单击 3D草图 按钮后在模型上选择放置点，如图 4-184 所示。

（3）单击 ✓ 按钮，完成螺纹孔的创建。

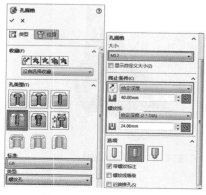

图 4-183　设置孔规格参数　　　　　　　图 4-184　放置孔位置

STEP11 创建切除特征 1。

（1）选择【基准面 2】为参考面，绘制如图 4-185 所示的草图。

（2）设置拉伸方向为【成形到下一面】，选择如图 4-186 所示的面。

（3）单击 ☑ 按钮完成切除，结果如图 4-187 所示。

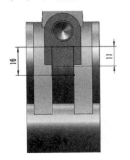

图 4-185　绘制草图

图 4-186　拉伸切除预览

图 4-187　创建拉伸切除 1

STEP12 创建切除特征 2。

（1）选择【上视基准面】为参考面，绘制如图 4-188 所示的草图。

（2）设置拉伸方向为【给定深度】，值为"53mm"，结果如图 4-189 所示。

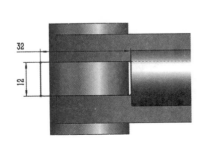

图 4-188　绘制草图截面

图 4-189　创建拉伸切除 2

STEP13 创建圆角特征 1。

（1）单击 按钮，打开【圆角】属性管理器。设置圆角半径 R 为"2mm"，选择如图 4-190 所示的轮廓边。

（2）单击 ☑ 按钮完成创建，结果如图 4-191 所示。

图 4-190　选取倒圆角边

图 4-191　创建倒圆角 1

STEP14 创建圆角特征 2。

（1）单击 按钮，打开【圆角】属性管理器。设置圆角半径 R 为"1.5mm"，选择如图 4-192 所示的轮廓边。

（2）单击 按钮完成创建，结果如图 4-193 所示。

图 4-192　选取倒圆角边

图 4-193　创建倒圆角 2

STEP15 创建圆角特征 3。

（1）单击 按钮，打开【圆角】属性管理器。设置圆角半径 R 为"1mm"，选择如图 4-194 所示的轮廓边。

（2）单击 按钮完成创建，结果如图 4-195 所示。

图 4-194　选取倒圆角边

图 4-195　创建倒圆角 3

STEP16 创建倒角特征。

（1）单击 按钮，打开【倒角】属性管理器。设置圆角半径 R 为"1mm"，选择如图 4-196 所示的轮廓边。

（2）单击 按钮完成创建，结果如图 4-197 所示。

图 4-196　选取倒圆角边

图 4-197　完成最终设计

（3）至此完成拨叉的全部创建，选择适当路径保存模型。

4.2.3 实例3——创建支撑座模型

下面介绍如图 4-198 所示的支撑座的建模过程，首先使用基本特征创建支撑座的基体，然后使用倒圆、倒角、异形孔和筋等特征操作完善模型，最后完成零件设计。

【操作步骤】

(STEP01) 创建底座。

（1）单击  按钮启动拉伸凸台工具，选择【上视基准面】为草绘平面，绘制如图 4-199 所示的草图，单击 按钮退出草绘环境。

（2）生成拉伸特征，设置拉伸高度为"8mm"，结果如图 4-200 所示。

创建支撑座模型

图 4-198　支撑座

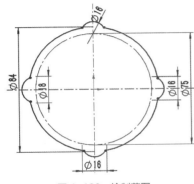

图 4-199　绘制草图

图 4-200　创建拉伸特征

(STEP02) 创建拉伸凸台。

（1）启动  工具，选择如图 4-200 所示的表面，绘制如图 4-201 所示的草图。

（2）生成拉伸特征，拉伸高度为"12mm"，结果如图 4-202 所示。

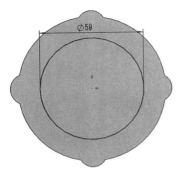

图 4-201　绘制草图

图 4-202　创建拉伸特征

(STEP03) 创建圆柱。

（1）选择如图 4-202 所示的表面，绘制如图 4-203 所示的草图。

（2）生成拉伸特征，拉伸高度为"60mm"，结果如图 4-204 所示。

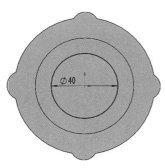

图 4-203　绘制草图

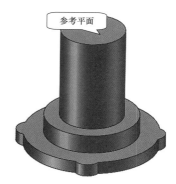

参考平面

图 4-204　创建拉伸特征

STEP04 创建上端盖。

（1）选择如图 4-204 所示的表面，绘制如图 4-205 所示的草图。

（2）生成拉伸特征，拉伸高度为"8mm"，结果如图 4-206 所示。

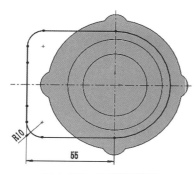

图 4-205　绘制草图截面

图 4-206　创建拉伸特征

STEP05 创建基准平面。

（1）单击【特征】功能区中的 基准面 按钮，选择【右视基准面】为参考面，设置如图 4-207 所示的参数。

（2）单击 ✓ 按钮完成基准面 1 的创建，结果如图 4-208 所示。

图 4-207　选取基准面参考

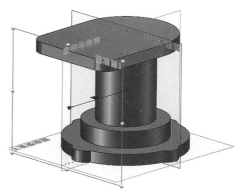

图 4-208　创建基准面

STEP06 创建拉伸凸台。

（1）选择上一步创建的基准面 1 为参考面，绘制如图 4-209 所示的草图。

（2）设置拉伸方向为【形成到下一面】，结果如图 4-210 所示。

图 4-209　绘制草图截面

参考平面

图 4-210　生成拉伸特征

STEP07 创建拉伸切除特征。

（1）选择如图 4-210 所示的参考面为草绘平面，绘制如图 4-211 所示的草图。

（2）设置拉伸方向为【形成到下一面】，结果如图 4-212 所示。

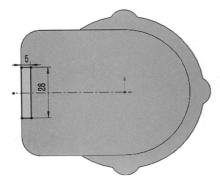

图 4-211　绘制草图截面

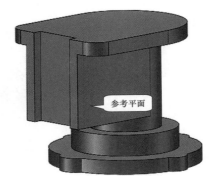

参考平面

图 4-212　创建拉伸切除

STEP08 创建圆柱。

（1）选择如图 4-212 所示的参考面为草绘平面，绘制如图 4-213 所示的草图。

（2）设置拉伸方向为【形成到下一面】，结果如图 4-214 所示。

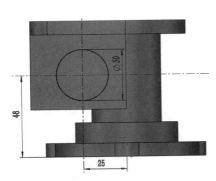

图 4-213　绘制草图截面

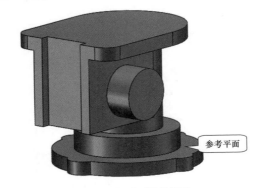

参考平面

图 4-214　生成拉伸特征

STEP09 创建圆柱。

（1）选择如图 4-214 所示的参考面为草绘平面，绘制如图 4-215 所示的草图。

（2）设置拉伸深度为"16mm"，结果如图 4-216 所示。

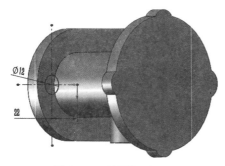

图 4-215 绘制草图截面

图 4-216 生成拉伸特征

STEP10 创建沉头孔。

（1）在【特征】功能区中单击 按钮，打开【孔规格】属性管理器，设置如图 4-217 所示的参数。

（2）切换到【位置】选项卡，单击 3D草图 按钮后在模型上选择放置点，如图 4-218 所示。

（3）单击 按钮完成沉头孔的创建，结果如图 4-219 所示。

图 4-217 设置孔参数

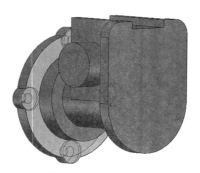

图 4-218 放置孔位置

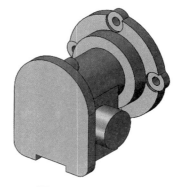

图 4-219 完成孔创建

要点提示

　　选取孔的放置位置时，一定要确保选中圆心。可以在放置点附近单击鼠标右键，弹出如图 4-220 所示的下拉菜单，设置选择条件。然后再选择放置点，此时放置位置会出现圆心点，如图 4-221 所示。

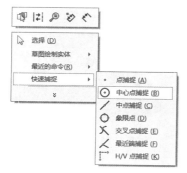

图 4-220 快速捕捉菜单

图 4-221 放置孔位置

STEP11 创建旋转切除特征。

（1）单击⟨旋转切除⟩按钮，启动【旋转切除】工具，选择【右视基准面】为草绘平面，绘制如图 4-222 所示草图。

（2）退出草绘环境，设置旋转角度为"360"，结果如图 4-223 所示。

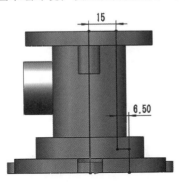

图 4-222　绘制草图截面

参考平面

图 4-223　创建旋转切除

STEP12 创建拉伸切除特征。

（1）单击▣按钮，启动【拉伸切除】工具，选择如图 4-223 所示的参考面为草绘平面，绘制如图 4-224 所示的草图。

（2）退出草绘环境，设置拉伸深度为"3mm"，单击☑按钮，结果如图 4-225 所示。

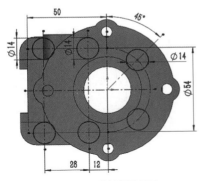

图 4-224　绘制草图截面

图 4-225　生成拉伸孔

（3）选择孔的底面，再次创建切除特征。绘制如图 4-226 所示的草图，退出草绘环境。

（4）设置拉伸方向为【成形到下一面】，单击☑按钮，结果如图 4-227 所示。

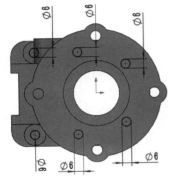

图 4-226　绘制草图截面

图 4-227　生成拉伸孔

STEP13 创建 M6 螺纹孔。

（1）单击 按钮，打开【孔规格】属性管理器，设置如图 4-228 所示的参数。

（2）选择放置点，如图 4-229 所示。再单击【草图】功能区中的 按钮，选择 4-229 所示的圆心，打开【点】属性管理器。

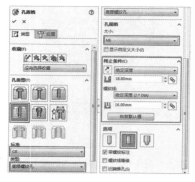

图 4-228　设置孔参数

图 4-229　放置孔位置

（3）设置如图 4-230 所示的 X 轴和 Z 轴参数，Y 轴不动。单击两次 按钮完成创建，结果如图 4-231 所示。

图 4-230　设置【点】参数

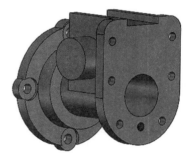

图 4-231　生成孔特征

STEP14 创建 M20 沉头孔。

（1）单击 按钮，打开【孔规格】属性管理器，设置如图 4-232 所示的参数。

（2）选择放置点，单击 按钮完成创建，结果如图 4-233 所示。

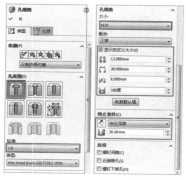

图 4-232　设置孔参数

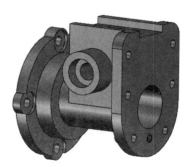

图 4-233　生成孔特征

STEP15 创建 M12 沉头孔。

（1）单击 按钮，打开【孔规格】属性管理器，设置如图 4-234 所示的参数。

（2）选择放置点，如图 4-235 所示。打开【点】属性管理器，设置如图 4-236 所示的 Y 轴和 Z 轴参数，X 轴不动。

（3）单击两次 ☑ 按钮完成创建，结果如图 4-237 所示。

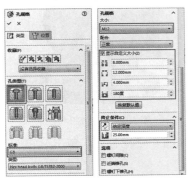

图 4-234 设置孔参数

图 4-235 放置孔位置

图 4-236 设置【点】参数

图 4-237 生成孔特征

STEP16 创建两个 M6 螺纹孔。

（1）单击 按钮，打开【孔规格】属性管理器，设置如图 4-238 所示的参数。

（2）选择放置点，如图 4-239 所示。打开【点】属性管理器。设置如图 4-240 所示的 Y 轴和 Z 轴参数，X 轴不动。

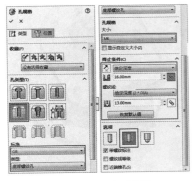

图 4-238 设置孔参数

图 4-239 放置孔位置

（3）单击两次 ☑ 按钮完成创建，结果如图 4-241 所示。

图 4-240　设置【点】参数

图 4-241　生成孔特征

（4）再次创建一个螺纹孔，参数不变，设置放置点的坐标如图 4-242 所示。单击 ☑ 按钮，结果如图 4-243 所示。

图 4-242　设置【点】参数

图 4-243　生成孔特征

STEP17　创建两个 M12 销孔。

（1）单击 ⊕ 按钮，打开【孔规格】属性管理器，设置如图 4-244 所示的参数。

（2）选择放置点，如图 4-245 所示。打开【点】属性管理器，设置如图 4-246 所示的 X 轴和 Z 轴参数，Y 轴不动。

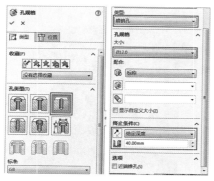

图 4-244　设置孔参数

图 4-245　放置孔位置

（3）单击两次 ✓ 按钮完成创建，结果如图 4-247 所示。

图 4-246　设置【点】参数

图 4-247　生成孔特征

STEP18　创建筋特征。

（1）在【特征】功能区中单击 ✐（筋）按钮，启动【筋】工具。选择【前视基准试图】为参考平面，绘制如图 4-248 所示的草图。

（2）退出草绘环境，设置厚度为"10mm"，单击 ✓ 按钮完成创建，结果如图 4-249 所示。

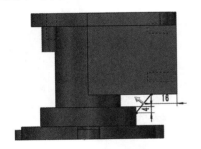

图 4-248　绘制草图截面

图 4-249　创建筋特征

STEP19　创建圆角特征 1。

（1）在【特征】功能区中单击 ◉ 按钮，打开【圆角】属性管理器。设置圆角半径 R 为"4mm"，选择如图 4-250 所示的轮廓边。

（2）单击 ✓ 按钮完成创建，结果如图 4-251 所示。

图 4-250　选取倒圆角边

图 4-251　创建倒圆角 1

STEP20　创建圆角特征 2。

（1）单击 ◉ 按钮，打开【圆角】属性管理器。设置圆角半径 R 为"1.5mm"，选择如图 4-252 所示的轮廓边。

（2）单击 ☑ 按钮完成创建，结果如图 4-253 所示。

图 4-252　选取倒圆角边

图 4-253　创建倒圆角

STEP21 创建圆角特征 3。

（1）单击 ◉ 按钮，打开【圆角】属性管理器。设置圆角半径 R 为 "1mm"，选择如图 4-254 所示的轮廓边。

（2）单击 ☑ 按钮完成创建，结果如图 4-255 所示。

图 4-254　选取倒圆角边

图 4-255　创建倒圆角 3

STEP22 创建倒角特征。

（1）单击 ◉ 按钮，打开【倒角】属性管理器。设置圆角半径 R 为 "1mm"，选择如图 4-256 所示的轮廓边。

（2）单击 ☑ 按钮完成创建，结果如图 4-257 所示。

图 4-256　选取倒圆角边

图 4-257　完成设计

STEP23 至此完成支撑座的全部创建，选择适当路径保存模型。

4.3 小结

特征建模技术被看作是 CAD/CAM 技术发展的新里程碑，为解决 CAD/CAPP/CAM 集成提供了理论基础和方法。特征是一种综合概念，作为"产品开发过程中各种信息的载体"，除了包含零件的几何拓扑信息外，还包含了设计制造等过程所需要的一些非几何信息，例如材料、尺寸、形状公差、热处理以及刀具信息等。

特征包含丰富的工程语义，是在更高层次上对几何形体上的凹腔、孔、槽等的集成描述。从不同的应用角度研究特征，必然引起特征定义的不统一。根据产品生产过程阶段不同而将特征区分为设计特征、制造特征、检验特征和装配特征等。

利用基本特征工具可以绘制零件的基本实体特征，运用本章的工程特征工具可以进一步细化零件设计，完善各个细节，使设计定形。本章讲述了圆角、倒角、筋、抽壳、圆顶和异型孔向导工具等工程特征工具的使用，以及镜向、阵列特征的操作方法，使用户设计零件的能力提高到了一个新的层次。结合基本特征工具和工程特征工具，可以完成大部分零件的造型设计。

4.4 习题

1. 什么是工程特征，有何特点和用途？
2. 圆角特征和倒角特征有何区别？其用途有何差异？
3. 什么是阵列操作，有何用途？
4. 简要说明创建拔模特征的基本步骤。
5. 动手模拟本章的综合实例，掌握创建三维实体模型的基本要领。

第5章
曲线和曲面

【学习目标】
- 了解曲面和曲线在设计中的应用。
- 掌握曲线的设计和用法。
- 掌握常用曲面的创建方法。
- 掌握常用曲面的编辑方法和技巧。

如果你在街上看见一辆小汽车的外形全部是由方方正正的、相互垂直的平面组成的，你会有什么感觉？对，当然是不美观了！现实中的物体往往并不是由规则的图形组成的，而是由一系列的曲面构成，这就对设计者提出了要求。要想设计出美观而有创意的产品，首先得学会建立各种曲面。

5.1　知识解析

曲面的建立又与曲线是分不开的。曲线是曲面的骨架，而曲面则是曲线的蒙皮，要想建立高质量的曲面，基础就是学会建立曲线。

5.1.1　创建曲线

前面说过，曲线是构成形形色色的物体的基本元素，那么曲线到底有哪些生成方式以及有什么样的具体作用呢？

首先来看一下工具栏，用鼠标右键单击工具栏的空白处，在弹出的快捷菜单中选择【曲线】命令，打开【曲线】工具栏，如图 5-1 所示。

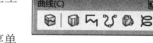

图 5-1　曲线设计工具

下面将介绍各种曲线的生成方法。

❶　分割线

分割线是将草图、曲面、曲线之类的实体，投影到曲面或平面上形成的曲线。它可以将所选的面分割成多个分离的面，从而让用户可以单独对其中的某个面进行操作。

一般来说，分割线工具可以生成下面 3 类分割线。

（1）【轮廓】分割线

【分割线】属性管理器中设置如图 5-2 所示，【轮廓】分割线使用基准平面作为拔模方向参考，拔模方向始终与基准平面（或分割线）是垂直的一种分割类型，如图 5-3 所示，要分割的面只能是曲面，绝对不能是平面。分割结果如图 5-4 所示。

图 5-2 【分割线】属性管理器

图 5-3 选取参照

图 5-4 分割结果

（2）【投影】分割线

【分割线】属性管理器中设置如图 5-5 所示，【投影】分割线是利用投影的草图曲线来分割实体、曲面的一种分割类型，适用于多种类型的投影，如可以将草图投影到平面上分割，或将草图投影到曲面上分割，如图 5-6 所示，绘制分割线如图 5-7 所示。

图 5-5 【分割线】属性管理器

图 5-6 选取参照

图 5-7 绘制分割线

要点提示　此例中的样条曲线是非封闭曲线，因此必须贯穿曲面的两条边线（即将曲面分割成两块区域）才能起到分割线的作用。

（3）【交叉点】分割线

【分割线】属性管理器中设置如图 5-8 所示，【交叉点】分割线是利用交叉实体、曲面、面、基准面或曲面样条曲线来分割面的一种分割类型。参照对象选取如图 5-9 所示，绘制分割线如图 5-10 所示。

图 5-8 【分割线】属性管理器

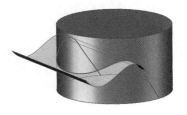

图 5-9 参照对象

图 5-10 绘制分割线

另外，在【曲面分割选项】中通过勾选【分割所有】复选项，将把分割工具与分割对象所接触的所有曲面分割，如图 5-11 所示。

◎ 【自然】：按默认的曲面、曲线延伸规律进行分割，如图 5-11 所示。

◎ 【线性】：不按延伸规律进行分割，如图 5-12、图 5-13 所示。

图 5-11　分割所有 + 自然

图 5-12　线性

图 5-13　分割所有 + 线性

❷ 投影曲线

【投影曲线】命令是将绘制 2D 草图投影到指定的曲面、平面或草图上。在【曲线】工具栏上单击 ▥（投影曲线）按钮，打开【投影曲线】属性管理器，如图 5-14 所示。操作示例如图 5-15 所示。

图 5-14　【投影曲线】属性管理器

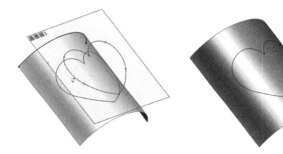

图 5-15　投影曲线

要点提示

投影曲线是通过投影方式生成曲线，生成投影曲线主要有以下两种方法。

（1）将一条绘制好的曲线投影到曲面或模型面上，以生成"贴"在面上的曲线。

（2）先分别在两个相交的平面或基准面上绘制草图，此时系统会将每一个草图沿所在平面的垂直方向投影，从而得到一个曲面，最后，这两个曲面在空间中相交而生成一条 3D 曲线。

❸ 组合曲线

【组合曲线】属性管理器如图 5-16 所示，其功能是将曲线、草图几何和模型边线组合为一条单一曲线来生成组合曲线。使用任一条曲线作为生成放样或扫描的引导曲线，结果如图 5-17 所示。

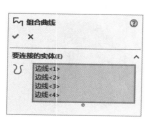

图 5-16　【组合曲线】属性管理器

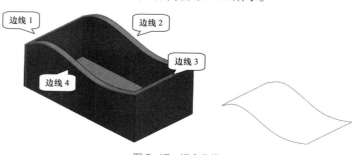

图 5-17　组合曲线

④ 通过 XYZ 点的曲线

【通过 XYZ 点的曲线】是指通过输入一系列的空间点的 *xyz* 坐标值或者利用已做好的坐标数据文件来成生曲线的方式。

执行【通过 XYZ 点的曲线】命令后，打开【曲线文件】管理器，如图 5-18 所示，单击 浏览... 按钮可选择要打开的曲线文件。可打开 ".sldcrv" 文件或 ".txt" 文件。打开文件将显示在文件文本框中。

双击管理器中的文本框输入相应的坐标值，创建的曲线如图 5-19 所示。

点	X	Y	Z
1	0mm	0mm	0mm
2	10mm	10mm	10mm
3	20mm	60mm	30mm
4	40mm	50mm	70mm
5	20mm	30mm	10mm
6	10mm	40mm	10mm
7	20mm	40mm	30mm
8	100mm	60mm	90mm
9	120mm	60mm	80mm

浏览... 保存 另存为 插入 确定 取消

图 5-18 【曲线文件】管理器

图 5-19 创建的曲线

⑤ 通过参考点的曲线

【通过参考点的曲线】是指在已经创建了参考点，或通过已有模型上的点来创建曲线，如图 5-20 所示，在曲线工具栏上单击 ◙ （通过参考点的曲线）按钮，会弹出【通过参考点的曲线】属性管理器，如图 5-21 所示。

选取的参考点将被自动收集到【通过点】选择框中。若勾选【闭环曲线】复选框，将封闭创建的曲线，如图 5-22 所示。

通过参考点的曲线

通过点(P)
点3@草图2
点4@草图2
点5@草图2
点6@草图2
点7@草图2
点17@草图2
点18@草图2
点13@草图2
点14@草图2
点15@草图2
点16@草图2

☑ 闭环曲线(O)

图 5-20 选取参考点　　图 5-21 【通过参考点的曲线】属性管理器　　图 5-22 创建的曲线

要点提示

　　执行【通过参考点的曲线】命令过程中，如选取两个点，将创建直线，如选取 3 个及 3 个点以上，将创建样条曲线，注意选取两个点来创建曲线（直线）时，是不能勾选【闭环曲线】复选框的，否则系统将会弹出警告信息。

⑥ 螺旋线 / 涡状线

【螺旋线 / 涡状线】用于对绘制的圆添加螺旋线或涡状线，可在零件中生成螺旋线和涡状线曲线。此曲线可以被当成一个路径或引导线使用在扫描特征上，或作为放样特征的引导曲线。

（1）螺旋线的创建（见图 5-23、图 5-24）

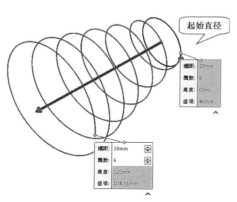

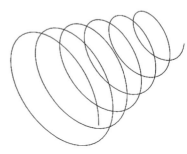

图 5-23　创建螺旋线

图 5-24　螺旋线

（2）涡状线的创建（见图 5-25、图 5-26）

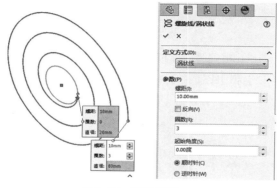
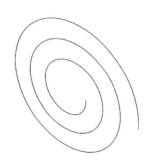

图 5-25　创建涡状线

图 5-26　涡状线

【螺旋线 / 涡状线】属性管理器中以下几个选项的作用介绍如下。

◎　定义方式：主要有【螺距和圈数】、【高度和圈数】、【高度和螺距】及【涡状线】4 种定义方式。

◎【恒定螺距】和【可变螺距】：用来控制螺距是否为可变的。

◎【锥形螺纹线】：控制柱形螺纹线和锥形螺纹线是向外扩张还是向内缩减。

5.1.2　基础训练——编织造型建模

本案例将使用【通过 XYZ 点的曲线】工具与【扫描工具】来创建如图 5-27 所示的编织模型。

图 5-27　编织模型

【操作步骤】

STEP01 新建文件。

单击按钮，新建一个零件文件。

STEP02 导入曲线文件。

（1）在选择菜单命令中的【插入】/【曲线】/【通过 XYZ 点的曲线】。

（2）在弹出的【曲线文件】管理器单击 浏览... 按钮，选择资源包中的素材文件"第5章 / 素材 / 编织造型曲线"，单击 确定 按钮完成导入，如图 5-28 所示。

图 5-28　打开素材

STEP03 创建草图。

（1）在【草图】功能区中单击 ⌐ 按钮进入草图绘制模式，选择【上视基准面】作为绘图基准面。

（2）选择【草图】功能区中的 ⊙ 工具，在如图 5-29 所示的位置，绘制一个直径为"4mm"的圆。

图 5-29　绘制圆

STEP04 创建扫描特征。

在【特征】功能区中单击 🖋扫描 按钮，在打开的【扫描】属性管理器中，选择上一步绘制的草图为扫描截面，导入的曲线为扫描路径，单击 ✓ 按钮完成编织模型的创建，如图 5-30 所示。

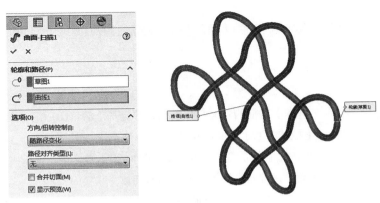

图 5-30　创建扫描特征

5.1.3　创建曲面

曲面设计是产品设计中一个非常重要的环节，好的曲面往往能让产品具有优秀的力学性能，有效地排除应力集中，也能增加产品的外形光顺性能，使产品具有美感。

作为设计人员来说，必须要掌握曲面的建立及编辑的各种方法。SolidWorks 在曲面方面有很强的功能，能够支持目前绝大部分的工业设计曲面的制作。

曲面是一种可用来生成实体特征的几何体，是用来描述相连的零厚度的几何体，这一点是与实体模型不同的地方，在实体模型中，任何方向上的尺寸都是大于零的。另外，还可在一个单一零件中拥有多个曲面实体。

在工程实际中，曲面不能无限延伸，因此没有无限大的曲面。

本小节所介绍的曲面特征是用于完成相对复杂实体建模不可缺少的工具。它主要包括拉伸曲面、旋转曲面、扫描曲面、放样曲面、边界曲面、平面区域、延展曲面以及等距曲面 8 种类型。

在工具栏中任意位置单击鼠标右键，在弹出的的快捷菜单中选择【曲面】命令，系统就会弹出图 5-31 所示的选项卡。

图 5-31　曲面设计工具

在功能区任意位置单击鼠标右键，在弹出的快捷菜单中选择【曲面】命令，即可向功能区中添加【曲面】选项卡，如图 5-32 所示。

图 5-32　添加【曲面】功能区

曲面命令也可执行菜单命令中的【插入】/【曲面】，打开曲面菜单，即可选取所需曲面命令。

下面介绍曲面具体的生成方法。

❶ 拉伸曲面

【拉伸曲面】与【拉伸凸台/基本】特征的含义是相同的，都是基于沿草图指定方向进行拉伸。不同的是【拉伸凸台/基体】是实体特征，【拉伸曲面】是曲面特征。

拉伸曲面是将草图沿着拉伸方向扫掠形成的，一般有以下两种情况。

◎ 将一个二维草图拉伸为曲面时，拉伸方向垂直于草图方向。

◎ 将一个三维草图拉伸为曲面时，拉伸方向必须由参考实体指定。

在功能区【曲面】选项卡中单击 （拉伸曲面）按钮，打开【曲面-拉伸】属性管理器，如图 5-33 所示，选择如图 5-34 所示的草图为拉伸轮廓，创建的拉伸曲面如图 5-35 所示。

图 5-33 设置拉伸参数

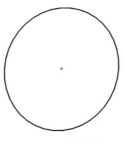

图 5-34 草图轮廓

图 5-35 拉伸结果

❷ **旋转曲面**

创建旋转曲面，必须满足两个条件：旋转轮廓和旋转轴，轮廓可以是开放的，也可以是封闭的；旋转轴可以是草图中的直线、中心线或构造线，也可以是基准轴。

在功能区【曲面】选项卡中单击 ⬚（旋转曲面）按钮，打开【曲面－旋转】属性管理器，如图 5-36 所示，选择如图 5-37 所示草图为旋转轮廓，中心线为旋转轴并输入旋转值为"270 度"，创建的曲面如图 5-38 所示。

图 5-36 设置旋转参数

图 5-37 草图轮廓

图 5-38 旋转结果

❸ **扫描曲面**

【扫描曲面】是将轮廓通过沿路径方向扫掠而形成曲面的方式。扫描至少要具备两个要素，那就是轮廓和路径。曲面扫描特征与基体或凸台扫描特征类似，但后者的轮廓必须是闭环的，而前者的轮廓可以是闭环，也可以是开环。

要点提示 　　扫描路径可以是开环或闭合、包含在草图中的一组曲线、一条曲线或一组模型边线。但必须注意的一点是，路径的起点必须位于轮廓的基准面上。

在功能区【曲面】选项卡中单击 ⬚（扫描曲面）按钮，打开【曲面－扫描】属性管理器，如图 5-39 所示，选择图 5-40 上图所示的扫描轮廓线与路径，单击 ☑ 按钮完成创建，结果如图 5-40 下图所示。

第5章 曲线和曲面

163

图 5-39 【曲面 – 扫描】属性管理器

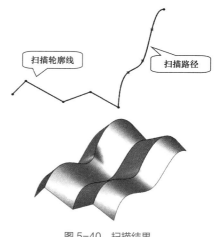

图 5-40 扫描结果

❹ 放样曲面

【放样曲面】和放样基体或凸台类似，通过在轮廓之间进行过渡，生成特征。用户可以使用两个或多个轮廓生成放样，仅第一个和最后一个轮廓可以是点。单一三维草图中可以包含所有草图实体（包括引导线和轮廓）。

在功能区【曲面】选项卡中单击 👆（放样曲面）按钮，打开【曲面 – 放样】属性管理器，如图 5-41 所示，选择图 5-42 上图所示的扫描轮廓线与引导线，单击 ☑ 按钮完成创建，结果如图 5-42 下图所示。

图 5-41 【曲面 – 放样】属性管理器

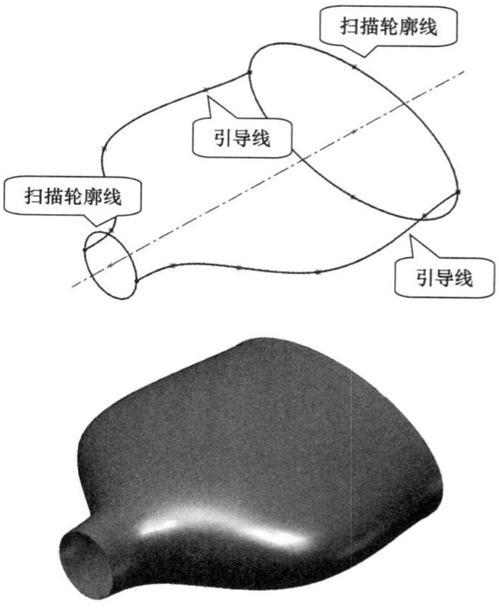

图 5-42 放样结果

❺ 边界曲面

【边界曲面】是在轮廓之间双向生成边界曲面。边界曲面特征可用于生成在两个方向上（曲面所有边）相切或曲率连续的曲面。大多数情况下，这样产生的结果质量更高。

边界曲面有两种情况：一种是一个方向上的单一曲线到点，如图 5-43 所示；另一种就是两个方向上的交叉曲线，如图 5-44 所示。

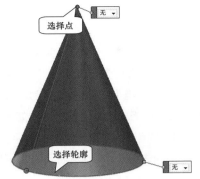

图 5-43 一个方向上的单一曲线到点

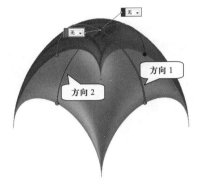

图 5-44 两个方向上的交叉曲线

6 平面区域

【平面区域】是指使用草图或一组边线来生成平面。属性管理器，如图 5-45 所示。利用该命令可以由草图或模型边线生成一个有边界的平面，如图 5-46 所示。

创建平面区域应具备以下条件。

（1）非相交的闭合草图。

（2）一组闭合曲线。

（3）多条共有平面分型线。

（4）一对平面实体，如曲线或边线。

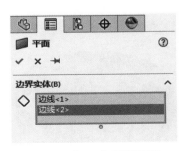

图 5-45 【平面】属性管理器

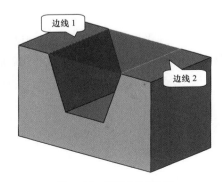

图 5-46 平面实体的边线

7 填充曲面

【填充曲面】是将现有模型的边线、草图或曲线所定义的边界内构成带任何边数的曲面修补。

属性管理器，如图 5-47 所示，其中各项选项含义如下。

◎ 修补边界：用于选取构成破洞的边界。

◎ 交替面：切换边界所在面。当【曲率控制】设为相切时，效果如图 5-48 所示，此边界面不同，所产生的曲面也会不同。参数设置如图 5-49 所示时，效果如图 5-50 所示。

◎【应用到所有边线】：能将相同的曲率控制应用到所有边线。

◎【优化曲面】：对两边或四边曲面旋转优化曲面选项。优化曲面选项应用与放样的曲面相类似的简化曲面修补。优化的曲面修补的潜在优势包括重建时间加快，以及当与模型中的其他特征一起使用时增强了稳定性。

图 5-47 【曲面填充】属性管理器

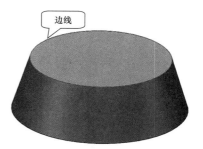

图 5-48 【相触】效果

图 5-49 【曲面填充】属性管理器

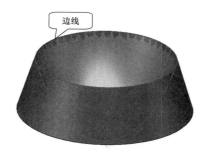

图 5-50 【相切】效果

8 等距曲面

【等距曲面】与草图中的等距实体命令相似，用以将曲面中的每个点向曲面在该点的法向作等距而形成曲面，如图 5-51 所示。当指定距离为零时，新曲面就是原有曲面的复制品，如图 5-52 所示。

图 5-51 【曲面－等距】属性管理器

图 5-52 等距曲面结果

5.1.4 基础训练——设计纸篓

本案例将介绍使用旋转曲面、剪裁曲面以及加厚曲面等工具，来创建图 5-53 所示的纸篓模型。

【操作步骤】

STEP01 新建文件。

单击 □ 按钮，新建一个零件文件。

STEP02 创建旋转曲面。

（1）单击 ◙（旋转曲面）按钮，然后选择【前视图基准面】作为草图平面。

（2）使用草绘工具，绘制如图 5-54 所示的草图。

（3）单击 ⌐ 按钮退出草绘，在【曲面 - 旋转】属性管理器中单击 ☑ 按钮，完成曲面旋转操作，如图 5-55 所示。

图 5-53 纸篓模型

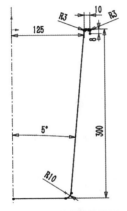

图 5-54 绘制旋转草图

图 5-55 创建旋转曲面

STEP03 创建拉伸曲面。

（1）单击 ◙（拉伸曲面）按钮，选择【前视基准平面】作为草绘平面。

（2）使用草绘工具，绘制如图 5-56 所示的草图，并使用阵列工具对所绘制的草图进行阵列，参数如图 5-57 所示。

图 5-56 绘制草图

图 5-57 设置阵列参数

（3）单击 按钮退出草绘，在【曲面－拉伸】属性管理器中设置拉伸深度为"200mm"，如图 5-58 所示，单击 按钮完成曲面拉伸操作，拉伸结果如图 5-59 所示。

图 5-58　设置拉伸参数

图 5-59　创建拉伸特征

(STEP04) 剪裁曲面。

（1）单击 （剪裁曲面）按钮，打开【剪裁曲面】属性管理器，如图 5-60 所示。

（2）选择上一步创建的其中一个拉伸曲面作为剪裁工具，再选择圆桶面为保留部分，如图 5-61 所示，单击 按钮完成剪裁。剪裁过后，可以明显看到圆桶与拉伸特征相交处的位置产生了交线，表示曲面已经被分割开了，如图 5-62 所示。

图 5-60　【剪裁曲面】属性管理器

图 5-61　选取剪裁曲面

（3）按照类似方法使用【剪裁曲面】工具，选择拉伸曲面为剪裁工具，圆桶面为保留部分，单击 按钮完成剪裁，完成后如图 5-62 所示。

（4）剪裁完成后将拉伸曲面隐藏，即可得到如图 5-63 效果。

图 5-62　剪裁结果

图 5-63　隐藏拉伸曲面

(STEP05) 创建基准轴。

利用基准轴工具，在【基准轴】属性管理器中选取圆桶面为参考面，创建如图 5-64 所示的基准轴，结果如图 5-65 所示。

图 5-64 【基准轴】属性管理器

图 5-65 创建基准轴

(STEP06) 加厚曲面。

单击 按钮，在【加厚】属性管理器中，设置加厚参数为"2mm"，如图 5-66 所示，单击 按钮，完成曲面加厚，如图 5-67 所示。

图 5-66 【加厚】属性管理器

图 5-67 加厚曲面

(STEP07) 阵列方孔。

（1）在【特征】选项卡中单击【圆周草图阵列】命令，打开【圆周草图阵列】属性管理器。

（2）选择所有孔的 4 个侧面，如图 5-68 所示，设置阵列参数如图 5-69 所示。

（3）设置完成后，单击 按钮完成方孔的阵列。

图 5-68 【圆周草图阵列】属性管理器

图 5-69 选择阵列面

至此，本案例制作完成。

5.1.5 编辑曲面

使用上节介绍的方法创建的曲面还不精美，还需要进一步使用各种曲面编辑工具对其进行完善操作。

❶ 延伸曲面

用户可以通过选择一条边线、多条边线或一个面来延伸曲面，并且让延伸的曲面与原曲面在连接的边线上保持一定的几何关系。

单击 （延伸曲面）按钮，打开【延伸曲面】属性管理器，并设置延伸值，如图 5-70 所示，选择要延伸的边线，结果如图 5-71 所示。

图 5-70 【延伸曲面】属性管理器

图 5-71 延伸曲面

这里对【延伸曲面】属性管理器中的选项说明如下。

（1）【终止条件】包括以下几个选项。

◎【距离】：通过设定距离值来延伸曲面。

◎【成形到某一点】：将曲面延伸到与某一个指定点重合的位置为止。

◎【成形到某一面】：将曲面延伸到与某一个指定的曲面相交为止。

（2）【延伸类型】包括以下几个选项。

◎【同一曲面】：沿曲面的几何体来延伸曲面。

◎【线性】：沿边线相切于原有曲面来延伸曲面。

❷ 剪裁曲面

用户可以使用曲面、基准面或草图作为剪裁工具来剪裁相交曲面，也可以将曲面和其他曲面联合使用作为相互的剪裁工具。

单击 （剪裁曲面）按钮，打开【剪裁曲面】属性管理器，如图 5-72 所示，选择曲面 1 为剪裁工具，曲面 2 为保留曲面，如图 5-73 所示（为方便演示此处已将曲面 1 隐藏）。

下面对【剪裁曲面】属性管理器中的选项说明如下。

（1）【剪裁类型】包括以下几个选项。

◎【标准】：使用曲面、草图实体、曲线、基准面等来剪裁曲面。

◎【相互】：使用曲面本身来剪裁多个曲面。

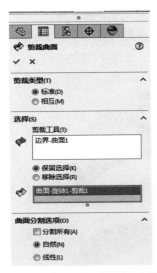

图 5-72 【剪裁曲面】属性管理器

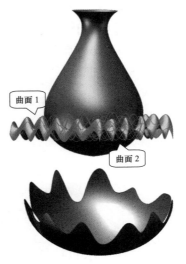

图 5-73　剪裁曲面

（2）【选择】包括以下几个选项。

◎ 【保留选择】: 将被剪裁曲面中鼠标光标单击的部分保留下来。

◎ 【移除选择】: 将被剪裁曲面中鼠标光标单击的部分移除。

（3）【曲面分割选项】中的选项与分割曲面类似，这里不再赘述。

❸　缝合曲面

缝合曲面是指将两个以上的相邻曲面组合成一个曲面。曲面的边线必须相邻且不重叠，但曲面不必处于同一基准面上。在缝合曲面形成一闭合体积或保留为曲面实体时生成一实体。

单击 ![] （缝合曲面）按钮，打开【缝合曲面】属性管理器，如图 5-74 左图所示，选择曲面 1 与曲面 2 为需要缝合的曲面，如图 5-74 中图所示，缝合结果如图 5-74 右图所示。

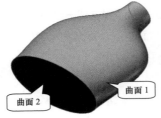

图 5-74　缝合曲面

❹　中面

中面工具可以让用户在实体上合适位置的两双对面之间生成中面。合适的双对面应彼此等距。面必须属于同一实体。例如，两个平行的基准面或两个同心圆柱面即是合适的双对面。

用户可以生成以下 3 种类型的中面。

◎ 单个中面，从图形区域选择单对等距面。

◎ 多个中面，从图形区域选择多对等距面。

◎ 所有中面，单击查找双对面，让系统选择模型上所有合适的等距面。

与任何在 SolidWorks 中生成的曲面相同，以此方法生成的曲面包括所有的相同属性。

选择菜单命令中的【插入】/【曲面】/【中面】，在【中面】属性管理器中单击 查找双对面(F) 按钮，系统会自动将符合要求的面放入【双对面】列表框中，如图 5-75 左图所示，单击 ✓ 按钮将拉伸实体隐藏，观察生成的中面，结果如图 5-75 右图所示。

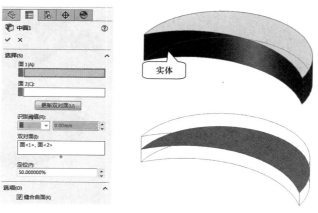

图 5-75 创建中面

中面是由实体的面形成的，如果是单纯的几组等距曲面实体，则中面工具变成灰色不可用。

下面对【中面】属性管理器中的选项说明如下。

◎【识别阈值】：是指通过阈值的设定来排除掉不符合阈值范围的双对面。例如，用户可以将系统设置到识别所有壁厚小于或等于 3mm 的合适双对面，任何不符合此标准的双对面将不包括在结果中。

◎ 更新双对面(U) ：单击已选中的双对面，然后在面 1 和面 2 中分别选中用户想要的双对面，单击更新双对面，原来的双对面即被更换。

◎【缝合曲面】：如果可能的话，将生成的曲面缝合成一个曲面，不选择此复选项，则各中面保持独立。

◎【定位】：使用定位将中面放置在双对面之间，默认为 50%。此定位为中面到面 1 的距离占该双对面距离的百分比。

❺ 移动 / 复制曲面

移动曲面可以让用户在多实体零件中移动、旋转并复制实体和曲面实体，或两者配合使用将它们放置。

选择菜单命令【插入】/【曲面】/【移动 / 复制】，在【要移动的实体】列表框中选择曲面 1，单击 平移/旋转(R) 按钮进入【平移旋转属性】管理器，在【选项】中根据用户需要选择【平移】或者【旋转】，再设置相应参数，此处设置为旋转，勾选【复制】复选项，更改复制数目为 "6"，选择旋转轴为 "基准轴 1"，旋转角度为 "50°"，如图 5-76 左图所示，结果如图 5-76 右图所示。

如果不是要求准确移动的话，用户也可以拖动图中曲面质心上出现的三重轴的箭头或圆圈来复制或者旋转曲面。另外，用户可以用移动面命令（选择菜单命令中的【插入】/【面】/【移动】）直接在实体或曲面模型上等距、平移以及旋转面和特征，此命令与移动 / 复制面类似。

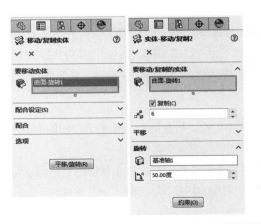
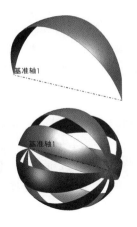

图 5-76　移动 / 复制曲面

❻ 删除面

删除面工具可以从曲面实体删除面，或从实体中删除一个或多个面来生成曲面（即删除）；也可以从曲面实体或实体中删除一个面，并自动对实体进行修补和剪裁（即删除和修补）；还可以删除面并生成单一面，将任何缝隙填补起来（即删除和填充）。

在曲线选项卡单击 [删除面] 按钮，打开【删除面】属性管理器，选择图 5-77 上图所示的面作为删除面，然后在【选项】中选择【删除】选项，如图 5-78 所示。结果如图 5-77 下图所示。图 5-79 与图 5-80 所示的是删除曲面的面。

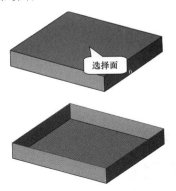

图 5-77　删除实体的面

图 5-78　【删除面】属性管理器

图 5-79　【删除面】属性管理器

图 5-80　删除曲面的面

删除面与删除曲面的区别：删除面是指抹除所选的曲面本身，但其子特征以及曲面内含有的特征依然存在，删除面在设计树中是作为一个特征而存在的；删除曲面是指用户直接选中该曲面并按 Delete 键删除曲面特征，这样，曲面的子特征和曲面相关的特征将一并删除，曲面特征自此从设计树中消失。

⑦ 替换面

替换面是指用新曲面实体来替换曲面或实体中的面。替换曲面实体不必与旧的面具有相同的边界。替换面时，原来实体中的相邻面自动延伸并剪裁到需要替换的曲面实体。

在曲线选项卡单击 替换面 按钮，打开【替换面】属性管理器，在【替换的目标面】列表框中选中图 5-81 上图所示的下部实体的上表面，在【替换曲面】列表框中选中参考面，如图 5-82 所示，结果如图 5-81 下图所示。

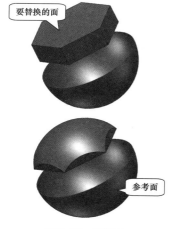

图 5-81　替换面

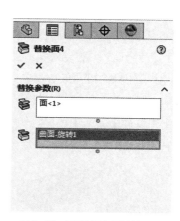

图 5-82　【替换面】属性管理器

5.1.6　基础训练——创建汤匙模型

本案例将使用剪裁曲面、加厚曲面等工具来创建如图 5-83 所示的汤匙模型。

图 5-83　汤匙模型

【操作步骤】

STEP01 新建文件。

单击 □ 按钮，新建一个零件文件。

STEP02 创建旋转曲面。

（1）单击 ◎（旋转曲面）按钮，选择【前视基准面】作为草图平面。

（2）在【草绘】功能区中单击 N 按钮，使用样条曲线工具，绘制如图 5-84 所示的草图。

创建汤匙模型

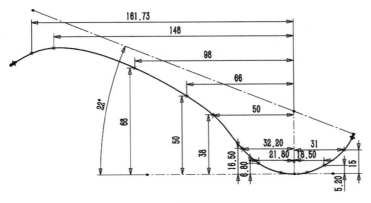

图 5-84 绘制旋转草图

（3）单击 ⌐ 按钮退出草绘，在【旋转曲面】属性管理器中单击 ✓ 按钮，如图 5-85 所示，完成曲面旋转操作，如图 5-86 所示。

图 5-85 【曲面－旋转】属性设置

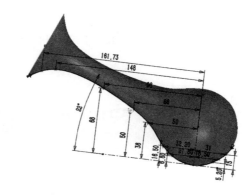

图 5-86 创建旋转曲面

STEP03 剪裁曲面 1。

（1）在【草绘】功能区中单击 Ⓝ 按钮，使用样条曲线工具在【前基准面】绘制如图 5-87 所示的草图。

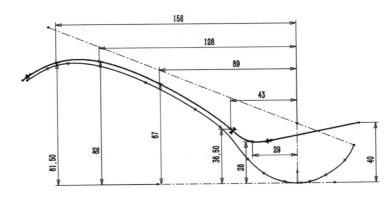

图 5-87 绘制剪裁曲线 1

（2）单击 ✎（剪裁曲面）按钮，打开【曲面剪裁】属性管理器，如图 5-88 所示，然后选择上一步绘制的草图作为剪裁工具，选择要保留的曲面，剪裁结果如图 5-89 所示。

图 5-88 【曲面剪裁】属性管理器

图 5-89 剪裁曲面 1

(STEP04) 剪裁曲面 2。

（1）使用草绘工具，在【上视基准面】绘制如图 5-90 所示草图。

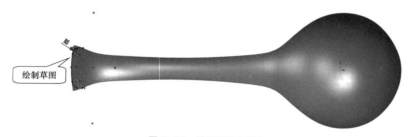

图 5-90 绘制剪裁曲线 2

（2）单击 ◈（剪裁曲面）按钮，打开【曲面剪裁】属性管理器，如图 5-91 所示，然后选择草图 2 为剪裁工具，选择要保留的曲面，剪裁结果如图 5-92 所示。

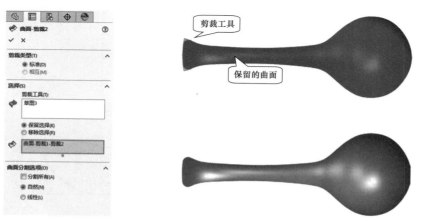

图 5-91 【曲面剪裁】属性管理器

图 5-92 剪裁曲面 2

(STEP05) 加厚曲面。

在【曲面】功能区单击 ■ 加厚 按钮，打开【加厚】属性管理器，输入如图 5-93 所示的参数，结果如图 5-94 所示。

图 5-93　【加厚】属性管理器　　　　　　　　　图 5-94　加厚曲面

STEP06　创建圆角。

在【特征】功能区中单击 按钮，打开【圆角】属性管理器，输入如图 5-95 所示的参数，创建加厚特征上的圆角，结果如图 5-96 所示。

图 5-95　【圆角】属性管理器

图 5-96　圆角结果

STEP07　创建拉伸切除特征。

（1）选择【前视基准面】与【上视基准面】为参考创建基准轴 1，如图 5-97 上图所示。

（2）选择创建好的基准轴 1 与【上视基准面】，在【基准面】属性管理器中输入旋转角度为"170 度"，如图 5-98 所示，创建的基准面如图 5-97 下图所示。

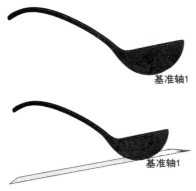

图 5-97　创建基准面

图 5-98　【基准面】属性管理器

（3）利用 （拉伸切除）工具，在基准面 1 上绘制草图，如图 5-99 所示。

（4）绘制完成后单击  按钮退出草绘，在【拉伸切除】属性管理器设置拉伸参数，完成后如图 5-100 所示。

图 5-99　绘制草图　　　　　　　　　　　　　图 5-100　创建拉伸切除特征

至此，本案例制作完成。

5.2　典型实例

下面通过一组典型实例介绍曲面建模的基本方法和技巧。

5.2.1　实例 1——田螺造型

本案例将利用螺旋/涡状线、曲面扫描工具来完成如图 5-101 所示的田螺曲面造型。

田螺造型

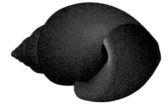

图 5-101　田螺曲面造型

【操作步骤】

(STEP01)　新建文件。

单击 按钮，新建一个零件文件。

(STEP02)　创建扫描轨迹 1。

（1）执行菜单命令中的【插入】/【曲线】/【螺旋线/涡状线】，打开【螺旋线/涡状线】属性管理器。

（2）选择【上视基准面】为草绘平面，利用草绘工具，绘制如图 5-102 所示的草图。

（3）退出草绘环境后，在【螺旋线/涡状线】属性管理器中设置如图 5-103 所示的螺旋线参数，结果如图 5-104 所示。

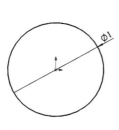

图 5-102　绘制草图 1

图 5-103　【螺旋线/涡状线】属性管理器

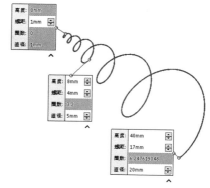

图 5-104　创建螺旋曲线 1

（4）绘制完成后单击 ✓ 按钮，完成创建。

要设置或修改高度和螺距，应选择【高度和螺距】定义方式，若需修改圈数，再选择【高度和圈数】定义方式即可。

STEP03 绘制引导线。

（1）单击 ⌐ 按钮进入草图绘制模式，选择【前视基准面】为绘图平面。

（2）使用圆弧与直线工具，绘制引导线，如图 5-105 所示，然后单击⌐按钮退出。

STEP04 绘制扫描截面 1。

（1）选择【特征】功能区的 ●◖（参考几何体）按钮下拉工具列表中的 ▣基准面 命令。

（2）选择螺旋线为第一参考，螺旋线端点为第二参考，创建基准面 1，如图 5-106 所示，然后单击 ✓ 按钮退出。

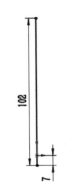

图 5-105 绘制草图 2

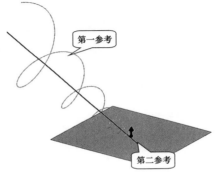

图 5-106 创建基准面 1

（3）单击 ⌐ 按钮进入草图绘制模式，选择【基准面 1】为绘图平面。

（4）使用圆弧与直线工具，绘制扫描截面，如图 5-107 所示。注意添加图上的几何关系，然后单击 ⌐ 按钮退出。

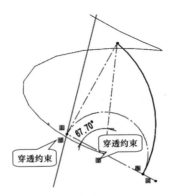

图 5-107 绘制草图 3

当草绘曲线无法利用草绘环境外的曲线进行参考绘制时，可以先随意绘制草图，然后选取草图曲线的端点和草绘外曲线进行【穿透】约束，如图 5-108 所示。

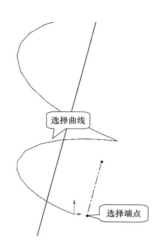

选择曲线

选择端点

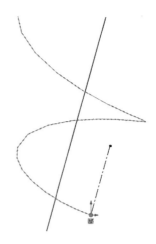

图 5-108 添加【穿透】约束

STEP05 创建扫描特征。

单击 ✔ 按钮，打开【曲面扫描】属性管理器，选取"草图 3"位扫描轮廓，螺旋线为扫描路径，"草图 2"为引导线，如图 5-109 所示，扫描结果如图 5-110 所示。

图 5-109 【曲面扫描】属性管理器

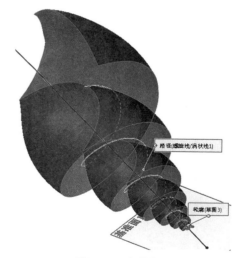

路径(螺旋线/涡状线1)

轮廓(草图3)

图 5-110 扫描曲面

STEP06 创建扫描轨迹 2。

（1）执行菜单命令中的【插入】/【曲线】/【螺旋线 / 涡状线】，打开【螺旋线 / 涡状线】属性管理器。

（2）选择【上视基准面】为草绘平面，利用草绘工具，以原点为中心，绘制一个直径为"1mm"的圆。

（3）退出草绘环境后，在【螺旋线 / 涡状线】属性管理器中设置如图 5-111 所示的螺旋线参数，结果如图 5-112 所示。

STEP07 创建扫描截面 2。

（1）单击 ⌐ 按钮进入草图绘制模式，选择【基准面 1】为绘图平面。

（2）使用圆弧与直线工具，绘制扫描截面，如图 5-113 所示。注意添加图上的几何关系，然后单击 ⌐ 按钮退出。

图 5-111 【螺旋线 / 涡状线】属性管理器

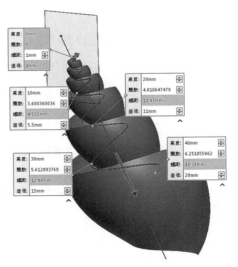

图 5-112 创建螺旋曲线 2

图 5-113 绘制草图 5

（3）单击 ✎ 按钮，打开【曲面扫描】属性管理器，选取"草图 5"为扫描轮廓，螺旋线为扫描路径，扫描曲面 1 的边线为引导线，如图 5-114 所示，扫描结果如图 5-115 所示。

图 5-114 【曲面 – 扫描】属性管理器

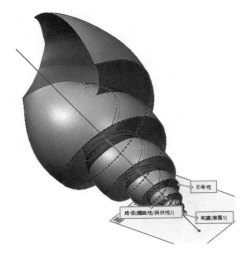

图 5-115 扫描结果

至此，本案例制作完成。

5.2.2 实例 2 ——设计塑料容器

本小节主要学习利用放样曲面、扫描曲面、旋转曲面以及指纹曲面等工具设计如图 5-116 所示的模型，综合训练曲面各个工具的用法。

【操作步骤】

(STEP01) 创建放样曲面 1。

（1）选择【上视基准面】为参考创建基面 1，基准面 1 到上视基准面的距离为"10mm"，如图 5-117 所示。

（2）在【上视基准面】上绘制如图 5-118 所示的草图 1。

图 5-116　塑料容器

图 5-117　创建基准面

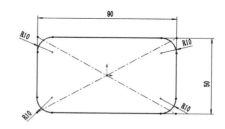

图 5-118　绘制草图 1

（3）在基准面 1 上使用 ┗（等距实体）工具绘制如图 5-119 所示的草图 2，距离为"10mm"。

（4）在【右视基准面】上绘制如图 5-120 所示的草图 3。

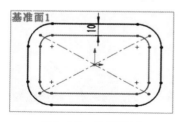

图 5-119　绘制草图 2

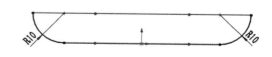

图 5-120　绘制草图 3

（5）在【曲面】功能区单击 ┗ 按钮，打开【曲面 - 放样】属性管理器，如图 5-121 所示，选取"草图 1"和"草图 2"为轮廓线，选取"草图 3"为引导线，创建的放样曲面如图 5-122 所示。

图 5-121　【曲面－放样】属性管理器

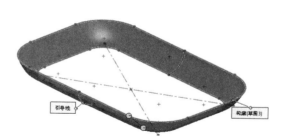

图 5-122　放样曲面

STEP02 创建曲面填充特征。

（1）在【曲面】功能区单击 ◈ 按钮，打开【曲面填充】属性管理器，如图 5-123 所示。

（2）选取草图 1 边线为修补边界。

（3）单击 ☑ 按钮完成填充曲面的创建，结果如图 5-124 所示。

图 5-123　创建放样曲面

图 5-124　创建曲面填充特征

STEP03 创建直纹曲面特征。

（1）在【曲面】功能区单击 直纹曲面 按钮，打开【直纹曲面】属性管理器，如图 5-125 所示。

（2）直纹曲面参数设置如图 5-125 所示，创建结果如图 5-126 所示。

图 5-125　设置参数

图 5-126　创建直纹曲面特征

STEP04 创建放样曲面特征 2。

（1）选择【上视基准面】为参考创建基准面 2，基准面 2 到【上视基准面】的距离为 "160mm"，如图 5-127 所示。

（2）在新建基准面 2 上绘制如图 5-128 所示的草图 4。

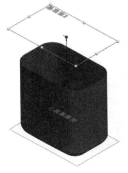

图 5-127　创建基准面 2

图 5-128　绘制草图 4

（3）在【曲面】功能区单击 按钮，打开【曲面－放样】属性管理器，放样曲面参数设置如图 5-129 所示，放样结果如图 5-130 所示。

图 5-129　参数设置

图 5-130　创建放样曲面

STEP05 创建旋转曲面特征。

（1）在【前视基准面】绘制如图 5-131 所示的旋转截面和旋转轴。

（2）在【曲面】功能区单击 按钮，对绘制的草图创建旋转曲面特征，旋转结果如图 5-132 所示。

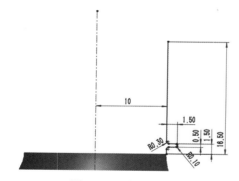

图 5-131　绘制草图 5

图 5-132　创建旋转曲面

STEP06 创建扫描曲面特征。

（1）选择上一步创建的旋转曲面的边线，创建基准面 3，参数设置如图 5-133 所示，结果如图 5-134 所示。

图 5-133　设置参数

图 5-134　创建的基准面 3

（2）选取【右视基准面】为参考平面，创建基准面4，参考面4距离【右视基准面】的距离为"25mm"，参数设置如图 5-135 所示，结果如图 5-136 所示。

（3）使用草绘工具，在基准面3上绘制草图，如图 5-137 所示。

图 5-135　参数设置

图 5-136　创建基准面 4

图 5-137　绘制草图 6

（4）选择菜单命令中的【插入】/【曲线】/【螺旋线 / 涡状线】，选择草图 6，设置参数如图 5-138 所示，创建的螺旋线如图 5-139 所示。

（5）在基准面 4 上，使用草绘工具绘制图 5-140 所示的草图 7。

图 5-138　参数设置

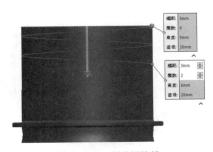

图 5-139　创建螺旋线

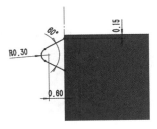

图 5-140　绘制草图 7

（6）单击🖋按钮，打开【曲面扫描】属性管理器，选取草图 7 为扫描轮廓，螺旋线为扫描路径，如图 5-141 所示，扫描结果如图 5-142 所示。

图 5-141　【曲面扫描】属性管理器

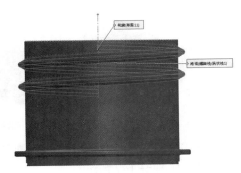

图 5-142　曲面扫描结果

至此，本案例设计完成。

5.2.3 实例 3 ——设计玩具飞机模型

本小节主要学习利用旋转曲面、分割线、自由形、填充曲面
等工具来完成如图 5-143 所示的玩具飞机造型。

图 5-143 玩具飞机

【操作步骤】

STEP01 创建机体。

（1）新建零件文件，选择【前视基准面】为绘图平面，使用草绘工具绘制如图 5-144
所示的草图。

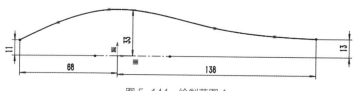

玩具飞机设计

图 5-144 绘制草图 1

（2）单击【曲面】功能区中的 （旋转曲面）按钮，创建旋转曲面，如图 5-145 所示。

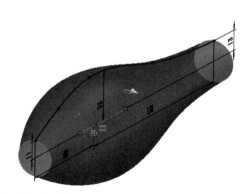

图 5-145 创建旋转曲面

STEP02 创建侧翼。

（1）选择【前视基准面】为绘图平面，使用草绘工具绘制如图 5-146 所示的草图。

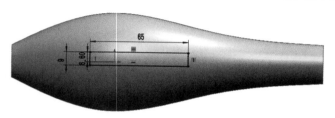

图 5-146 绘制草图 2

（2）执行菜单命令中的【插入】/【曲线】/【分割线】，打开【分割线】属性管理器，选择"草图 2"，
在旋转曲面上进行分割，如图 5-147 所示。

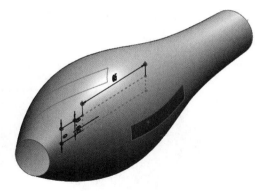

图 5-147　分割曲面

（3）单击 （自由形）按钮，打开【自由形】属性管理器，选择分割后的曲面进行变形，如图 5-148 所示。

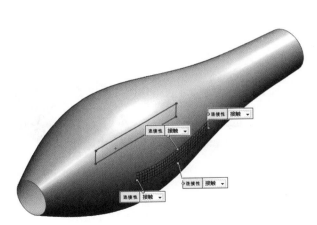

图 5-148　设置参数

（4）单击 [添加曲线(D)] 按钮，在变形曲面上添加变形曲线（如果方向不对可单击 [反向(标签)] 按钮），如图 5-149 所示。

（5）单击 [添加点(O)] 按钮，然后在变形曲线的中点添加变形控制点，如图 5-150 所示。

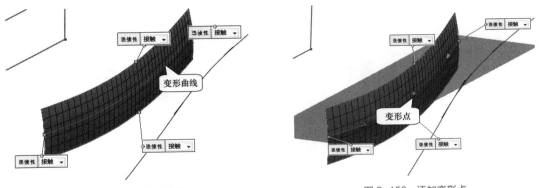

图 5-149　添加变形曲线　　　　　　　　　　图 5-150　添加变形点

（6）按 $\boxed{Esc}$ 键结束添加，然后拖动变形控制点，使曲面变形，如图 5-151 所示。

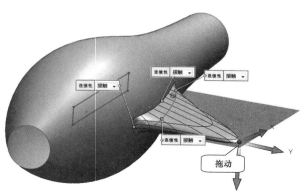

图 5-151 拖动点使曲面变形

（7）在【控制点】卷展栏设置变形参数，即三重轴的位置坐标，如图 5-152 所示。

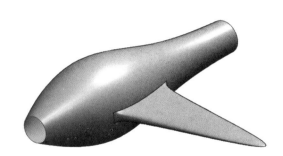

图 5-152 完成自由变形操作

STEP03 创建机舱。

（1）在【上视基准面】绘制草图 3，如图 5-153 所示。

（2）利用【分割线】工具，选择草图 3，在旋转曲面上进行分割，注意要勾选【单向】复选框结果如图 5-154 所示。

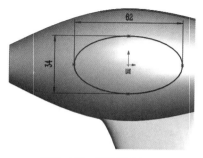

图 5-153 绘制草图 3

图 5-154 分割旋转曲面

（3）单击 （自由形）按钮，打开【自由形】属性管理器，选择草图 3 分割后的曲面进行变形。

（4）单击 添加曲线(D) 按钮，在变形曲面上添加变形曲线（如果方向不对可单击 反向(标签) 按钮），如图 5-155 所示。

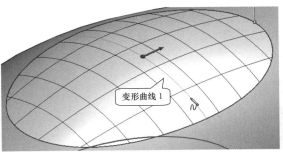
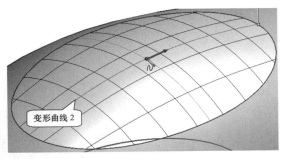

图 5-155　添加变形曲线

（5）单击 添加点(O) 按钮，添加变形控制点，如图 5-156 所示。

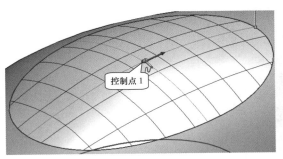
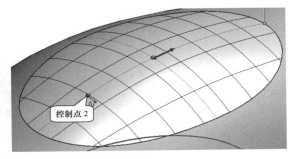

图 5-156　添加变形控制点

（6）拖动控制点 1 进行变形，并设置三重轴坐标，如图 5-157 所示，结果如图 5-158 所示。

图 5-157　参数设置

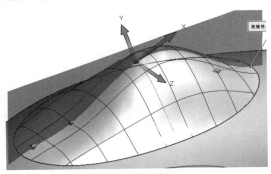

图 5-158　拖动控制点 1

（7）拖动控制点 2 进行变形，并设置三重轴坐标，如图 5-159 所示，结果如图 5-160 所示。

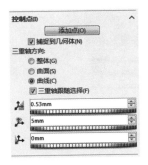

图 5-159　参数设置

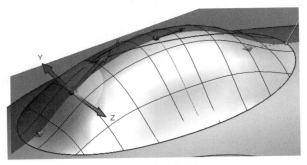

图 5-160　拖动控制点 2

STEP04 创建尾翼。

（1）选择【前视基准面】为绘图平面，使用草绘工具绘制如图 5-161 所示草图。

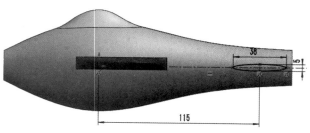

图 5-161　绘制草图 4

（2）执行菜单命令中的【插入】/【曲线】/【分割线】，选择草图 4，在旋转曲面上进行分割，如图 5-162 所示。

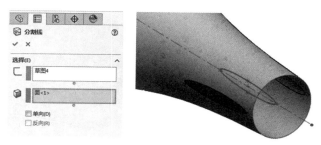

图 5-162　分割曲面

（3）单击 （自由形）按钮，打开【自由形】属性管理器，选择分割后的曲面进行变形，为曲面添加两个变形曲线和 3 个控制点，如图 5-163 所示。

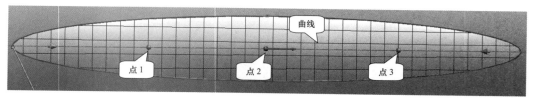

图 5-163　添加控制点与曲线

（4）拖动 3 个控制点，输入三重轴的位置坐标，如图 5-164 所示。

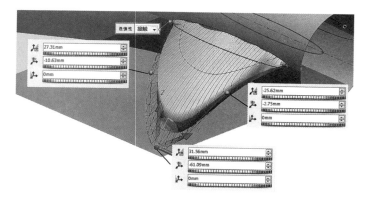

图 5-164　完成自由变形操作

（5）选择【前视基准面】为绘图平面，使用草绘工具绘制如图 5-165 所示的草图。

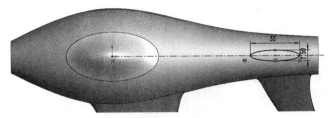

图 5-165　绘制草图 5

（6）利用 （分割线）工具，选择草图 5，在旋转曲面上进行分割，注意要勾选【单向】复选框，结果如图 5-166 所示。

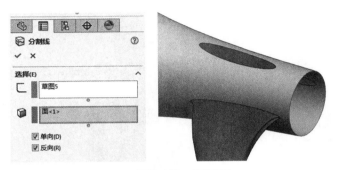

图 5-166　分割曲面

（7）单击 （自由形）按钮，打开【自由形】属性管理器，选择分割后的曲面进行变形，如图 5-167 所示。

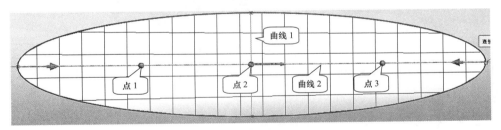

图 5-167　添加控制点与曲线

（8）在【控制点】选项组设置变形参数，即三重轴的位置坐标，如图 5-168 所示。

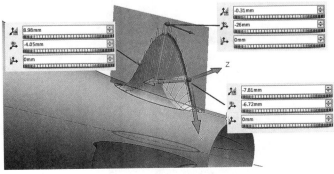

图 5-168　完成自由变形操作

（9）单击 ✓ 按钮完成曲面变形的创建。

STEP05 利用 ◈（填充曲面）工具，在飞机头部曲面上创建填充曲面，如图 5-169 所示。

 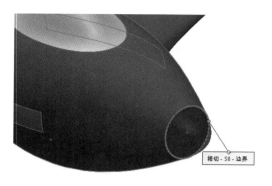

图 5-169　创建填充曲面

STEP06 选择【曲面】功能组的 ▬（平面区域）工具，在飞机尾部曲面上创建平面区域，如图 5-170 所示。

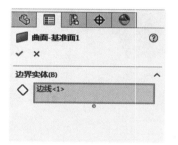 

图 5-170　创建平面区域

STEP07 选择【特征】功能区中的 镜向 工具，选择镜向面为【前视基准面】，要镜像的实体为机翼和尾翼，如图 5-171 所示。

图 5-171　设置参数

STEP08 将主体曲面，填充曲面和平面区域镜像缝合，形成实体，如图 5-172 所示。

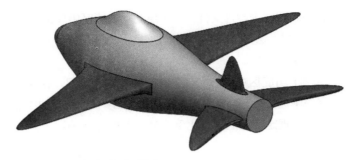

图 5-172 完成自由变形操作

STEP09 利用 ⊜（圆顶）工具在尾部平面区域上创建与圆顶特征，如图 5-173 所示。

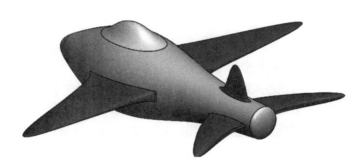

图 5-173 创建圆顶特征

5.2.4 实例 4 ——设计海豚模型

本例将综合运用曲面设计方法制作如图 5-174 所示的海豚模型。在制作任何模型之前，首先应该思考模型主要由哪些组成部分，特别是曲面比较多的产品，往往要考虑孰先孰后的问题，只有从整体上把握了建模的方向，才能提升设计效率。

图 5-174 海豚

本例的海豚制作分为 3 个步骤：先是海豚主体的制作，然后是鳍的制作，最后是细节处理。

【操作步骤】

(STEP01) 新建文件。

单击 📄 按钮新建一个零件文件，在【草图】功能区中单击 └ 按钮进入草图绘制模式，选择【前视基准面】作为绘图基准面。

(STEP02) 绘制矩形框。

单击【草图】功能区中的 ✐ （直线）右边的 ⫶ 按钮，在弹出的下拉工具列表中选择 ✐ 中心线(N) 工具，绘制如图 5-175 所示的中心线，此矩形框用来规定海豚的长宽比例，然后单击 └ 按钮退出。

海豚造型设计－上　　海豚造型设计－下

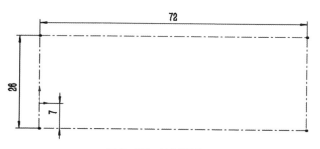

图 5-175　绘制草图 1

(STEP03) 制作侧面轮廓和背鳍侧轮廓。

（1）单击 └ 按钮进入草图绘制模式，选择【前视基准面】为绘图平面。

（2）单击 Ⓝ 按钮，绘制海豚的侧面轮廓，如图 5-176 所示。注意添加图上的几何关系，样条曲线在嘴部控制点和原点处草图 1 的竖直线相切，尾部两端点都在草图 1 的竖直线上，然后单击 └ 按钮退出。

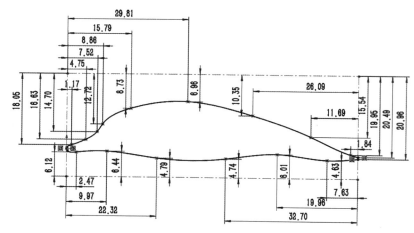

图 5-176　绘制草图 2

（3）单击 └ 按钮进入草图绘制模式，选择【前视基准面】为绘图平面。

（4）单击 Ⓝ 按钮，绘制海豚的背鳍侧轮廓，如图 5-177 所示。注意添加图上的几何关系，样条曲线端点在草图 1 中的样条曲线上，并作一条过两端点的中心线，然后单击 └ 按钮退出。

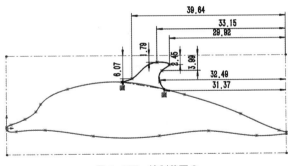

图 5-177　绘制草图 3

STEP04　创建基准特征。

（1）选择【前视基准面】为绘图平面，单击 ⌐ 中心线(N) 按钮，绘制一条斜的中心线，如图 5-178 所示，便于后面制作腹鳍基准面，然后单击 ⌐ 按钮退出。

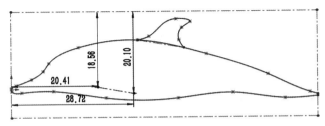

图 5-178　绘制草图 4

（2）单击【特征】功能区的 ⍦（参考几何体）按钮，在弹出的下拉工具列表中选择 ▱ 基准面 。

（3）选择【前视基准面】为第一参考，选择上一步绘制的草图 4 为第二参考，输入旋转角度为"110 度"，创建基准面 1，如图 5-179 所示，然后单击 ☑ 按钮退出。

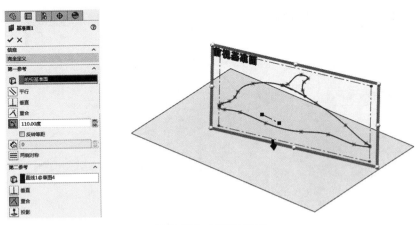

图 5-179　创建基准面 1

STEP05　创建侧轮廓平面投影线。

（1）单击 ⌐ 按钮进入草图绘制模式，选择【前视基准面】为绘图平面。

（2）单击 Ⓝ 按钮，绘制海豚的侧面投影线 1，如图 5-180 所示。注意添加图上的几何关系，样条曲线端点一个在原点，一个在草图 1 的竖直线上，然后单击 ⌐ 按钮退出。

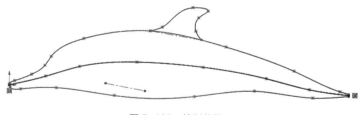

图 5-180　绘制草图 5

（3）单击 □ 按钮进入草图绘制模式，选择【前视基准面】为绘图平面。

（4）单击 ⌁ 中心线(N) 按钮，绘制两条竖直中心线。

（5）单击 Ⓝ 按钮，绘制海豚的侧面投影线 2，如图 5-181 所示。注意添加图上的几何关系，样条曲线的端点一个在原点，另一个在另一侧中心线上，并且样条曲线与左侧中心线相切，与右侧中心线垂直，然后单击 ⌐↵ 按钮退出。

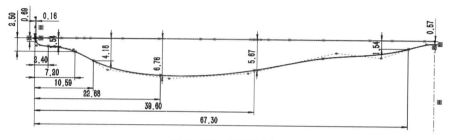

图 5-181　绘制草图 6

（6）选择菜单命令中的【插入】/【曲线】/【投影曲线】，选择【投影类型】为【草图上草图】，并选择草图 5 与草图 6，如图 5-182 所示，然后单击 ☑ 按钮退出。

要点提示　绘制样条线前，必须绘制一条竖直的构造线，用作样条曲线端点与构造线进行【相切】约束。

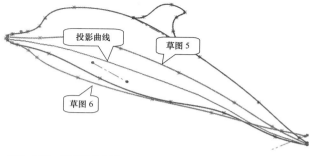

图 5-182　创建投影曲线

STEP06　制作尾部轮廓。

（1）单击【特征】功能区的 ⒡ （参考几何体）按钮，在弹出的下拉工具列表中选择 ▣ 基准面 。

（2）选择【前视基准面】为第一参考，选择草图 1 的竖线为第二参考，输入旋转角度为 "90 度"，创建基准面 2，如图 5-183 所示，然后单击 ☑ 按钮退出。

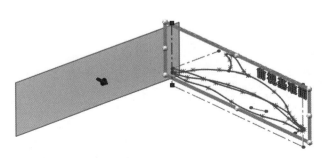

图 5-183　创建基准面 2

（3）单击 按钮进入草图绘制模式，选择【基准面 2】为绘图平面。

（4）单击 N 按钮，绘制海豚的尾部截面轮廓，如图 5-184 所示。注意添加图上的几何关系，样条曲线的端点在草图 1 中的竖直中心线上，可以利用 中心线(N) 工具绘制两条水平中心线并让样条曲线与之相切，它们可以用来控制样条曲线的端部方向，然后单击 按钮退出。

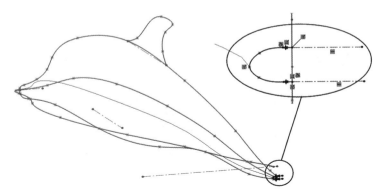

图 5-184　绘制草图 7

(STEP07)　制作侧影上部轮廓。

（1）选择【前视基准面】，单击 （转换实体引用）按钮，将草图 2 转换过来。

（2）然后选择菜单命令中的【工具】/【草图工具】/【分割实体】，将曲线从原点打断，再删除下部即可，如图 5-185 所示，最后单击 按钮退出。

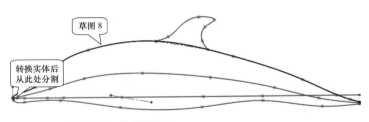

图 5-185　绘制草图 8

STEP08 制作侧影下部轮廓。

（1）选择【前视基准面】，单击 ⬡（转换实体引用）按钮，将草图 2 转换过来。

（2）然后选择菜单命令中的【工具】/【草图工具】/【分割实体】，将曲线从原点打断，再删除下部即可，如图 5-186 所示，最后单击 ⌐ 按钮退出。

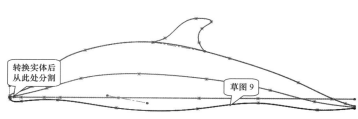

图 5-186　绘制草图 9

STEP09 制作海豚左侧面。

（1）在【曲面】功能区中单击 ⬇ 按钮，打开【曲面放样】属性管理器。

（2）在【轮廓】栏中按顺序选择"草图 9""曲线 1""草图 8"，然后在【起始 / 结束约束】中设定【开始约束】为【垂直于轮廓】。

（3）在【引导线】中选中"草图 7"，如图 5-187 上图所示，最后单击 ☑ 按钮退出，得到如图 5-187下图所示的单侧面。

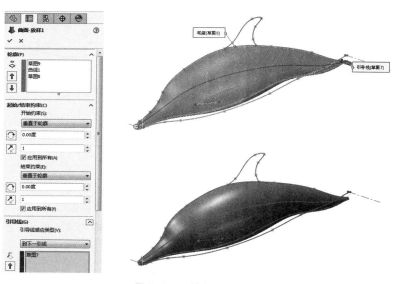

图 5-187　创建曲面放样 1

STEP10 制作海豚右侧面。

（1）在【特征】功能区中单击 ⬓ 按钮，打开【镜像】属性管理器。

（2）在【镜像面 / 基准面】中选择【前视基准面】。

（3）在【要镜像的实体】中选择"曲面放样 1"（海豚左侧面），如图 5-188 上图所示，单击 ☑ 按钮退出，结果如图 5-188 下图所示。

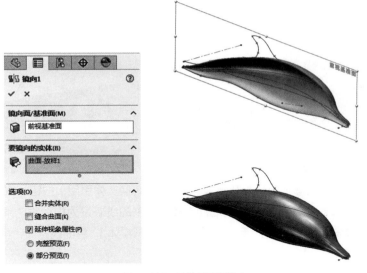

图 5-188　镜像曲面放样 1

STEP11 制作背鳍截面轮廓。

（1）单击【特征】功能区的 （参考几何体）按钮，在弹出的下拉工具列表中选择 基准面 。

（2）选择【前视基准面】为第一参考，选择草图 3 中的中心线为第二参考，输入旋转角度为 "90 度"，创建基准面 3，如图 5-189 所示，然后单击 按钮退出。

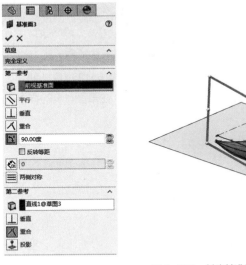

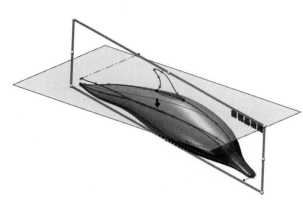

图 5-189　创建基准面 3

（3）单击 按钮进入草图绘制模式，选择【基准面 3】为绘图平面。

（4）单击 按钮，使用椭圆工具绘制海豚的背部截面轮廓，并在中部靠前绘制一条中心线，如图 5-190 所示。注意添加图上的几何关系，之后单击 按钮退出。

（5）制作背鳍截面中心线，选择【前视基准面】为绘图平面，单击 按钮，绘制一条曲线，如图 5-191 所示。注意添加图上的几何关系，然后单击 按钮退出。

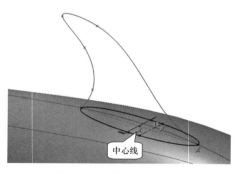

图 5-190　绘制草图 10

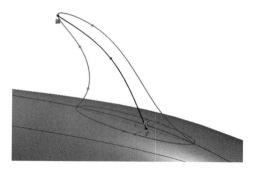

图 5-191　绘制草图 11

（6）制作背鳍引导线 1。选择【前视基准面】，单击 （转换实体引用）按钮，将草图 3（背鳍侧轮廓）和草图 11（背鳍截面中心线）转换过来，将草图 11 转换过来的线条设为构造线，草图 3 转换过来的只保留前半部分（使用菜单命令中的【工具】/【草图工具】/【分割实体】，将曲线打断，再删除后半部分即可），如图 5-192 所示，然后单击 按钮退出。

（7）使用类似的方法制作背鳍引导线 2，结果如图 5-193 所示。

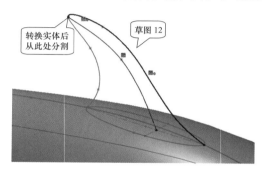

图 5-192　绘制草图 12

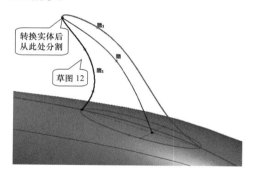

图 5-193　绘制草图 13

（8）选择菜单命令中的【插入】/【3D 草图】，进入 3D 草图环境，在草图 11 的样条曲线端点上创建点，如图 5-194 所示，然后单击 按钮退出。

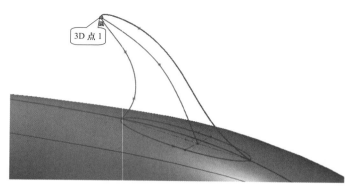

图 5-194　创建 3D 点 1

STEP12　制作海豚背鳍。

（1）单击 按钮，在【轮廓】中选择"草图 10"和"3D 草图 1"，在【引导线】中选中"草图 12"和"草图 13"，如图 5-195 所示，预览无误后单击 按钮退出。

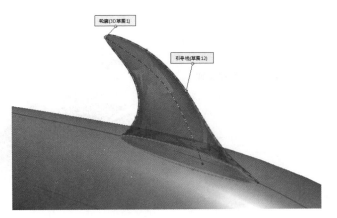

图 5-195　创建曲面放样 2

（2）延伸海豚背鳍。在【曲线】功能区中单击 延伸曲面 按钮，打开曲面延伸管理器，在【拉伸的边线／面】中选择背鳍下部截面的边线，如图 5-196 所示，然后单击 ☑ 按钮退出。

图 5-196　延伸曲面边线

(STEP13) 制作尾鳍截面轮廓。

（1）选择【前视基准面】为绘图平面，单击 中心线(N) 按钮，绘制一条斜的中心线，如图 5-197 所示，完成后单击 按钮退出。

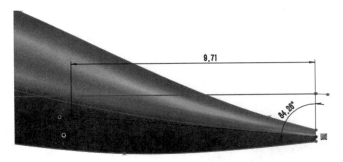

图 5-197　绘制草图 14

（2）选择【前视基准面】为第一参考，选择草图 14 为第二参考，输入旋转角度为"90 度"，创建基准面 4，如图 5-198 所示，然后单击 ☑ 按钮退出。

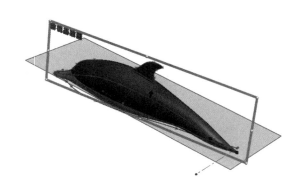

图 5-198　创建基准面 4

（3）单击 🖵 按钮进入草图绘制模式，选择【基准面 4】为绘图平面。单击 Ⓝ 按钮，绘制一条曲线，如图 5-199 所示。注意添加图上的几何关系，然后单击 🖵 按钮退出。

（4）选择【前视基准面】为绘图平面，单击 ⊘ 按钮，绘制海豚的尾部截面轮廓，并在中部靠前绘制一条中心线，如图 5-200 所示。注意添加图上的几何关系，然后单击 🖵 按钮退出。

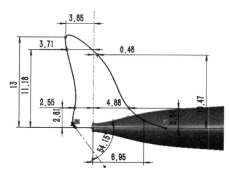

图 5-199　绘制草图 15

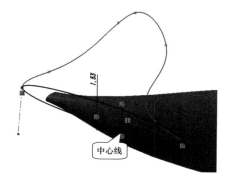

图 5-200　绘制草图 16

（5）选择【基准面 4】为绘图平面，单击 Ⓝ 按钮，绘制草图 17，如图 5-201 所示。

（6）选择【前视基准面】，单击 🔂（转换实体引用）按钮，将草图 15 转换过来只保留前半部分，如图 5-202 所示，然后单击 🖵 按钮退出。

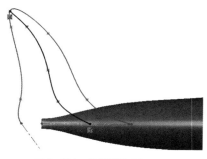

图 5-201　绘制草图 17

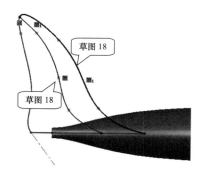

图 5-202　绘制草图 18

（7）使用类似的方法制作背鳍引导线 2，结果如图 5-203 所示。

（8）选择菜单命令中的【插入】/【3D 草图】，进入 3D 草图环境，在草图 17 的样条曲线端点上创建点，如图 5-204 所示，然后单击 ⌐↓ 按钮退出。

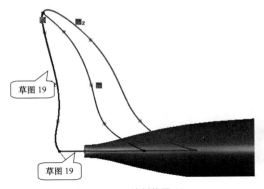
图 5-203 绘制草图 19

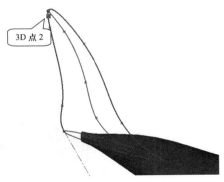
图 5-204 创建 3D 点 2

STEP14 制作海豚尾鳍。

（1）单击 ⬇ 按钮，在【轮廓】中选择"草图 16"和"3D 草图 2"，在【引导线】中选中"草图 18"和"草图 19"，如图 5-205 所示，预览无误后单击 ☑ 按钮退出。

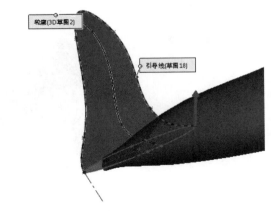

图 5-205 创建曲面放样 3

（2）利用 ⬚ 工具，选取【前视基准面】为镜像面，曲面放样 3 为要镜像的实体，如图 5-206 所示。

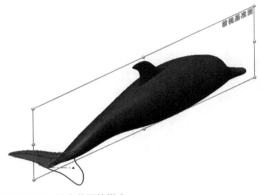

图 5-206 镜像曲面放样 3

STEP15 制作侧鳍截面轮廓。

（1）单击 ⊏ 按钮进入草图绘制模式，选择【基准面1】为绘图平面。使用草绘工具绘制如图5-207所示草图。注意添加图上的几何关系，然后单击 ⊑↲ 按钮退出。

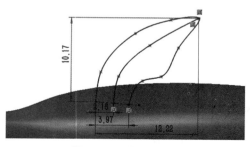

图 5-207　绘制草图 20

（2）选择【基准面1】为第一参考，选择草图20为第二参考，输入旋转角度为"90度"，创建基准面5，如图5-208所示，然后单击 ☑ 按钮退出。

图 5-208　创建基准面 5

（3）选择【基准面5】为绘图平面，单击 ◎ 按钮，绘制海豚的侧鳍截面轮廓，并在中部靠前绘制一条中心线，如图5-209所示。注意添加图上的几何关系，然后单击 ⊑↲ 按钮退出。

（4）选择【基准面1】，单击 ◎（转换实体引用）按钮，将草图20转换过来只保留前半部分，如图5-210所示，然后单击 ⊑↲ 按钮退出。

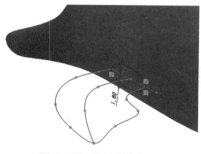

图 5-209　绘制草图 21

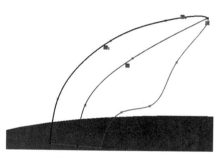

图 5-210　绘制草图 22

（5）使用类似的方法制作侧鳍引导线 2，结果如图 5-211 所示。

（6）选择菜单命令中的【插入】/【3D 草图】，进入 3D 草图环境，在草图 20 的样条曲线端点上创建点，如图 5-212 所示，然后单击 ↳ 按钮退出。

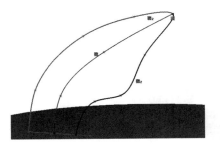

图 5-211　绘制草图 23

图 5-212　绘制草图 24

STEP16　制作侧鳍。

（1）单击 ↓ 按钮，在【轮廓】中选择"草图 21"和"3D 草图 3"，在【引导线】中选中"草图 22"和"草图 23"，如图 5-213 所示，预览无误后单击 ☑ 按钮退出。

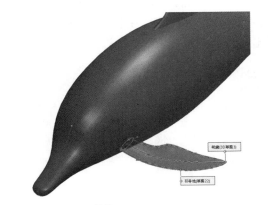

图 5-213　创建曲面放样 4

（2）利用 ⊯ 工具，选取【前视基准面】为镜像面，曲面放样 4 为要镜像的实体，如图 5-214 所示。

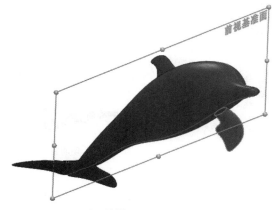

图 5-214　镜像曲面放样 4

STEP17 主体面的缝合。

单击 按钮，在【曲面缝合】属性管理器的【选择】中选择"曲面 – 放样 1"和"镜像 1"，如图 5-215 所示，单击 按钮退出。

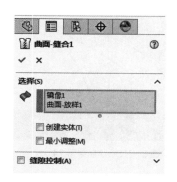

图 5-215　创建曲面缝合 1

STEP18 曲面剪裁。

单击 按钮，打开【曲面剪裁】属性管理器，如图 5-216 左图所示，在【剪裁类型】中选择【相互】，在【曲面】列表框中选择所有的曲面，在【保留曲面】列表框中选择如图 5-216 右图所示的外部表面，然后单击 按钮退出。

图 5-216　创建曲面剪裁 1

STEP19 曲面加厚。

单击 按钮，打开【加厚】属性管理器，在【加厚参数】中选择"曲面剪裁 1"，再选择【从闭合的体积生成实体】复选项，如图 5-217 所示，然后单击 按钮退出。

图 5-217　创建加厚曲面 1

(**STEP20**) 曲面倒圆角。

分别对形成的实体进行圆角处理，如图 5-218、图 5-219 及图 5-220 所示。

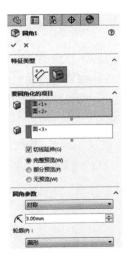

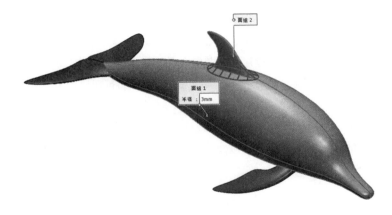

图 5-218　创建圆角 1

图 5-219　创建圆角 2

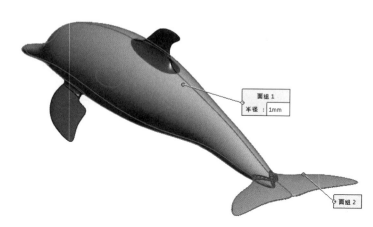

图 5-220　创建圆角 3

5.3　小结

在现代复杂产品的造型设计中，参数曲面是有效的设计工具。曲面特征虽然在物理属性上和实体模型有很大的差异，没有质量，没有厚度，但是其创建方法和原理与实体特征极其类似。在曲面特征和实体特征之间并没有不可逾越的鸿沟，使用系统提供的方法，曲面特征可以很方便地转换为实体特征。

从生成方法来看，创建实体特征的所有方法大多适合于曲面特征，而且原理相似。不过，使用曲面进行设计是一项精巧而细致的工作。再优秀的设计师也不大可能仅使用一种方法就构建出理想的复杂曲面，必须将已有曲面特征加以适当修剪、复制及合并等操作后才能获得理想的结果。

5.4　习题

1. 简要说明曲面的特点，曲面与实体相比有什么优势？
2. 如何创建投影曲线，投影曲线是二维曲线还是三维曲线？
3. 裁剪曲面操作的主要步骤是什么？
4. 如何延伸曲面，简要说明其主要用途。
5. 总结点、线、面在曲面设计中的关系。

第6章
工程图设计

【学习目标】
- 明确工程图的组成和用途。
- 明确常用视图的创建方法。
- 明确在工程图上创建尺寸和标注的方法。

手工绘制工程图令人烦恼，视图、标注、明细及格式等都比较复杂，而且一旦零件或者装配精细一点的话会很耗费时间，学习本章之后，设计者就能从艰苦的"体力劳动"中解放出来了。当然对于初学者，一定的手工画图练习也是有必要的，因为它能提高你的三维空间想象能力和识图能力。

6.1 知识解析

众所周知，机械产品由成千上万个零件组成，创建工程图的工作也就显得至关重要，其创建速度和效率就直接成为衡量各种 3D 软件工程图功能好坏的一个重要标准。

6.1.1 工程图设计环境

❶ 设计环境

SolidWorks 的工程图功能非常强大，它能提供与三维模型相应的产品二维工程图，而无需用户再脱离产品而直接去对二维工程图进行修改。SolidWorks 采用了生成快速工程图的方法，使得超大型装配体工程图的生成和标注也变得非常快捷和简便。

工程图的制作从根本上来说就是视图的制作，要想制作一张好的工程图就必须罗列出零件或者装配体的各种信息，这种信息要通过视图来传递。设计者应该从生产者的角度来考虑如何将工程图做到尽量简捷而明了。图 6-1 所示为 SolidWorks 2017 工程图设计界面，界面中包括设计树、菜单栏、工具栏、功能区、视图工具栏、任务窗口和绘图区 7 个部分。

（1）设计树

设计树中列出了当前工程图使用的所有视图，并以树的排列方式呈现，显示子模型以及参考模型。通过树前面的黑色小三角，可以展开被选项目，方便修改和查看。

◎ 在设计树中通过单击项目名称可以直接选取零件、视图、特征以及块。

◎ 在设计树中选择项目并单击鼠标右键，可以在弹出的菜单中选取【隐藏】和【显示】命令，隐藏和显示视图。

◎ 可以在设计树中选择某项目，单击鼠标右键选取【编辑特征】命令，重新编辑视图和模型特征。

（2）菜单栏

菜单栏中包括了【文件】、【编辑】、【视图】、【插入】、【工具】、【窗口】、【帮助】等菜单命令，在文件中又包括了【新建】、【打开】、【保存】和【打印】等子命令。其中在工程图里的【编辑】、【视图】、【插入】和【工具】的子命令和三维编辑中的子命令有所区别，在后续的讲解中会一一介绍。

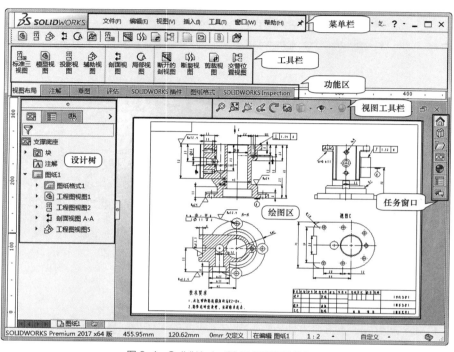

图 6-1　SolidWorks 2017 工程图设计界面

（3）工具栏

工具栏中有很多快捷命令的图标，单击这些图标可以很快速的进入命令，给用户提供了极大的方便。用户还可根据自己的习惯自定义工具栏内容，其具体操作方法是：执行菜单命令中的【工具】/【自定义】，打开【自定义】对话框，如图 6-2 所示。

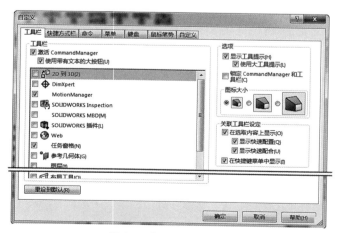

图 6-2　【自定义】对话框

在【自定义】对话框内，选择【命令】选项卡，在【类别】区域中选择所需的工具，然后在【按钮】区中将图标拖入到工具栏中。反之，当不需要某些命令时，可以将工具栏中的命令拖出将其删除，如图6-3所示。

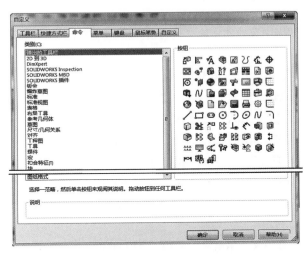

图6-3 【命令】选项卡

（4）功能区

功能区在【工具栏】和【视图工具栏】中间，它是存放各种工具命令的选项卡，在图6-1所示的功能区处，包括了【视图布局】、【注解】、【草图】、【评估】、【SolidWorks插件】、【图纸格式】和【SolidWorksinspection】等插件。这些插件也可以通过自定义删除和增加，其方法是：在某一功能区上单击鼠标右键，在弹出的快捷菜单中，勾选或取消勾选项目即可，如图6-4所示。

（5）视图工具栏

在绘图区的上方，有一排透明背景的按钮图标，如图6-5所示。其主要作用是提供了在设计过程中对绘图区的显示及其操作更改，涉及到旋转、透明、放大等功能，具体功能如下。

图6-4 功能区设置快捷菜单

图6-5 视图工具栏

◎ 此按钮表示整屏显示全图。

◎ 此按钮表示缩放图纸以适合窗口。

◎ 此按钮表示以边界框放大到所选择的区域。

◎ 此按钮表示显示上一视图。

◎ 此按钮表示旋转模型视图。

◎ 此按钮表示显示3D工程视图。

◎ 此按钮表示更改视图的显示样式。

◎ 　此按钮表示更改项目的显示状态。

◎ 　此按钮表示以硬件加速的上色器显示模型。

（6）任务窗口

此窗口中的功能可以打开库中存放的文件，包括设计库、材料库、工具库等，方便用户根据不同标准设计产品，其具体功能如下。

◎ 　此按钮表示 SolidWorks 资源，包括开始、社区和在线资源配置。

◎ 　此按钮表示设计库，用于保存或提取可重复使用的特征、零件、装配体或其他实体。

◎ 　此按钮表示文件探索器，可以很便捷地查看或打开模型。

◎ 　此按钮表示视图调色板，用于插入工程图，包括拖动工程图纸上的标准视图、注释以及剖视图。

◎ 　此按钮表示外观、布景和贴图，用户可以很方便地为模型添加材质和背景。

◎ 　此按钮表示自定义属性，用于自定义属性标签编制程序。

◎ 　此按钮表示 SolidWorks 论坛，可以与其他 SolidWorks 用户在线交流。

（7）绘图区

此区域为整个软件的设计界面区，不管是三维设计、模型组装、工程视图、运动仿真、有限元分析等都在此区域中进行，为所有图像的显示和设计区域。

❷ 系统设置

先来了解一下 SolidWorks 在尺寸方面的系统设置。由于 SolidWorks 的默认尺寸标注标准并非我国国家标准，因此需要在系统选项中进行相应地设置。

进入系统设置的方法是先打开某工程图，然后选择菜单命令中的【工具】/【选项】，打开【系统选项】对话框，进入【文件属性】选项卡，单击左侧列表框中的【尺寸】，【总绘图标准】默认是 "GB"，如图 6-6 所示，然后对各选项做如图 6-7 所示的相应设置，最后单击 　确定　 按钮。

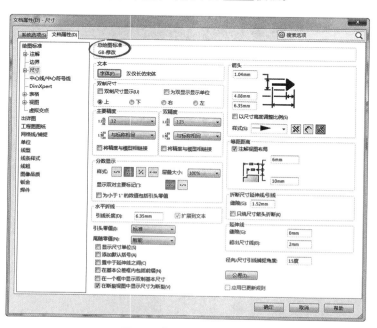

图 6-6 【文档属性】对话框

要点提示　　系统设置只对当前激活的工程图纸有效。如果用户想对所有的图纸都调用以上设置，可以在设置之后，将激活的工程图纸另存为模板，这样，以后建立工程图时只要调用此模板即可。

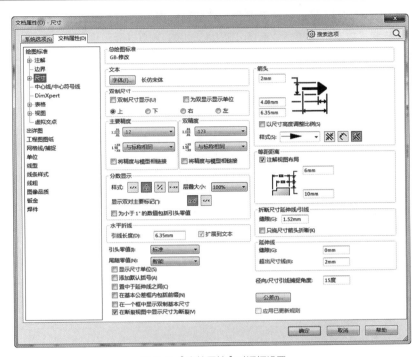

图 6-7　【文档属性】对话框设置

6.1.2　创建视图

❶　设计工具

下面先来了解工程图的工具栏，新建一个工程图文件并且插入一个三维模型，在工具栏的空白位置单击鼠标右键，在弹出的快捷菜单中选择【工程图】命令，调出工具栏，如图 6-8 所示。在【视图布局】功能区中也有部分工具显示，如图 6-9 所示。

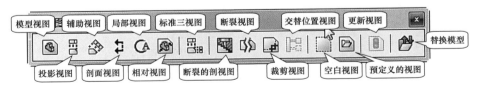

图 6-8　设计工具

图 6-9　【视图布局】功能区

❷　标准工程图

标准工程图是最常用的工程图，主要有以下几种。

（1）模型视图

打开用于创建工程图的三维零件模型后，选择菜单命令中的【文件】/【从零件制作工程图】，此时会有两种情况。

◎ 如果在此之前已经对此模型建立了工程图，则系统会提示用户是否要建立新的工程图或者使用同名的工程图。此处属于前者，故系统直接建立新的工程图，如图 6-10 所示。

◎ 如果在此之前没有对此模型建立工程图，即没有同名工程图，那么系统会新建一张与模型对应的工程图，并出现如图 6-11 所示的新建提示窗口，直接单击 确定(O) 按钮。

接下来，在如图 6-11 所示的【图纸格式 / 大小】对话框中选择 "gb_a3"，然后单击 确定(O) 按钮，这样一张空白的工程图纸就产生了，如图 6-12 所示。

图 6-10 【提示】对话框

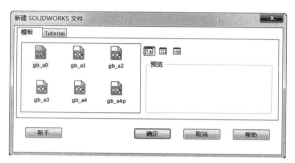

图 6-11 【图纸格式 / 大小】对话框

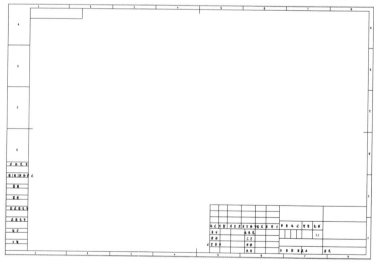

图 6-12 A3 图纸界面

要点提示　　如果用这种方法添加视图，当添加完第一个视图之后，移开鼠标光标的时候，系统会自动预显示一个对齐的视图，用户只需在适当的地方单击即可放置视图，如果还需要添加其他视图，则可再从调色板中拖出，如果还需要对齐，则先拖到主视图上再移开，系统便会自动将视图对齐。

打开资源包中的 "第 6 章 / 素材 / 油杯"，再选择菜单命令中的【文件】/【从零件制作工程图】，进入工程图设计界面。将界面右边如图 6-13 所示的【视图调色板】属性管理器中的视图拖到图纸上，界面左边会打开如图 6-14 所示的【投影视图】属性管理器，设置完参数后单击 ☑ 按钮，完成标准视图地创建。此时，设计树如图 6-15 所示，图纸设计最终效果如图 6-16 所示。

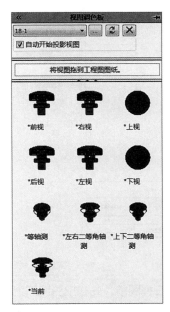

图 6-13 【视图调色板】窗口

图 6-14 【投影视图】属性管理器

图 6-15 设计树显示

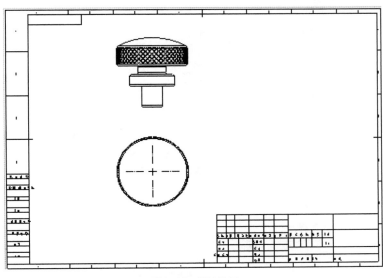

图 6-16 设计效果

（2）标准三视图

如果需要直接建立标准三视图，则可以采用下面这个更为简捷的办法。

建立空白的工程图纸，在【工程图】工具栏中单击 █ （标准三视图）按钮，打开【标准三视图】属性管理器，单击 ▨▨▨ 按钮选择模型，然后单击 ☑ 按钮，即可直接建立标准三视图工程图，如图 6-17 所示。

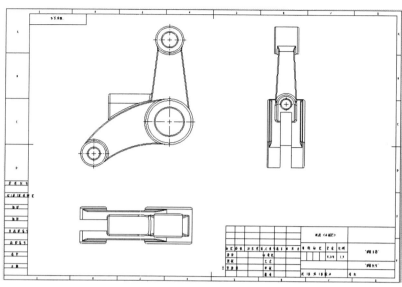

图 6-17　标准三视图结果显示

要点提示

　　如果要建立的是第一视角的标准三视图，则应该在建立标准三视图前，先在空白图纸上单击鼠标右键，然后选择【属性】命令，在如图 6-18 所示的【图纸属性】对话框中选择【第一视角】单选项，最后单击 确定(O) 按钮。

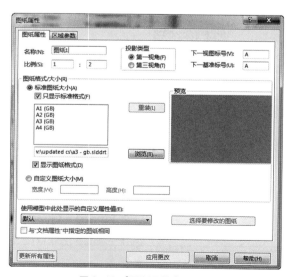

图 6-18　【图纸属性】对话框

❸ 派生视图

　　当用户想表达标准视图所无法包含的信息（如零件的内部结构）时，就需要用到派生视图，派生视图主要有以下几种。

（1）投影视图

　　投影视图实际上是标准视图的一种，当用户先前已建立了标准视图而又要添加其他正投影视图时，可以用投影视图。

STEP01 打开资源包中的"第6章/素材/footboard_bracket前视图",并选中前视图。

STEP02 单击⬛（投影视图）按钮，再将鼠标光标移到前视图上单击鼠标左键，移动鼠标光标可以看到在上、下、左、右、上左、上右、下左和下右8个方向，均可建立相应的投影视图，在相应的地方单击鼠标左键即可放置视图，如图6-19所示。

STEP03 在【投影视图】属性管理器中定义属性，如图6-20所示，然后单击☑按钮即可完成投影视图的建立。

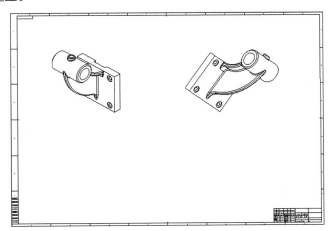

图 6-19　最终结果显示

图 6-20　【辅助视图】属性管理器

（2）辅助视图

辅助视图用于建立用户自定义方向的投影视图，有利于表达非标准视图方向的尺寸信息。

STEP01 打开资源包中的"第6章/素材/连接管－前视图"，并选中如图6-21所示的投影边。

STEP02 单击⬛（辅助视图）按钮，鼠标会自动跳跃到该投影边的另一侧，同时预显示辅助视图，在图纸的适当位置单击鼠标左键以放置视图。

STEP03 在【辅助视图】属性管理器中单击☑按钮，完成辅助视图的建立，结果如图6-22所示。

图 6-21　投影边

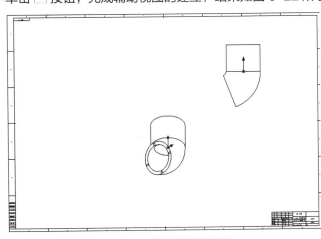

图 6-22　辅助视图结果显示

（3）断开的剖视图与局部视图

断开的剖视图是在原来视图的基础上，用闭合样条线或轮廓圈出局部剖开的区域而形成的视图。局部视图则通常用放大的比例来显示零件的某些细小的部分，它可以是正交视图、空间视图或剖面视图等。这里，以剖面局部视图为例来介绍其使用方法。

STEP01 打开资源包中的“第 6 章 / 素材 / 连接管 - 前视图”。

STEP02 单击（断开的剖视图）按钮，将鼠标光标移到图纸上变成形状后，按绘制要求剖视区域边界，如图 6-23 所示。注意，此线条一定要闭合。

STEP03 打开【断开的剖视图】属性管理器，选择如图 6-24 所示的边线作为深度参照，然后单击按钮完成局部剖视图的制作，结果如图 6-25 所示。

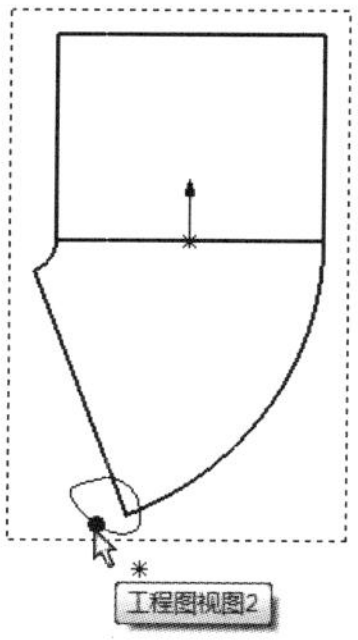

图 6-23　选择深度线

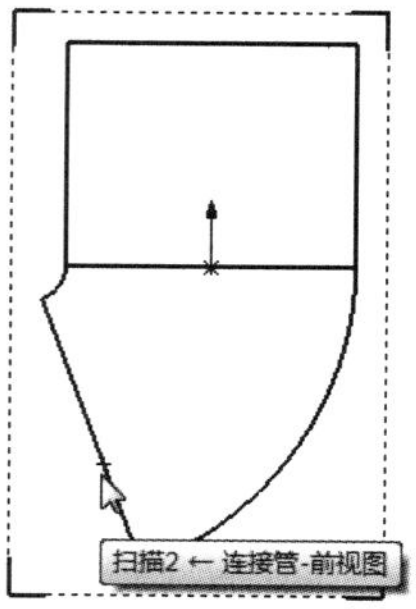

图 6-24　创建局部剖视图

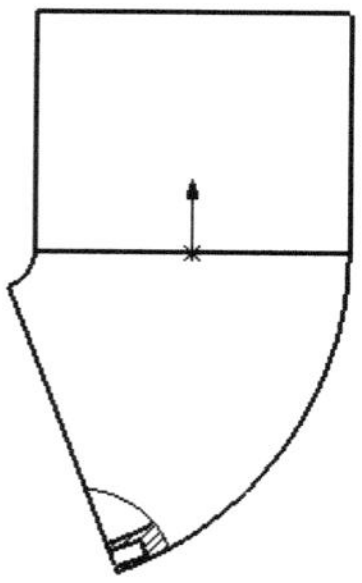
图 6-25　局部剖视结果显示

局部视图的创建方法如下。

STEP01 单击（局部视图）按钮，将鼠标光标移动到图纸上待其变成形状。

STEP02 按如图 6-26 所示圈出需要放大的区域。

STEP03 将鼠标光标移动到图纸的空白处，系统预显示出局部视图的大小，单击鼠标左键放置视图。

STEP04 在【局部视图】属性管理器中修改缩放比例，如图 6-27 所示。

STEP05 单击按钮完成局部视图的制作，结果如图 6-28 所示。

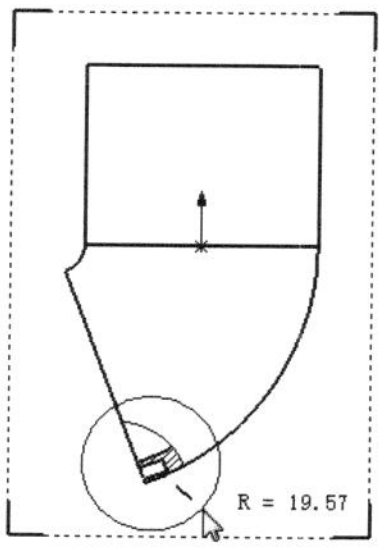

图 6-26　选取放大区域

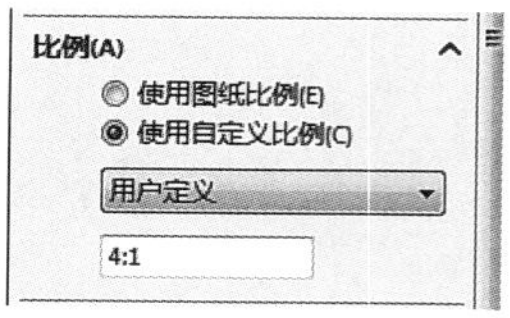

图 6-27　设置比例

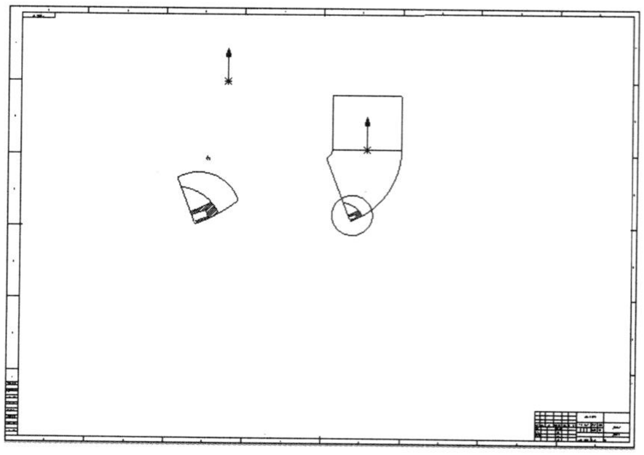
图 6-28　局部剖视结果显示

（4）剖面视图与裁剪视图

剖面视图是在原始视图的基础上用剖面来显示零件结构。裁剪视图与局部视图相似，但是裁剪视图不生成新的视图，只将原来的视图裁剪而留下需要的部分。注意，被裁剪的视图不能是局部视图及其父视图还有爆炸视图。

下面先介绍剖面视图的创建方法。

STEP01 打开资源包中的"第 6 章 / 素材 / 支撑座 – 上视图"。

STEP02 单击 （剖面视图）按钮，在【剖面视图辅助】属性管理器中单击 按钮，将鼠标光标移动到图纸上变成 形状，如图 6-29 所示，先将鼠标光标移动到左边竖直轮廓线附近，捕捉其中点，然后平行左移到支座以外后单击作为起点，做一条贯穿图形的直线。

STEP03 此时，会预显示剖面视图，但其方向是向下的，为了美观，要在【剖面视图辅助】属性管理器中单击 反转方向(L) 按钮，如图 6-30 所示。

STEP04 再将鼠标移至图纸上合适的位置，单击以放置视图，在左边属性管理器中单击 按钮以完成剖面视图的制作，如图 6-31 所示。

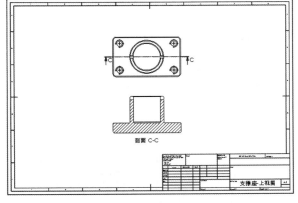

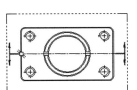

图 6-29 捕捉参照

图 6-30 【剖切线】栏

图 6-31 结果显示

接下来制作裁剪视图。

STEP01 单击 （样条曲线）按钮，绘制如图 6-32 所示的区域。

STEP02 在选中样条曲线的状态下，单击 （裁剪视图）按钮，再在【剪裁视图】属性管理器中单击 按钮，完成裁剪视图的建立，结果如图 6-33 所示。

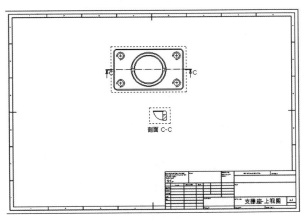

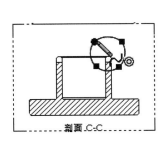

图 6-32 绘制封闭区域

图 6-33 裁剪视图结果显示

（5）断裂视图

断裂视图主要是用于长宽比过大的零件的视图，以适当的比例保证图形尺寸显示清晰、合理。

下面介绍其用法。

STEP01 打开资源包中的"第 6 章 / 素材 / 支杆 – 前视图"。

STEP02 选中前视图，单击（断裂视图）按钮，在【断裂视图】属性管理器中按照如图 6-34 所示设置参数。

STEP03 在图纸上距离支杆两端附近的地方各单击一次鼠标左键，以放置锯齿，完成视图的断裂，然后单击 ✓ 按钮。

STEP04 相对图纸来说，视图的比例比较小，用户可以选中完成的视图，修改比例，如图 6-35 所示，最后单击 ✓ 按钮完成断裂视图的创建，结果如图 6-36 所示。

图 6-34　断裂视图

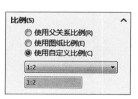

图 6-35　设置比例

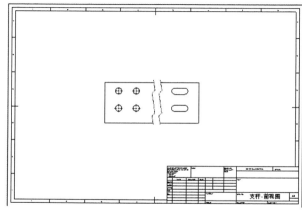

图 6-36　断裂视图结果显示

> 如果用户想再修改断裂视图的属性，可单击锯齿，利用【断裂视图】属性管理器来设置。

（6）旋转剖视图

当一般正面剖视图无法涵盖用户所需要表达的信息时，可以选用旋转剖视图来显示。下面介绍其设计方法。

STEP01 打开资源包中的"第 6 章 / 素材 / 支撑座 – 上视图"。

STEP02 单击 ✎ 按钮，按照如图 6-37 所示绘制 3 条线段（先作一条线段连接孔和中间圆筒的圆心，再作一条延长线段，第 3 条保持水平即可）。

STEP03 按住 Ctrl 键选中 3 条线段，单击 ⬚（剖面视图）按钮，将鼠标光标移到图纸上就会预显示旋转剖视图，在【剖面视图】属性管理器中单击 反转方向(L) 按钮。

STEP04 在图纸下方的适当位置单击鼠标左键以放置视图，然后单击 ✓ 按钮，完成旋转剖视图的建立，结果如图 6-38 所示。

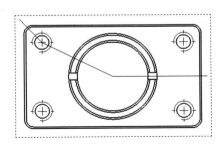

图 6-37　绘制参考线

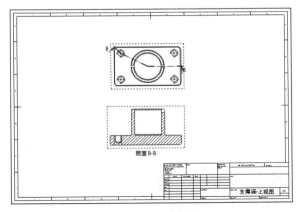

图 6-38　旋转剖视图结果显示

（7）交替位置视图

交替位置视图主要用于装配图中显示零件的运动范围，而交替位置则用幻影线来表示。具体操作方法如下。

（STEP01）　打开资源包中的"第 6 章 / 素材 / 交替位置视图 / 虎钳 1– 交替视图"和"虎钳 1– 左视图"工程图。

（STEP02）　选中左视图，单击 🖽（交替位置视图）按钮，弹出【交替位置视图】属性管理器，接受默认设置，单击 ✓ 按钮，切换到装配体。

（STEP03）　用鼠标中键拖动装配体到适合的角度，然后将鼠标光标移到子装配体上，鼠标光标变成 ✛ 形状，按住鼠标左键拖动子装配体到两钳口板重合的位置，如图 6-39 所示。

（STEP04）　单击 ✓ 按钮，完成交替位置视图，此时可以看到左视图上用幻影线显示了子装配体的左边极限位置，如图 6-40 所示。

图 6-39　拖动钳口

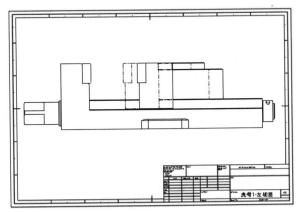

图 6-40　交替位置结果显示

6.1.3　基础训练——由模型制作标准三视图

本例将学习利用基本的工程图视图创建方法，创建如图 6-41 所示的腔体模型的三视图，这是学习其他制作工程图方法的基础。

【操作步骤】

STEP01 打开资源包中的"第 6 章 / 素材 / 腔体"。

（1）选择菜单命令中的【文件】/【从零件制作工程图】，打开【图纸格式 / 大小】对话框。

（2）按照如图 6-42 所示设置图纸格大小为 A3，然后单击 确定 按钮，绘图区内弹出已设置好的图纸模板。

由模型制作标准三视图

图 6-41　腔体模型

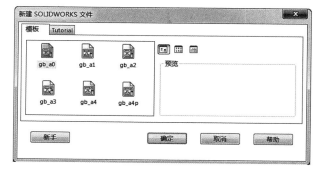

图 6-42　设置图纸格式

要点提示　设置图纸格式也可以在系统选项中设置，在系统中设置只对当前激活的工程图纸有效，如果打开其他图纸，则系统设置又会恢复成默认设置。

（3）在绘图区右面的【视图调色板】面板中将【右视】图形拖曳放到图纸的合适位置。单击 ☑ 按钮完成创建，如图 6-43 所示。

（4）选中主视图，在【投影视图】属性管理器中设置比例为 1：2，最后结果如图 6-44 所示。

图 6-43　视图调色板

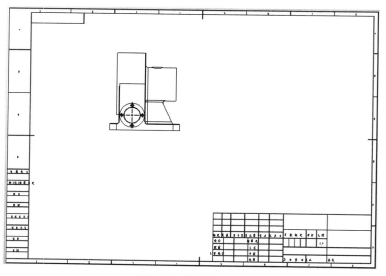

图 6-44　设计结果显示

（5）单击【视图布局】功能区中的 ▣（投影视图）按钮，打开【投影视图】属性管理器，如图 6-45 所示。

（6）选中图纸中的主视图往下移动鼠标，此时，将产生俯视图并跟随指针移动，选中合适的位置放置视图。单击 ☑ 按钮完成创建，结果如图 6-46 所示。

图 6-45　投影视图属性管理器

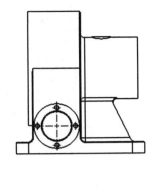

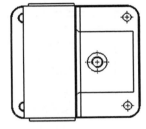

图 6-46　投影结果显示

（7）使用同样的方法，创建左视图并调整视图位置，最终结果如图 6-47 所示。

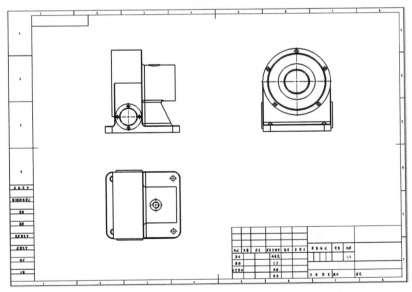

图 6-47　三视图设计结果

STEP02　创建部剖视。

（1）单击【视图布局】功能区中的 按钮（剖面视图）按钮，在打开的【剖面视图辅助】管理器中选择 选项，选中左视图的中心线，弹出确认提示菜单。单击 ☑ 按钮，弹出【剖面视图】对话框，如图 6-48 所示。

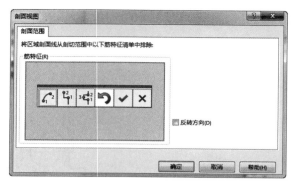

图 6-48　剖面视图对话框

（2）单击　确定　，向左移动鼠标至合适位置放置，再单击 ☑ 按钮完成，结果如图 6-49 所示。

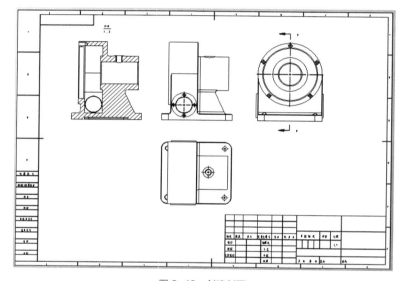

图 6-49　创建剖面

STEP03　创建局部视图。

（1）单击 ⑥ （局部视图）按钮，弹出【局部视图】属性管理器，在俯视图中绘制一个圆，如图 6-50 所示。

（2）移动鼠标至合适位置，单击鼠标左键放置，结果如图 6-51 所示。

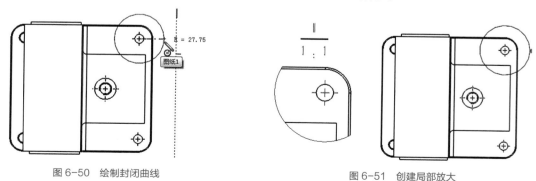

图 6-50　绘制封闭曲线

图 6-51　创建局部放大

STEP04 创建断开部视图。

（1）单击 📷（断开的剖视图）按钮，在左视图的右下角绘制封闭边界，如图 6-52 所示。

（2）完成后系统打开【断开的剖视图】属性管理器，输入【深度】值为"15mm"。单击 ☑ 按钮完成，结果如图 6-53 所示。

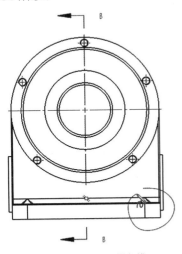

图 6-52　绘制样条线

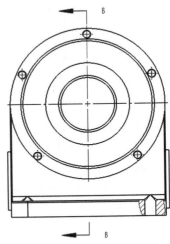

图 6-53　创建断开视图

STEP05 完成视图的创建，其余视图创建的方法将会在后面的案例中讲解和介绍，此处就不再过多介绍。选择合适路径保存文件。

6.1.4　编辑视图

❶　移动视图

移动视图前，先查看视图是否被锁定，通常系统默认的所有视图都是处于未锁定状态，将鼠标指针移动到视图上，在视图周围会显示视图界线，呈虚线显示，将鼠标指针移动到该视图界线上，鼠标指针显示为 📌，按住鼠标左键并拖动到合适位置，完成视图的移动，如图 6-54 所示。

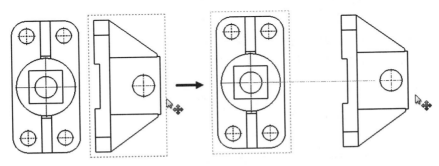

图 6-54　移动视图效果

❷　锁定视图

视图通过移动调整后，为了避免在后面的视图操作中误操作编辑到视图，这时就需要将视图锁定，保护起来。其具体操作方法是将鼠标移动到视图上，单击鼠标右键，在弹出的快捷菜单中选择  命令。再将鼠标移动到视图上的界线上时显示为 📌，表示视图已锁定，如图 6-55 所示。

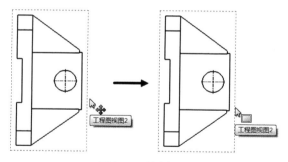

图 6-55　锁定视图

③　对齐视图

在机械工程图纸中，投影视图间的关系要遵循"长对正""高平齐""宽相等"3 个基本原则。其具体含义解释为主视图和俯视图长度尺寸要对正，主视图和左视图在水平面上要高度平齐，俯视图和左视图在宽度方向上要相等。将鼠标指针移动至视图上，单击鼠标右键，在弹出的快捷菜单中选择【视图对齐】/【解除对齐关系】命令解除视图对齐，然后再单击鼠标右键，选择 原点水平对齐 命令，再选取一个参照，即可将视图相对参照视图对齐，如图 6-56 所示。

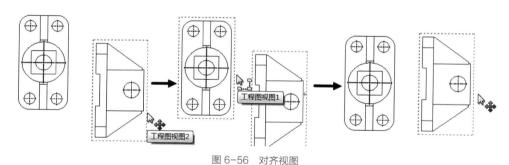

图 6-56　对齐视图

④　复制和粘贴视图

顾名思义，复制和粘贴视图操作就是将一个视图进行复制，然后粘贴到其他位置。在视图中选取视图，然后在选择菜单命令中的【编辑】/【复制】，完成复制。值得注意的是，在选取时如果选中的是某个零部件，在进行复制时，系统会弹出【SolidWorks】警告对话框，在该对话框中单击 是(Y) 按钮即可。选择合适的位置单击一点，再执行菜单【粘贴】命令，结果如图 6-57 所示。

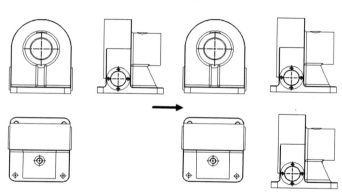

图 6-57　复制粘贴视图

❺ 旋转视图

有时在视图编辑中需要将某些视图旋转一定的角度，以表达特殊角度位置。这时可以先选中视图单击鼠标右键，在弹出的快捷菜单中选择【缩放 / 平移 / 旋转】/【旋转视图】命令，弹出如图 6-58 所示的【旋转工程视图】对话框，可以在角度文本框里直接输入要旋转的角度；也可以按住鼠标左键拖动视图旋转，其效果如图 6-59 所示。

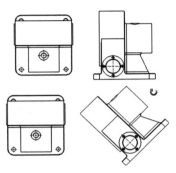

图 6-58　旋转工程视图　　　　　　　　　　　图 6-59　旋转结果

❻ 隐藏和显示视图

当有些视图或者视图上多余的线段是我们在表达最终工程图中不需要的，又不可以删除，那么就需要将其隐藏。隐藏和显示方法有两种。

第一种是在【设计树】中选中要隐藏的视图，单击鼠标右键，在弹出的快捷菜单中选择 隐藏(F) 命令，如图 6-60 所示。如果是要显示该视图的话，也是用同样的方法，选择 显示(E) 命令即可，效果如图 6-61 所示。

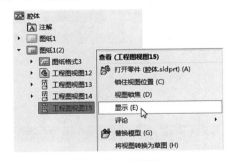

图 6-60　隐藏视图　　　　　　　　　　　　　图 6-61　显示视图

第二种方法是在图纸中选中要隐藏的视图或线段，单击鼠标右键选择 按钮，可对该视图或线段进行显示和隐藏，其效果如图 6-62 所示。

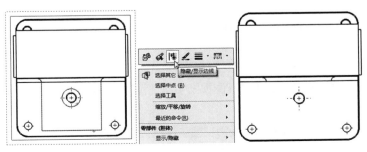

图 6-62　隐藏线段

❼ 删除视图和线段

当某些视图或者尺寸不需要时，可以先选中该视图或者线段，单击鼠标右键，在弹出的快捷菜单中选择 ✕ 删除(D) 命令，将其删除。或者是选中视图，执行菜单命令中的【编辑】/【删除】。两种方法都可以直接删除。

6.1.5　基础训练——编辑台座零件工程视图

本实例将编辑如图 6-63 所示的台座零件工程图，主要练习使用上述视图编辑中的方法。

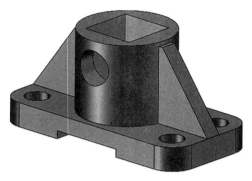

图 6-63　台座模型

【操作步骤】

STEP01 建立工程图。

（1）打开"第 6 章 / 素材 / 台座"文件，如图 6-63 所示，执行菜单命令中的【文件】/【从零件制作工程图】，打开如图 6-64 所示的【新建 SOLIDWORKS 文件】对话框。

（2）选择 A3 图纸选项，单击 确定 按钮，进入工程视图绘图环境。在右边的【视图调色板】中将"后视"视图拖入到图纸中，如图 6-65 所示。

台座零件工程视图编辑

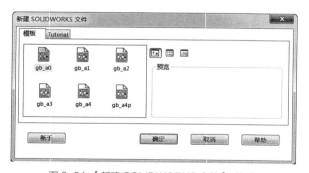

图 6-64　【新建 SOLIDWORKS 文件】对话框

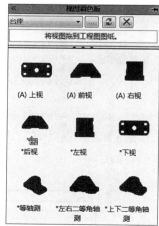

图 6-65　【视图调色板】对话框

（3）单击刚创建的视图，在左边的【工程图视图】属性管理器中设置比例为 1 ：2，再单击 ✓ 按钮完成创建。结果如图 6-66 所示。

（4）单击【视图布局】功能区中的 🖼（投影视图）按钮，选择主视图，出现视图跟随鼠标移动，选择合适位置放置，单击【投影视图】属性管理器中的 ✓ 按钮，完成左视图的创建，如图 6-67 所示。

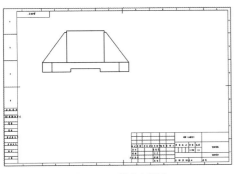

图 6-66 创建主视图

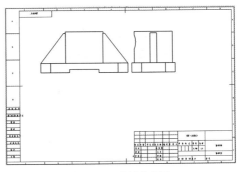

图 6-67 创建左视图

STEP02 移动视图。将鼠标指针放到左视图上，待其出现 形状时，按下鼠标左键，向右拖动视图选择合适位置放置，结果如图 6-68 所示。

STEP03 锁定视图。将鼠标指针移动到主视图上，单击鼠标右键，在弹出的快菜单中单击【锁住视图位置】命令，将主视图位置锁定。

STEP04 复制粘贴视图。在图纸中选中左视图，执行菜单命令中的【编辑】/【复制】，在其下方单击一点。再执行菜单命令中的【编辑】/【粘贴】，将左视图复制出一个在其下方，结果如图 6-69 所示。

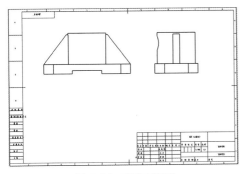

图 6-68 移动左视图

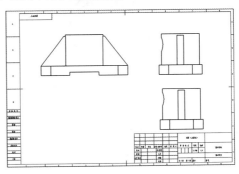

图 6-69 复制左视图

STEP05 对齐视图。选中刚复制的左视图，单击鼠标右键，在弹出的快捷菜单命令中选择【视图对齐】/【原点竖直对齐】。单击主视图，此时刚选中的左视图就会相对主视图对齐，如图 6-70 所示。

STEP06 旋转视图。选中主视图，单击鼠标右键。在弹出的快捷菜单中选择【旋转视图】命令，打开【旋转工程视图】对话框。在对话框的角度中输入"90"，单击 应用 按钮。系统打开【SolidWorks】警示框，单击 是(Y) 按钮，得到如图 6-71 所示的视图。

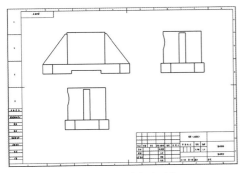

图 6-70 原点竖直对齐

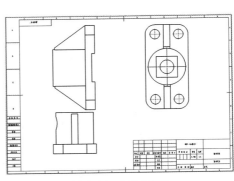

图 6-71 旋转主视图

STEP07 隐藏视图。在【设计树】中选中【工程图视图 1】项目，单击鼠标右键，在弹出的快捷菜单中选中【隐藏】命令，将主视图隐藏，结果如图 6-72 所示。

STEP08 删除视图。选中俯视图，执行菜单命令中的【编辑】/【删除】。将俯视图删除，并移动左视图至图纸中央，结果如图 6-73 所示。

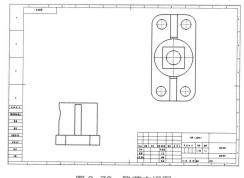

图 6-72 隐藏主视图

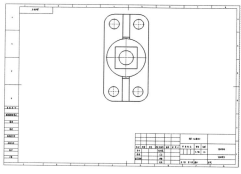

图 6-73 删除俯视图

读者还可以自行练习为工程图添加技术要求等，这里就不再赘述了。

6.1.6 创建尺寸标注和注解

如果说视图是工程图的骨架，那么尺寸及注解就是工程图的灵魂，尺寸及注解的好坏及准确性直接决定着生产的可行性和准确性，下面来介绍 SolidWorks 在标注尺寸及注解方面的各种功能。

❶ 系统设置

尺寸是直接决定零件生产加工的信息，一定要完整而且直观地表达出来。SolidWorks 工程图中的尺寸是受模型中的尺寸驱动的，当模型中的尺寸有所变化时，工程图中的尺寸也会随之变化。

❷ 模型尺寸与参考尺寸

在尺寸标注之前，先介绍一下模型尺寸和参考尺寸的概念。

（1）模型尺寸

模型尺寸是指用户在建立三维模型时产生的尺寸，这些尺寸都可以导入到工程图当中。一旦模型有变动，工程图当中的模型尺寸也会相应地变动，而在工程图中修改模型尺寸时也会在模型中体现出来，也就是"尺寸驱动"的意思。

（2）参考尺寸

参考尺寸是用户在建立工程图之后插入到工程图文档中的，并非从模型中导入的，是"从动尺寸"，因而其数值是不能随意更改的。但值得注意的是，当模型尺寸改变时，可能会引起参考尺寸的改变。

❸ 尺寸的标注

下面介绍尺寸工具栏，如图 6-74 所示。

图 6-74 尺寸工具栏

用户可以通过鼠标右键单击工具栏的空白处，在弹出的快捷菜单中选择【尺寸／几何关系】命令来调出尺寸工具栏。

◎ ☑（智能尺寸）：可以捕捉到各种可能的尺寸形式，包括水平尺寸和竖直尺寸，如长度、直径、角度等。

◎ ☐（水平尺寸）：只捕捉需要标注的实体或者草图水平方向的尺寸。

◎ ☐（竖直尺寸）：只捕捉需要标注的实体或者草图竖直方向的尺寸。

以上尺寸示例如图 6-75 所示。

◎ ☐（基准尺寸）：在工程图中所选的参考实体间标注参考尺寸。

◎ ☑（尺寸链）：在所选实体上以同一基准生成同一方向（水平、竖直或者斜向）的一序列尺寸。

◎ ☐（水平尺寸链）：只捕捉水平方向的尺寸链。

◎ ☐（竖直尺寸链）：只捕捉竖直方向的尺寸链。

以上尺寸示例如图 6-76 所示。

◎ ☑（路径长度尺寸）：创建路径长度的尺寸。

◎ ☑（倒角尺寸）：在工程图中对实体的倒角尺寸进行标注，有 4 种形式，可以在尺寸属性对话框中设置，如图 6-77 所示。

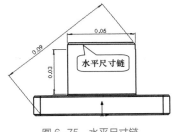

图 6-75　水平尺寸链

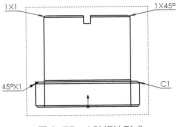

图 6-76　竖直尺寸链

图 6-77　4 种标注形式

◎ ☑（完全定义草图）：对所选草图进行完全定义的尺寸标注。

◎ ☑（添加几何关系）：控制带约束实体的大小、位置等。

◎ ☑（自动标注尺寸）：在草图和模型边线之间生成适合草图定义的尺寸，在工程图中则为指定的视图或者指定的实体生成参考尺寸。

◎ ☑（显示／删除几何关系）：管理已添加的几何关系。

◎ ＝（搜索相等关系）：扫描草图的相等长度或半径元素，在相同长度或半径的草图元素之间设定相等关系。

◎ ☑（孤立更改的尺寸）：孤立自从上次工程图保存后已更改的尺寸。

要点提示　　上述命令中，【基准尺寸】、【倒角尺寸】和【自动标注尺寸】只能在工程图中应用，而其他的命令则可以在草图和工程图中应用。当在模型草图中应用尺寸命令时，生成的尺寸可作为模型尺寸（黑色），而在工程图中应用时，生成的尺寸则只作为参考尺寸（灰色）。

❹ 尺寸属性

在草图或者工程图中标注的尺寸，往往不能完全满足用户的要求，比如箭头、形式等，可以通过改变尺寸属性的方法使之符合要求，方法如下。

STEP01　单击需要修改的尺寸，如图 6-78 所示，打开【尺寸】属性管理器，按如图 6-79 所示作相应的设置。

STEP02 进入【引线】选项卡，按如图 6-80 所示设置相关参数。

STEP03 单击 ✓ 按钮，结果如图 6-81 所示。

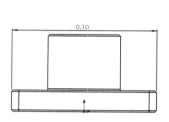

图 6-78　选取尺寸

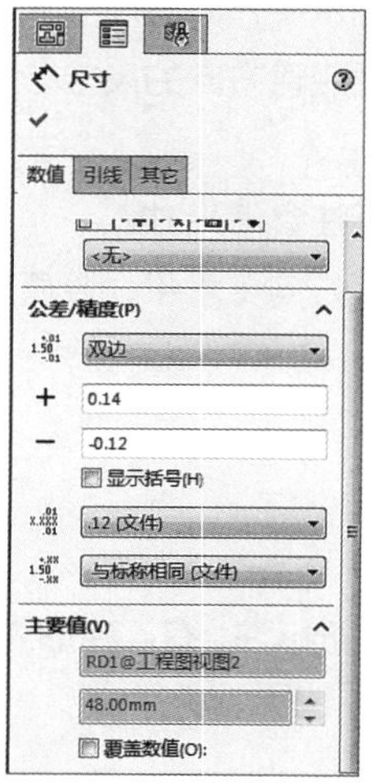

图 6-79　【尺寸】

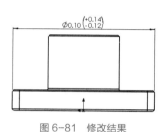

图 6-80　引线

图 6-81　修改结果

> **要点提示**　如果对尺寸还有更多的要求，可进入【其他】选项卡中设置"文本字体""显示""尺寸界限 / 引线显示"及"公差"等，这里不作详细介绍。

❺ 模型项目

下面介绍如何将模型中的各种模型尺寸、基准符号、参考及公差等注解导入到工程图中。

STEP01 打开资源包中的"第 6 章 / 素材 / 支撑座 – 三视图"。

STEP02 选择菜单命令中的【插入】/【模型项目】，打开【模型项目】属性管理器，如图 6-82 所示。

STEP03 在已经打开的素材文件"支撑座 – 三视图"中，单击想要标注尺寸的位置，则在视图上自动生成尺寸标注，如图 6-83 所示，可多次单击。

图 6-82　【模型项目】属性管理器

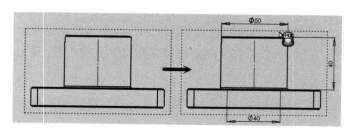

图 6-83　生成尺寸过程

STEP04 生成完所有尺寸后，调整一下尺寸位置，删除多余重复的尺寸，设置完毕后单击 ☑ 按钮。

STEP05 系统自动将模型中的所有尺寸插入到工程图中，用户需要调整自动添加的尺寸位置，结果如图 6-84 所示。

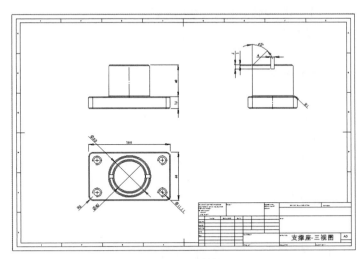

图 6-84　设计结果

【模型项目】属性管理器中各选项的含义介绍如下。

（1）【来源/目标】

◎【整个模型】：将整个模型所有的尺寸及注解项目添加到工程图中。

◎【所选特征】：将所选特征的尺寸及注解项目添加到工程图中，此时用户可以直接在想添加的视图中选中该特征，系统就会自动添加相应的项目。

◎【所选零部件（装配）】：将所选零部件的尺寸及注解项目添加到工程图中。

◎【装配体（装配）】：将装配体中的尺寸及注解项目添加到工程图中。

◎【将项目输入到所有视图】：如果选中此选项，则工程图会自动将需要添加的尺寸和注解根据视图的位置及方向智能地添加到工程图中；如果不选此选项，则可由用户指定需要添加尺寸或者注解的视图，有选择地添加。

（2）【尺寸】

◎ 为工程图标注：在制作模型草图时，用户可以指定在插入模型到工程图时，哪些尺寸为加入工程图的尺寸。

◎ 不为工程图标注：在建模时指定为不加入工程图的尺寸。

◎ 实例/圈数计数：标注阵列特征的相关尺寸，即数量及单体的尺寸，这种尺寸没有尺寸引线。

◎ 异型孔向导轮廓：标注零部件中用异型孔命令生成的特征的尺寸，这种尺寸是"异型孔向导"特征的第 2 个草图尺寸。

◎ 异型孔向导位置：这种尺寸是"异型孔向导"特征的第 1 个草图尺寸。

◎ 孔标注：自动标注零部件中用异型孔命令生成的特征的尺寸。

（3）【注解】

【注解】栏包含添加注释、表面粗糙度、形位公差、基准点、基准目标、焊接等注解内容。

（4）【参考几何体】

【参考几何体】栏包含添加基准面、轴、原点、质心、点、曲面、曲线、步路点等参考几何体的内容。

（5）【选项】

◎【包含隐藏特征的项目】：添加隐藏特征的尺寸和注解等项目。

◎【在草图中使用尺寸放置】: 将模型尺寸插入到工程图中相同的位置。

（6）【图层】

将模型尺寸添加到指定的工程图图层。

❻ 尺寸的修改

当通过系统自动插入模型项目之后，不免会带来尺寸过多过乱的情况，这时用户还需要对添加的尺寸进行必要地修改，修改方法主要有以下几种。

（1）改变尺寸位置：直接单击需要移动的尺寸并拖动到新的位置即可，如图 6-85 所示。

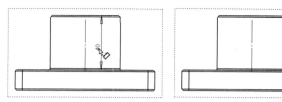

图 6-85　改变尺寸位置

（2）变换视图：要将尺寸从一个视图移动到其他视图时，用户可以在拖动尺寸到另一个视图的同时按住 Shift 键，如图 6-86 所示。

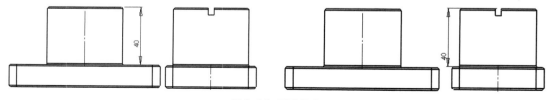

图 6-86　移动尺寸

（3）复制尺寸：要将尺寸从一个视图复制到其他视图时，用户可以在拖动尺寸到另一个视图的同时按住 Ctrl 键。另外，要一次对多个尺寸进行操作时，可先按住 Ctrl 键进行选择，也可直接用鼠标左键拖出矩形框来选择一区域内的尺寸，如图 6-87 所示。

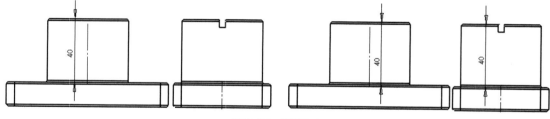

图 6-87　复制尺寸

（4）修改尺寸值：一般不通过工程图来修改尺寸值，但如果有必要的话，用户可以通过单击要修改的尺寸，在【尺寸】属性管理器中修改。

如果用户修改的是通过方程或者链接来定义的尺寸，那么双击尺寸将出现相应的修改对话框；而对于有多个配置的模型，用户可以将修改的尺寸应用于"此配置""所有配置"和"指定配置"。

（5）隐藏尺寸：用鼠标右键单击需要隐藏的尺寸，在弹出的快捷菜单中选择【隐藏】命令。

（6）删除尺寸：用鼠标左键单击需要删除的尺寸，按 Delete 键。

（7）尺寸显示：选择菜单命令中的【视图】/【隐藏 / 显示注解】，此时被隐藏的尺寸呈灰色，鼠标光标显示 ⬛ 图形，选择要显示的尺寸，再按 Esc 键即可将其显示。

（8）尺寸对齐：用鼠标右键在工具栏的空白处单击，在弹出的快捷菜单中选择【对齐】命令，出现对齐工具栏，可用此工具栏对尺寸进行设置。

❼ 零件序号和材料明细表

在接触到的工程图中，除了单个零件以外，大部分是装配体工程图，而对于装配体来说，用户最直观、最基本的就是要了解各个零件的信息，而这些信息一般都是通过表格来表达的。SolidWorks 中的表格设计工具提供了多种表格表达方式，表格工具栏如图 6-88 所示。

图 6-88　表格设计工具

做装配体工程图时，最主要的任务是将零件编上序号，然后按照序号列出材料明细表。下面就以"虎钳"为例，介绍制作序号和材料明细表的具体方法。

（1）建立断开的剖视装配工程图

STEP01 打开资源包中的"第 6 章 / 素材 / 交替位置视图 / 虎钳 1- 左视图"，选中左视图，单击 ⬛（断开的剖视图）按钮，在左视图上绘制如图 6-89 所示的剖面区域，目的是为了让"螺母滑块"和"垫圈 2"能在左视图中显示出来。

STEP02 弹出如图 6-90 所示的【剖面视图】对话框，单击 确定(O) 按钮。

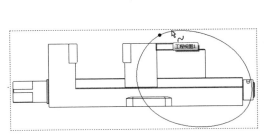

图 6-89　绘制封闭区域

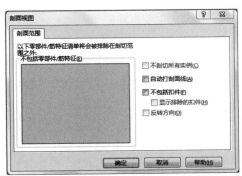

图 6-90　剖面视图对话框

STEP03 打开【断开的剖视图】属性管理器，选中如图 6-91 所示的档圈的投影边线，然后单击 ☑ 按钮，完成基本剖视图的建立。

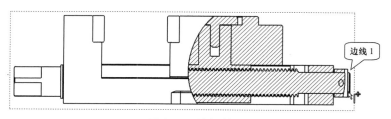

图 6-91　选中对象

　　用户还可以对剖视图进行修改，使部分零件不进行剖切，以便于观察和显示零件序号。用鼠标右键单击左侧设计树中的"断开的剖视图"，在弹出的快捷菜单中选择【属性】命令，如图 6-92 所示，弹出【工程视图属性】对话框，进入【剖面范围】选项卡，依次选中"螺杆"、"销钉"和"垫圈"，如图 6-93 所示，然后单击 确定 按钮，结果如图 6-94 所示。

图 6-92　快捷菜单操作

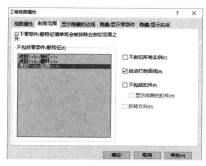

图 6-93　【工程视图属性】对话框

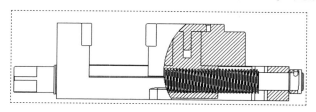

图 6-94　断开的剖视图

（2）生成零件序号

　　生成零件序号的主要步骤如下。

STEP01　选中上一步生成的断开的剖面左视图，在注解工具栏调出的情况下，单击 自动零件序号 按钮，将自动产生零件序号，并在【自动零件序号】属性管理器中设置相关的选项，如图 6-95 所示。

STEP02　单击 ✓ 按钮退出，然后利用对齐工具调整球标的位置，结果如图 6-96 所示。

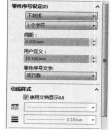

图 6-95　设置参数

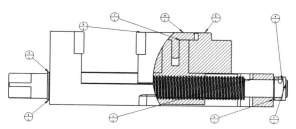

图 6-96　生成零件序号

（3）制作材料明细表

材料明细表是装配图中不可或缺的部分，它可以直观地将装配体中各个零件的基本信息反映出来。下面介绍其相关操作方法。

STEP01 零件序号生成之后选中左视图，单击表格工具栏中的 🔲（材料明细表）按钮，打开【材料明细表】属性管理器，按如图 6-97 所示进行设置，然后单击 ✓ 按钮。

图 6-97 参数设置

STEP02 将鼠标光标移到图纸上，即预显示生成的材料明细表，将明细表对齐右下角图纸的侧边线和标题栏的上边线放置，结果如图 6-98 所示。

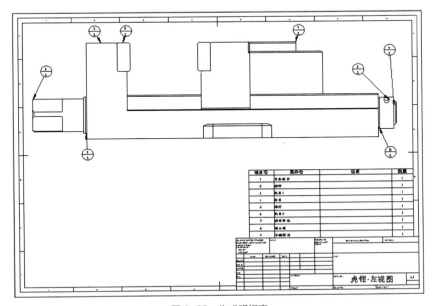

图 6-98 生成明细表

另外，也可以先生成材料明细表，然后按照材料明细表来生成零件序号，读者可以自行尝试这种方法。下面来介绍【材料明细表】属性管理器中的一些选项。

（1）【表格模板】：应用用户自定义的材料明细表格式。

（2）【表格位置】：用户自己拖动到想要放置的位置。

◎【恒定边角】：预显示时，鼠标在表格上的位置，这一设置主要是便于捕捉和放置表格。

◎【附加到定位点】：如果图纸预先定义了定位点的话，可选择此选项。

（3）【材料明细表类型】包含以下选项。

◎【仅限顶层】：只显示最顶层的零件及装配，不显示第二层及以下各层的零件及装配，如图 6-99 所示。

项目号	零件号	说明	数量
1	固定钳身		1
2	螺杆		1
3	垫圈1		1
4	挡圈		1
5	销钉		1
6	垫圈2		1
7	螺母滑块		1
8	钳口板		1
9	子装配体		1

图 6-99　仅限顶层

◎【仅限零件】：只显示各个零件的信息，不显示装配体的信息，如图 6-100 所示。

项目号	零件号	说明	数量
1	固定钳身		1
2	螺杆		1
3	垫圈1		1
4	挡圈		1
5	销钉		1
6	垫圈2		1
7	螺母滑块		1
8	钳口板		2
9	活动钳身		1
10	螺钉		1

图 6-100　仅限零件

◎【缩进】：将零件及装配体按照装配的层级来显示，本例即为此类。

（4）【配置】：当一个装配体含有多个装配配置时，可以选择不同的配置来制作材料明细表。

（5）【零件配置分组】：包含【显示为一个项目号】、【将同一零件的配置显示为单独项目】、【将同一零件的所有配置显示为一个项目】、【将具有相同名称的配置显示为单一项目】4 个选项，主要针对具有不同配置的装配体进行不同的显示处理。

（6）【保留遗失项目】：如果在生成材料明细表后零部件已从装配体中删除，此时可将零部件保留列举在表格中。如果遗失的零部件仍被列举，则项目的文字将以内画线形式出现。

（7）【项目号】包含以下选项。

◎【起始于】：为项目号顺序的开头键入一数值，顺序以单一数字增加。

◎【增量】：设置 BOM 中项目号的增量值。

◎【不更改项目号】：当对材料明细表进行手动重新排序时，不更改零件的序号。

6.1.7 基础训练——创建阶梯轴工程视图

本例将介绍如图 6-101 所示的轴类零件工程图的创建方法，主要使用生成一般视图、剖面视图及尺寸标注等命令。

【操作步骤】

(STEP01) 建立工程图。

（1）打开资源包中的"第 6 章 / 素材 / 阶梯轴 / 阶梯轴 .PRT"。

（2）选择菜单命令中的【文件】/【从零件制作工程图】，在打开的【图纸格式 / 大小】对话框中选取图纸格式为【A3】，然后单击 确定 按钮。

图 6-101　阶梯轴模型

（3）在如图 6-102 所示的【视图调色板】属性管理器中，将所需的视图拖动到工程图图纸中。

（4）在【工程图视图】属性管理器中设定视图比例为【使用自定义比例】，选择比例值为【1：2】，如图 6-103 所示。

图 6-102　【视图调色板】属性管理器

图 6-103　【工程图视图】属性管理器

（5）为了清晰地表达零件的结构和尺寸，在大小不等的键槽段上分别作两个剖面视图。单击【视图布局】功能区中的 按钮，鼠标光标变为 状态，在键槽的适当位置放置剖面线，如图 6-104 所示。

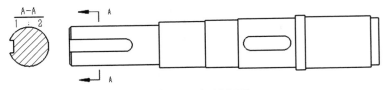

图 6-104　生成剖面图

（6）在生成的剖面视图上单击鼠标右键，在弹出的快捷菜单中选取【视图对齐】/【解除对齐关系】命令，解除剖面图与源视图的对齐关系，如图 6-105 所示，然后拖动剖面视图到适当位置。

图 6-105　解除对齐关系

（7）用与步骤（6）相同的方法作另一个键槽的剖面图，最后得到如图 6-106 所示的结果。

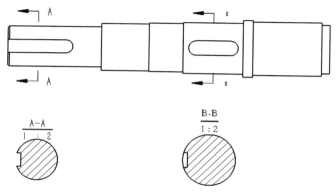

图 6-106　生成轴剖面图

STEP02 标注尺寸。

（1）单击【注解】功能区中的 （智能尺寸）按钮，选中"A-A"后确定自动标注尺寸，再次单击 按钮，选中"B-B"后确定自动标注尺寸，结果如图 6-107 所示。

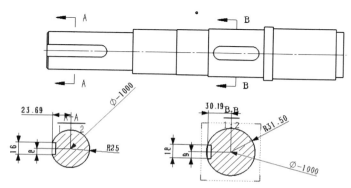

图 6-107　自动标注尺寸

（2）整理尺寸标注，单击要移动的尺寸不放，然后移动整理，得到如图 6-108 所示的结果。

（3）添加未标注的尺寸，单击 按钮，选择未标注的边线，按照规定的基准进行标注，这里在横向以键槽对应的最大圆柱端面为基准，纵向以轴线为基准。修改后的视图如图 6-109 所示。

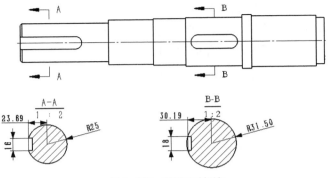

图 6-108　整理尺寸标注

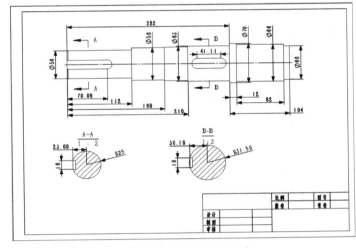

图 6-109　添加未标注的尺寸

（4）在图纸的空白处单击鼠标右键，从弹出的快捷菜单中选择【更多尺寸】/【倒角尺寸】命令，分别单击倒角的两条边线，然后移动倒角尺寸到合适的位置后单击鼠标左键，结果如图 6-110 所示。

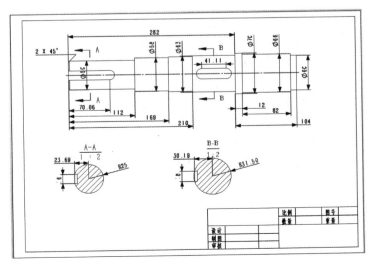

图 6-110　标注倒角尺寸

STEP03 标注形位公差、粗糙度和添加文字。

（1）标注形位公差，单击【注解】功能区中的 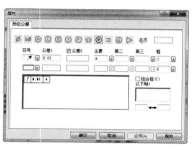 形位公差 按钮，在【属性】对话框中按照要求定义形位公差的属性，如图 6-111 所示，然后选择相应的面进行标注，如图 6-112 所示。

图 6-111　定义形位公差属性

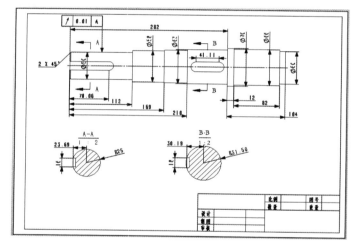

图 6-112　标注形位公差

（2）采用同样的方法标注其他形位公差，结果如图 6-113 所示。

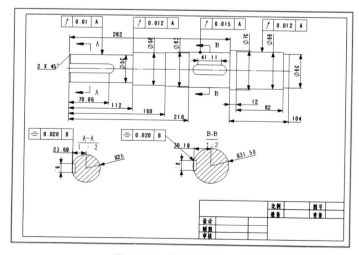

图 6-113　标注其他形位公差

（3）标注表面粗糙度。单击【注解】功能区中的 ✔ 按钮，在打开的【表面粗糙度】属性管理器中定义表面粗糙度的类型、参数与格式等属性，如图 6-114 所示，然后选取相应的边线作为参照，添加表面粗糙度，结果如图 6-115 所示。

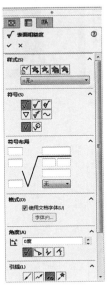

图 6-114　【表面粗糙度】属性管理器

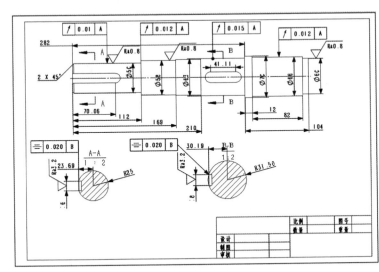

图 6-115　标注表面粗糙度

STEP04 添加零件的技术要求说明。

单击【注解】功能区中的 A 按钮或选择菜单命令中的【插入】/【注解】/【注释】，打开【注释】属性管理器，设置合适的字体大小和字型就可以编写注释了，结果如图 6-116 所示。

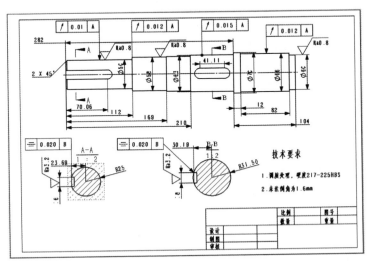

图 6-116　添加技术要求

6.2　典型实例

经过前面基础知识的学习，以及每个知识点对应案例的训练，相信大家已经对 SolidWorks 2017 中工程图的创建有了一个全面的认识。以下就通过 3 个综合性的案例，来讲解实际工程视图在建立过程中会经过哪些步骤，以及遇到哪些问题，进一步加深对工程视图的理解。

6.2.1　实例 1——创建支架零件工程图

本例将介绍如图 6-117 所示的支架零件工程图的创建方法，主要使用生成一般视图、剖面视图及尺寸标注等命令。

【操作步骤】

(STEP01)　建立工程图。

（1）打开资源包中的"第 6 章 / 素材 / 阶梯轴 /A3 模板"，如图 6-118 所示。

支架零件工程图

图 6-117　支架零件模型

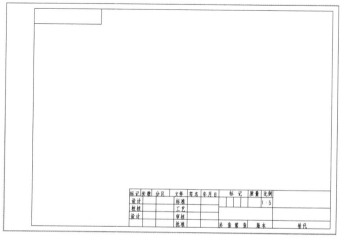

图 6-118　A3 图纸模板

（2）选择菜单命令中的【插入】/【工程图视图】/【模型】，打开如图 6-119 所示的【模型视图】对话框。

（3）单击 浏览(B)... 按钮，找到"第 6 章 / 素材 / 支架"模型并将其打开，系统打开如图 6-120 所示的【模型视图】对话框。

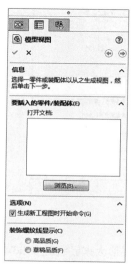

图 6-119　【模型视图】属性管理器

图 6-120　【模型视图】属性管理器

（4）在【模型视图】属性管理器中将比例改为 1 ∶ 2，再将模型拖动到工程图图纸中，选择合适的位置放置，单击 ☑ 按钮完成。

（5）在【工程图视图】属性管理器中设定视图比例为【使用自定义比例】，选择比例值为【1 ∶ 2】，如图 6-121 所示。

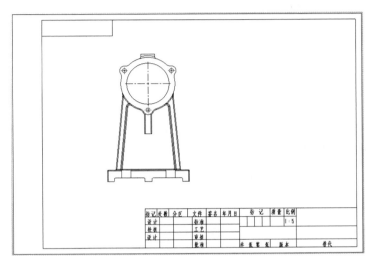

图 6-121　生成主视图

(STEP02) 创建剖切视图。

（1）为了清晰地表达零件的结构和尺寸，在俯视图和左视图上分别作两个剖面视图。

（2）单击【注释】功能区中的 中心线 按钮，选中如图 6-122 所示的两条边线，生成中心线。

（3）首先绘制两条剖切位置参考线。单击【草图】功能区中的 ✏ 按钮，在主视图中绘制如图 6-123 所示的两条剖切参考线。

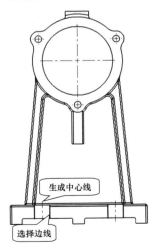

图 6-122　生成中心线

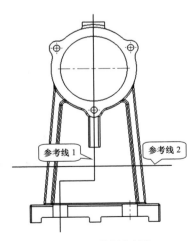

图 6-123　绘制参考线

（4）选中参考线 1，单击【视图布局】功能区中的 ▦ 按钮，弹出一个如图 6-124 所示的警示对话框，单击【创建一个旧制尺寸线打折剖面视图】选项，拖动鼠标至适当位置放置剖面线，单击 ☑ 完成创建，结果如图 6-125 所示。

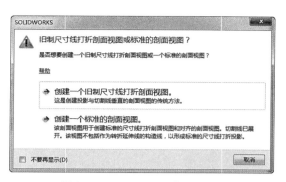

图 6-124　SolidWorks 警示对话框

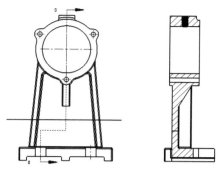

图 6-125　阶梯剖视

 要点提示　　如果创建的视图方向相反，如图 6-126 所示，则需在【剖面视图】属性管理器中单击 反转方向(D) 按钮，调整方向。

（5）用与步骤（4）相同的方法选中参考线 2，创建一个俯视图的剖面图，最后得到如图 6-127 所示的结果，最终结果如图 6-128 所示。

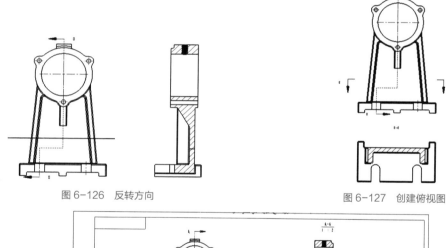

图 6-126　反转方向　　　　　　　　　　　　图 6-127　创建俯视图

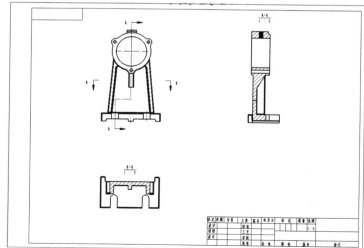

图 6-128　整理视图位置

STEP03 标注尺寸。

（1）单击【注解】功能区中的 ⟨ 选择 水平尺寸 按钮，先标注出主视图的水平尺寸，结果如图6-129所示。

（2）再次单击 ⟨ 按钮出标注主视图的其他所有尺寸，包括直径、高度和定位，结果如图6-130所示。

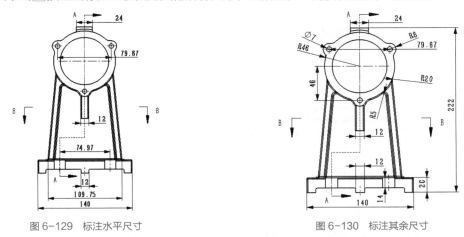

图6-129　标注水平尺寸　　　　　　　　　图6-130　标注其余尺寸

（3）使用同样的方法，依次标注另外两个视图的尺寸，并按照美观合理的原则整理尺寸标注，得到如图6-131所示的结果。

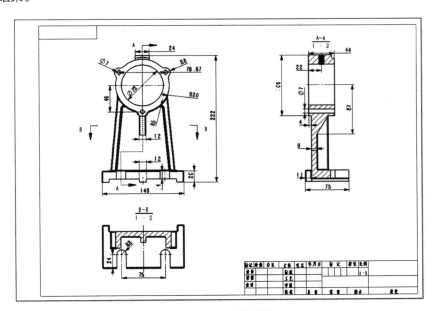

图6-131　尺寸标注结果

STEP04 标注基准要素。

（1）在【注释】功能区中单击 A 基准特征 按钮，打开【基准特征】属性管理器。

（2）在管理器【标号设定】栏中输入大写字母"C"，然后主视图中高度尺寸"222"下面单击鼠标左键放置基准要素"C"，结果如图6-132所示。

（3）用同样的方法，在左视图中 $\phi72$ 的中心线处单击鼠标左键，放置基准要素"D"，结果如图6-133所示。

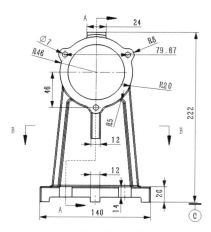

图 6-132　标注基准要素 C

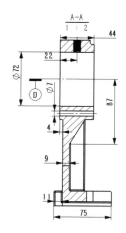

图 6-133　标注基准要素 D

STEP05 标注形位公差。

（1）标注形位公差，单击【注解】功能区中的 形位公差 按钮，在【属性】对话框中按照要求定义形位公差的属性，如图 6-134 所示，选择相应的面进行标注，结果如图 6-135 所示。

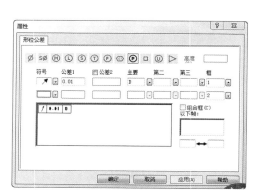

图 6-134　属性对话框

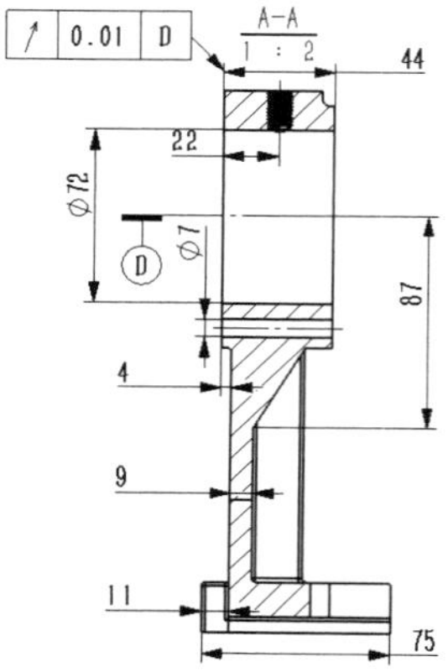

图 6-135　标注形位公差

（2）采用同样的方法标注其他形位公差，结果如图 6-136 所示。

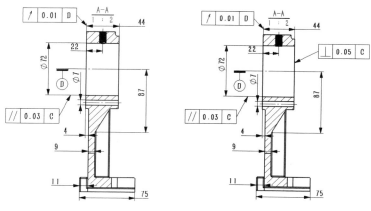

图 6-136　标注形位公差

STEP06 标注表面粗糙度。

（1）单击【注解】功能区中的 ✓ 表面粗糙度符号 按钮，打开如图 6-137 所示的【表面粗糙度】属性管理器，单击 ✓ 按钮定义符号类型，并在【符号布局】中输入"Ra12.5""Ra3.2"等粗糙度值。

（2）在工程图中选取相应的边线作为参照，添加表面粗糙度，结果如图 6-138 所示。

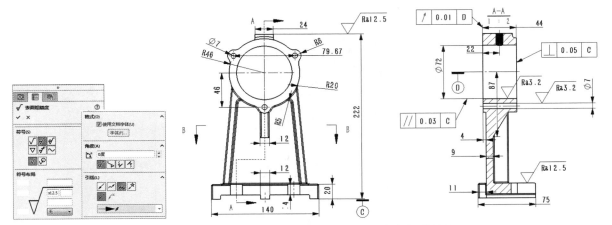

图 6-137　粗糙度参数设置

图 6-138　标注表面粗糙度

STEP07 添加技术要求。

（1）单击【注解】功能区中的 **A** 按钮或选择菜单命令中的【插入】/【注解】/【注释】，打开【注释】属性管理器。

（2）设置【技术要求】字体为长仿宋体，大小为"26"；其余内容字体不变，大小为"20"。

（3）完成注释后的工程图如图 6-139 所示。

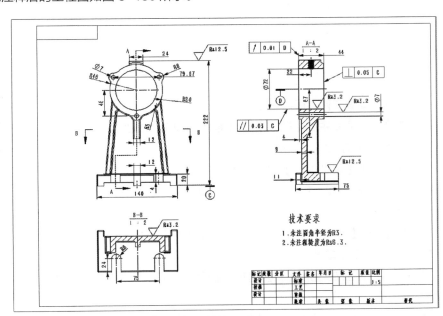

图 6-139　添加技术要求

STEP08 完成支架工程图的创建，选择适当路径保存文件。

6.2.2 实例2——创建踏脚支架工程图

本例将介绍踏脚支架工程图的创建方法，如图6-140所示，主要使用一般视图、剖面视图及尺寸标注等命令。

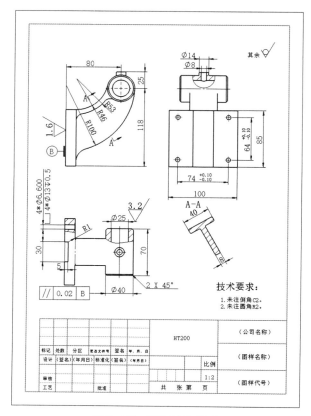

图6-140 踏脚支架工程图

【操作步骤】

STEP01 打开工程图文件。

（1）打开第6章工程图模板文件"模板1"。

（2）选择命令。选择菜单命令中的【插入】/【工程图视图】/【模型】，系统弹出如图6-141所示的【模型视图】对话框。

（3）插入模型文件。单击【模型视图】对话框中的 [浏览(B)...] 按钮，系统弹出【打开】对话框；在该对话框中选择"第6章/素材/踏脚支架"，单击 [打开 ▾] 按钮。

STEP02 创建基本视图。

（1）定义视图的参数。在【方向】区域中单击 回 按钮，选中【预览】复选框，预览要生成的视图；在【比例】区域中选择【使用图纸比例】单选项。

（2）放置主视图。将鼠标放在图形区，会出现主视图的预览，选择合适的放置位置单击，以生成主视图。

（3）在主视图的正下方单击，以生成俯视图，在主视图的右侧单击，以生成左视图，如图6-142所示。

创建轴类零件的工程图

图 6-141 【模型视图】管理器

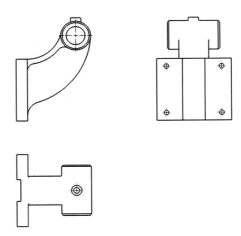

图 6-142 创建基本视图

（4）单击【投影视图】对话框中的 ☑ 按钮，完成操作。

 要点提示 生成的视图在模型的圆角处会出现"切边"，应隐藏切边。在视图区域单击鼠标右键，在弹出的快捷菜单中选择【切边】/【切边不可见】命令，即可隐藏切边。

STEP03 创建局部剖视图。

（1）定义剖切范围。在左视图中绘制如图 6-143 所示的圆作为剖切范围并将其选中。

（2）选择命令。选择下拉菜单命令中的【插入】/【工程图视图】/【断开的剖视图】，系统弹出【断开剖视图】对话框。

（3）选择深度参考。选取如图 6-144 所示的圆作为深度参考。选中【断开的剖视图】对话框中的【预览】复选框，预览生成的视图。

（4）单击【断开的剖视图】对话框中的 ☑ 按钮，完成操作，结果如图 6-145 所示。

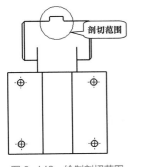

图 6-143 绘制剖切范围

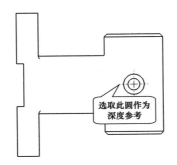

图 6-144 定义深度参考

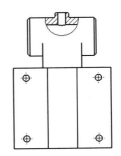

图 6-145 创建局部剖视图

（5）选择命令。选择菜单命令中的【插入】/【工程图视图】/【断开的剖视图】，系统弹出【断开剖视图】对话框。

（6）定义剖切范围。在俯视图中绘制如图 6-146 所示的样条曲线作为剖切范围并将其选中。选择深度参考。选取如图 6-147 所示的圆作为深度参考。

（7）选中【断开的剖视图】对话框中的【预览】复选框，预览生成的视图。单击【断开的剖视图】对话框中的 ☑ 按钮，完成操作，结果如图 6-148 所示。

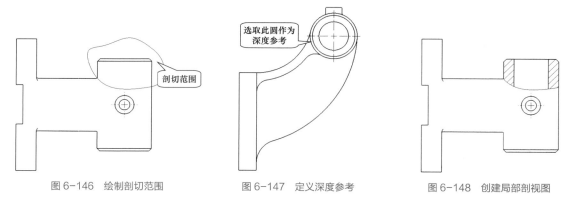

图 6-146　绘制剖切范围　　　　图 6-147　定义深度参考　　　　图 6-148　创建局部剖视图

（8）选择命令。选择菜单命令中的【插入】/【工程图视图】/【断开的剖视图】，系统弹出【断开剖视图】对话框。

（9）定义剖切范围。绘制如图 6-149 所示的样条曲线作为剖切范围并将其选中。选择深度参考。选取如图 6-150 所示的圆作为深度参考。

（10）选中【断开的剖视图】对话框中的【预览】复选框，预览生成的视图。单击【断开的剖视图】对话框中的 ☑ 按钮，完成操作，结果如图 6-151 所示。

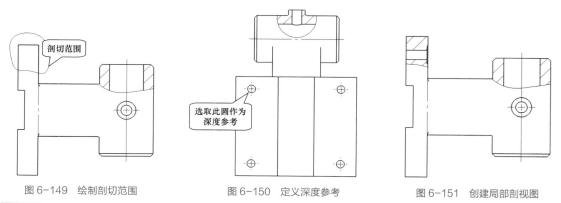

图 6-149　绘制剖切范围　　　　图 6-150　定义深度参考　　　　图 6-151　创建局部剖视图

(STEP04) 创建移除断面图。

（1）绘制剖切线。选择下拉菜单命令中的【工具】/【草图绘制实体】/【直线】，绘制如图 6-152 所示的直线作为剖面线。

（2）选择下拉菜单命令中的【插入】/【工程图视图】/【剖面视图】，系统弹出如图 6-153 所示的【剖面视图辅助】属性管理器。选取如图 6-152 所示的直线，单击 ☑ 按钮，在管理器的 🔠 文本框中输入视图标号 "A"，并选中【只显示切面】复选项。

（3）放置视图，选择合适的位置单击鼠标左键，生成剖视图，如图 6-154 所示，如果生成的剖视图与结果不一致，可以单击 反转方向(L) 按钮来调整。

（4）单击【剖面视图 A-A】对话框中的 ☑ 按钮，完成操作。

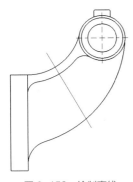

图 6-152　绘制直线

图 6-153　设置剖切线

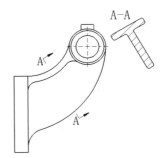

图 6-154　创建移除断面视图

STEP05　调整视图的位置并添加尺寸标注。

（1）在如图 6-154 所示的视图区域选择视图 A-A 单击鼠标右键，在弹出的快捷菜单命令中选择【视图对齐】/【解除对齐关系】。

（2）然后将鼠标停放在视图 A-A 的虚线框上，此时光标会变成 ，按住鼠标左键并移动至合适的位置后放开，并添加标注，如图 6-155 所示。

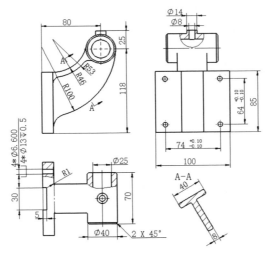

图 6-155　标注尺寸

STEP06　添加基准特征符号和形位公差。

（1）选择菜单命令中的【插入】/【注解】/【基准特征符号】，系统弹出【基准特征】对话框。

（2）在【标号设定】区域的 A 文本框中输入"B"，取消选中【使用文件样式】复选框，单击 和 按钮。

（3）放置基准特征符号。选取如图 6-156 所示的边线放置基准特征符号，单击 按钮，完成操作。

（4）选择下拉菜单命令中的【插入】/【注解】/【形位公差】，系统弹出【形位公差】对话框和【属性】对话框。

（5）定义形位公差。在【属性】对话框单击【符号】区域 按钮中的 按钮，在【公差1】文本框中输入公差值为"0.02"，在【主要】文本框中输入基准符号为"B"，在【引线】区域选择引线类型 。

（6）放置形位公差。选取如图 6-157 所示的尺寸，在合适的位置单击，以放置形位公差，单击 按钮，完成操作。

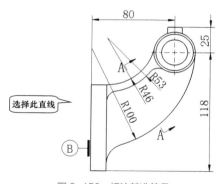

图 6-156　标注基准符号

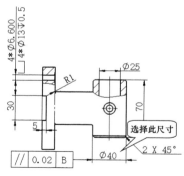

图 6-157　标注形位公差

STEP07　标注表面粗糙度。

（1）选择菜单命令中的【插入】/【注解】/【表面粗糙度符号】，系统弹出【表面粗糙度符号】对话框。

（2）定义表面粗糙度符号。在【表面粗糙度】对话框设置如图 6-158 所示的参数。

（3）放置表面粗糙度符号。选取如图 6-159 所示的边线放置表面粗糙度符号，结果如图 6-159 所示，同样标注其他表面粗糙度，单击 ☑ 按钮，完成操作。

图 6-158　标注表面粗糙度

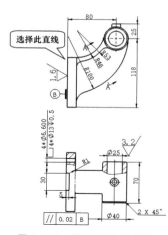

图 6-159　放置表面粗糙度符号

STEP08　创建注释文本。

（1）创建文本 1。选择下拉菜单命令中的【插入】/【注解】/【注释】，系统弹出【注释】对话框。单击【引线】区域中的 按钮；在图形区单击一点放置注释文本 1，在弹出注释文本框中输入如图 6-160 所示的注释文本，文本格式如图 6-161 所示。

技术要求：

图 6-160　创建文本 1

图 6-161　【格式化】工具条

（2）创建文本 2。在注释文本框中输入如图 6-162 所示的注释文本，文本格式如图 6-163 所示。

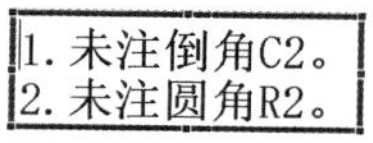

1. 未注倒角C2。
2. 未注圆角R2。

图 6-162　创建文本 2

图 6-163　【格式化】工具条

（3）单击☑按钮，完成操作。选择下拉菜单命令中的【插入】/【注解】/【注释】，系统弹出【注释】对话框。

（4）定义引线类型。单击【引线】区域中的![img]按钮，创建文本 3。在图形区单击一点放置注释文本 3，在弹出的注释文本框中输入如图 6-164 所示的注释文本。

（5）创建表面粗糙度符号。在如图 6-165 所示的对话框【文字格式】区域单击✓按钮，系统弹出【表面粗糙度】对话框，在【符号】区域选择表面粗糙度符号类型![img]，单击【表面粗糙度】对话框中的☑按钮，完成注释 3 的创建。

图 6-164　注释文本

图 6-165　【注释】对话框

（STEP09）保存文件。

选择菜单命令中的【文件】/【另存为】，系统弹出【另存为】对话框，输入名称单击 保存(S) 按钮保存。

6.2.3　实例 3——创建支撑座工程图

本例将介绍支撑座工程图的创建方法，如图 6-166 所示，主要使用生成一般视图、剖面视图及尺寸标注等命令。

【操作步骤】

（STEP01）建立工程图。

（1）打开资源包中的"第 6 章 / 素材 / 阶梯轴 /A3 模板"，如图 6-167 所示。

创建支撑座工程图

图 6-166　支撑座模型视图

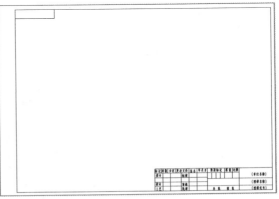

图 6-167　A3 图纸模板

（2）选择菜单命令中的【插入】/【工程图视图】/【模型】，打开【模型视图】对话框。

（3）单击 浏览(B)... 按钮，找到"第 6 章 / 素材 / 支撑座"模型并将其打开。

（4）在【模型视图】属性管理器中将比例改为 1：2，再将模型拖动到工程图图纸中，选择合适的位置放置，单击 ☑ 按钮完成，结果如图 6-168 所示。

 要点提示 此处考虑到图形显示清楚的问题，图 6-168 所示是经过图像处理过的，读者不用理会主视图比例是否合理，跟着步骤往下做即可。

（5）在【工程图视图】属性管理器中设定视图比例为【使用自定义比例】，选择比例值为【1∶1】，如图 6-169 所示。

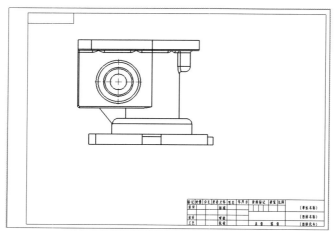

图 6-168　生成主视图

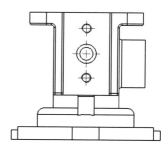

图 6-169　生成左视图

STEP02 创建剖切投影视图。

（1）为了清晰地表达零件的结构形状，在俯视图和左视图上分别作两个投影视图，其中俯视图为剖面视图。

（2）单击【视图布局】功能区中的 🖼（投影视图）按钮，向右拖动鼠标至合适位置放置左视图，单击【工程图视图 2】属性管理器中的 ☑ 按钮完成创建，结果如图 6-169 所示。

（3）在主视图中绘制如图 6-170 所示的草图曲线，使用上一个案例 STEP02 的（4）相同方法，创建俯视剖面图，结果如图 6-171 所示。

（4）使用直线工具，在主视图上绘制如图 6-172 所示的矩形。选中矩形单击【视图布局】中的 🖼 按钮，打开【断开的剖视图】属性管理器。

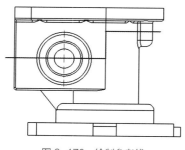

图 6-170　绘制参考线

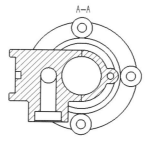

图 6-171　生成俯视剖面图

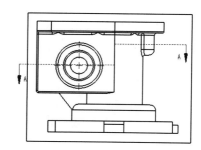

图 6-172　绘制矩形

（5）在如图 6-173 所示的【深度】栏中输入尺寸为"45.50mm"，单击 ☑ 按钮完成断开剖视，结果如图 6-174 所示。

图 6-173　断开的剖视图管理器

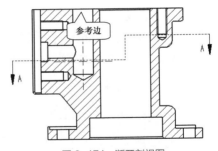

图 6-174　断开剖视图

STEP03　创建向视图。

（1）在【视图布局】功能区中单击 ◈ （辅助视图）按钮，选中如图 6-174 所示的参考边，拖动鼠标往下创建一个辅助视图。

（2）在【工程图视图】属性管理器中输入【箭头】符号为"C"，单击 ☑ 按钮完成创建，结果如图 6-175 所示。

（3）选中"C"向视图，单击鼠标右键，在弹出的快捷菜单命令中选择【视图对齐】/【解除对齐关系】。

（4）将解除对齐关系的"C"向视图拖动至左视图的下方，整理图形位置，最后得到结果如图 6-176 所示。

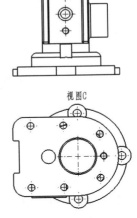

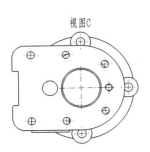

图 6-175　生成向视图

图 6-176　解除对齐关系

（5）按住 Ctrl 键依次选择如图 6-177 所示的边线，单击鼠标右键选择 ▦ 按钮，将其全部隐藏，结果如图 6-178 所示。

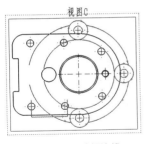

图 6-177　选择边线

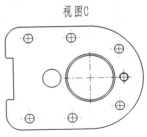

图 6-178　隐藏所选边线

(STEP04) 创建中心线。

（1）单击【注释】功能区中的 ▭▭中心线 按钮，选中如图 6-179 所示的两条边线，生成主视图中心线。

（2）为左视图添加一个断开的剖视图，深度为"15mm"，再完善中心线，结果如图 6-180 所示。

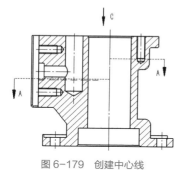

图 6-179　创建中心线

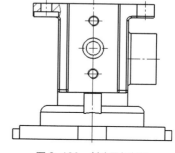

图 6-180　创建局部剖视

(STEP05) 再依次完善另外两个视图，完成工程图的基本布局创建，结果如图 6-181 所示。

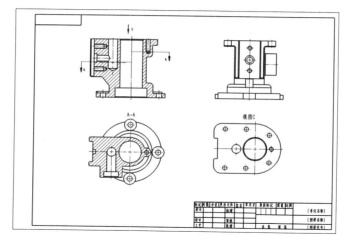

图 6-181　整理视图

(STEP06) 标注尺寸。

（1）单击【注解】功能区中的 ▨ 按钮，先标注出主视图的尺寸，结果如图 6-182 所示。

（2）再次单击 ▨ 按钮出标注其他所有尺寸，包括直径、高度和定位，结果如图 6-183 所示。

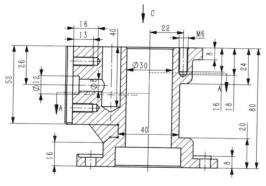

图 6-182　标注主视图尺寸

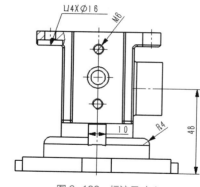

图 6-183　标注尺寸 1

（3）使用同样的方法，依次标注另外两个视图的尺寸，并按照美观合理的原则整理尺寸标注，得到如图6-184和图6-185所示的结果。

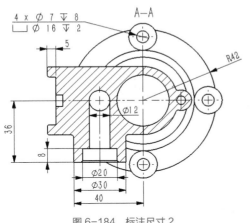

图6-184　标注尺寸2

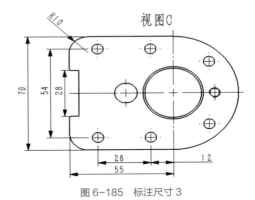

图6-185　标注尺寸3

（4）调整视图和尺寸，最终结果如图6-186所示。

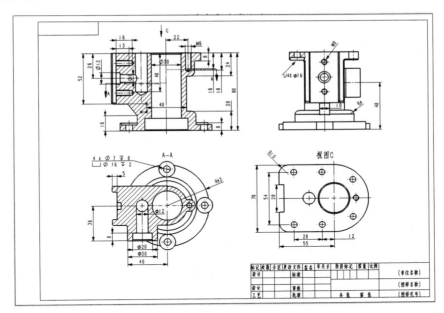

图6-186　整理尺寸标注

(STEP07) 标注基准要素。

（1）在【注释】功能区中单击 基准特征 按钮，打开【基准特征】属性管理器。

（2）在管理器【标号设定】栏中输入大写字母"B"，然后主视图中底面单击鼠标左键放置基准要素"B"，结果如图6-187所示。

（3）用同样的方法，在左视图中 ϕ 72 的中心线出单击鼠标左键，放置基准要素"D"，结果如图6-188所示。

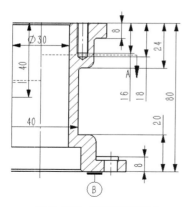

图 6-187 标注基准要素 1

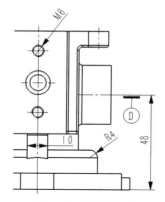

图 6-188 标注基准要素 2

STEP08 标注形位公差。

标注形位公差，单击【注解】功能区中的 <u>形位公差</u> 按钮，在【属性】对话框中按照要求定义形位公差的属性，如图 6-189 所示，选择相应的面进行标注，结果如图 6-190 所示。

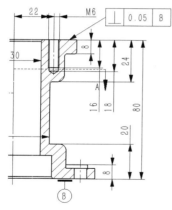

图 6-189 标注形位公差 1

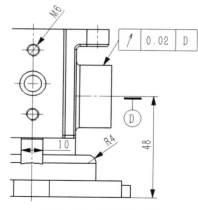

图 6-190 标注形位公差 2

STEP09 标注表面粗糙度。

（1）单击【注解】功能区中的 <u>表面粗糙度符号</u> 按钮，打开如图 6-191 所示的【表面粗糙度】属性管理器，单击√按钮定义符号类型，并在【符号布局】中输入粗糙度值。

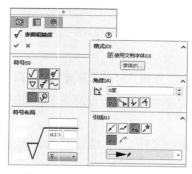

图 6-191 设置表面粗糙度参数

（2）在工程图中选取相应的边线作为参照，添加表面粗糙度，结果如图 6-192 所示。

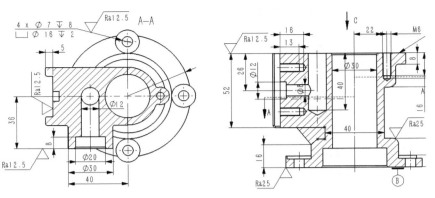

图 6-192　标注表面粗糙度

STEP10 添加技术要求。

（1）单击【注解】功能区中的 **A** 按钮或选择菜单命令中的【插入】/【注解】/【注释】，打开【注释】属性管理器。

（2）设置"技术要求"字体为"长仿宋体"，大小为"26"；其余内容字体不变，大小为"20"，如图 6-193 所示。

技术要求

1. 未注明的铸造圆角均为R2-R4.
2. 铸件应时效处理，以消除内应力.

图 6-193　添加技术要求

（3）完成注释后的工程图如图 6-194 所示。

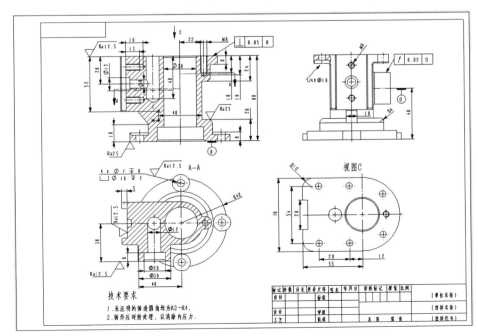

图 6-194　最终设计结果

(STEP11) 至此，完成支撑座工程图的创建，选择适当路径保存文件。

6.3 小结

工程图以投影方式创建一组二维平面图形来表达三维零件，在机械加工的生产第一线用作指导生产的技术语言文件，具有重要的地位。

工程图包含一组不同类型的视图，这些视图分别从不同视角以不同方式来表达模型特定方向上的结构。要深刻理解各种视图类型的特点及其应用场合。对于复杂的三维模型，仅仅使用一个一般视图表达零件远远不够，这时可以再添加投影视图，以便从不同角度来表达零件。如果零件结构比较复杂且不对称，必须使用全视图。如果零件具有对称结构，可以使用半视图。如果只需要表达零件的一部分结构，则可以使用局部视图。

如果需要表达零件上位置比较特殊的结构，例如倾斜结构，可以使用辅助视图。如果需要表达结构复杂但尺寸相对较小的结构，可以使用详细视图。如果需要简化表达尺寸较大而结构单一的零件，可以采用破断视图。如果需要表达零件的断面形状，可以使用旋转视图。此外，为了表达零件的内腔结构和孔结构，可以使用用剖视图。同样，根据这些结构是否对称、是否需要部分表达等情况可以分别使用全剖视图、半剖视图和局部剖视图。

6.4 习题

1. 简要说明工程图的特点和用途。
2. 工程图通常包括哪些组成要素？
3. 什么情况下需要使用剖视图表达零件？
4. 在工程图上通常需要标注哪些设计内容？
5. 模拟本章两个典型案例操作，掌握创建工程图的步骤与技巧。

第7章
装配体设计

【学习目标】
- 了解组件装配的基本原理。
- 掌握组件装配的基本方法。
- 掌握装配设计中的辅助方法。

前几章介绍了如何建立一个零件模型，本章将学习如何将这些建立好的零部件通过装配，成为完整的产品模型，并介绍装配过程中的一些技巧方法。

7.1 知识解析

实际生产中，机械系统总是被拆分成多个零件，分别完成每个零件的建模之后，再将其按照一定的装配关系组装为整机。组件装配是设计大型模型的需要，将复杂模型分成多个零件进行设计，可以简化每个零件的设计过程。

7.1.1 装配设计环境

在 SolidWorks 中，零件、装配体和工程图并列为三大功能。本小节将介绍装配体的基本情况，并通过一个简单的实例来熟悉装配过程。

❶ 装配设计环境

进入 SolidWorks 界面后，单击 按钮，在弹出的【新建 SolidWorks 文件】对话框中单击 （装配体）按钮，进入装配体界面。没有添加零件的装配设计界面与零件设计界面类似，如图 7-1 所示。窗口左边是设计树，在这里将会列出所有装配体中的零件，而零件的子菜单将显示零件所有的特征。

❷ 了解 SolidWorks 装配术语

在利用 SolidWorks 进行装配建模之前，初学者必须先了解一些装配术语，这有助于后面的课程学习。

（1）零部件

在 SolidWorks 中，零部件就是装配体中的一个组件（组成部件）。零部件可以是单个部件（即零件）也可以是一个子装配。零部件是由装配体引用而不是复制到装配体中。

（2）子装配体

组成装配体的这些零件称为子装配体。当一个装配体成为另一个装配体的零部件时，这个装配体也可称为子装配体。

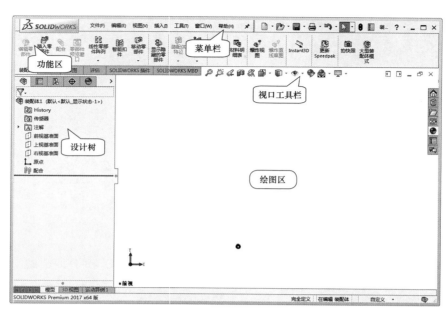

图 7-1　装配设计环境

（3）装配体

装配体是由多个零部件或其他子装配体所组成的一个组合体。装配体文件的扩展名为".sldasm"。

装配体文件中保存了两方面的内容：一是进入装配体中各零部件的路径，二是各零部件之间的配合关系。一个零件放入装配体中时，这个零部件文件会与装配体文件产生链接的关系。在打开装配体文件时，SolidWorks 要根据各零部件的存放路径找出零部件，并将其调入装配体环境。所以，装配体文件不能单独存在，要和零部件文件一起存在才有意义。

（4）自下而上装配

自下而上装配是指在设计过程中，先设计单个零部件，在此基础上进行装配，生成总体设计。这种装配建模需要设计人员交互地给定配合构件之间的配合约束关系，然后由 SolidWorks 系统自动计算构件的转移矩阵，并实现虚拟装配。

（5）自上而下装配

自上而下装配是指在装配体中创建与其他零部件相关的零部件模型，是在装配部件的顶级向下产生子装配和零部件的装配方法，即先通过产品的大致形状特征对整体进行设计，然后根据装配情况对零件进行详细设计。

（6）混合装配

混合装配是将自上向下装配和自下向上装配结合在一起的装配方法。例如，先创建几个主要零部件模型，再将其装配在一起，然后在装配中设计其他零部件，即为混合装配。在实际设计中，可根据需要在两种模式下切换。

（7）配合

配合是在装配体零部件之间生成几何关系。当零部件被调入到装配体中时，除了第一个调入的之外，其他的都没有添加配合位置而处于任意的浮动状态。在装配环境中，处于浮动状态的零部件，可以分别沿 3 个坐标轴移动，也可以分别绕 3 个坐标轴转动，即共有 6 个自由度。

（8）关联特征

关联特征是用来在当前零部件中，通过对其他零部件中几何体进行绘制草图、投影、偏移或加入尺寸来创建几何体。关联特征也是带有外部参考的特征。

7.1.2　基础训练——插入零件

在开始对零件进行装配之前，先要把对零件进行导入，才能进行对零件的装配，本例将通过导入肥皂盒零部件，介绍如何将零件导入装配环境，如图 7-2 所示。

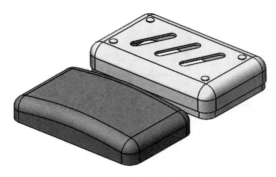

图 7-2　插入零件

【操作步骤】

(STEP01) 新建文件。

单击 按钮，在弹出的【新建 SolidWorks 文件】对话框中单击 （装配体）按钮，新建一个装配体文件。

(STEP02) 插入零件。

（1）进入装配界面之后在【开始装配体】属性管理器中单击 [浏览(B)...] 按钮，如图 7-3 所示，在弹出的【打开】对话框中选择资源包中的"第 7 章 / 素材 / 皂盒底 / 肥皂盒底"，如图 7-4 所示。

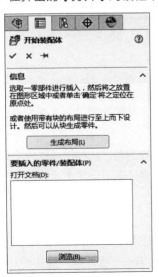

图 7-3　【开始装配体】属性管理器

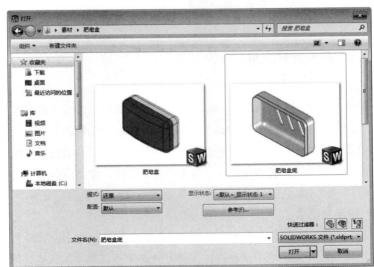

图 7-4　【打开】对话框

（2）此时零件随鼠标光标移动，单击鼠标左键在绘图区放置零件，如图 7-5 所示。

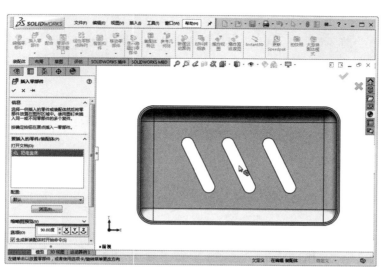

图 7-5 放置零件

（3）放置好第一个零件之后，在【装配体】功能区中单击 （插入零部件）按钮，在弹出的【打开】对话框中选择"第 7 章 / 素材 / 皂盒底 / 肥皂盒盖"，效果如图 7-6 所示。

（4）此时，设计树如图 7-7 所示。

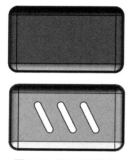

图 7-6　插入肥皂盒底

图 7-7　设计树

7.1.3　配合及其应用

配合就是在装配体零部件之间生成几何约束关系。

当零件被调入到装配体中时，除了第一个调入的零部件或子装配体之外，其他的都没有添加配合，位置处于任意的浮动状态。处于浮动状态的零部件共有 6 个自由度。

当给零件添加装配关系后，可消除零件的某些自由度，限制了零件的某些运动，此种情况称为不完全约束。当添加的配合关系将零件的 6 个自由度都消除时，称为完全约束，零件将处于固定状态，如同插入的第一个零部件一样（默认情况下为固定），无法进行拖动操作。

❶ 固定与浮动

当我们将第一个零部件调入装配环境时，我们会发现，在【设计树】上装配体的名称之前会有一个（固定）标识，且我们在装配环境中移动这个零件时，会发现移动不了，这是因为将第一个零件插入进装配环境时，系统会默认将第一个零件的所有自由度固定，以方便用户进行后续操作。而解除这种约束的方法就是，在有（固定）标识的零部件上单击鼠标右键，在弹出的快捷菜单中选择【浮动】选项，如图 7-8 所示，（固定）标识会变为（－）标识，此时零部件就可移动了。

要点提示　如要将零部件由浮动变为固定，可以在有（－）标识的零部件上单击鼠标右键，在弹出的快捷菜单中选择【固定】选项即可。

② 配合类型

在【装配】功能区中单击 ⊘（配合）按钮弹出如图 7-9 所示的【配合】属性管理器，选择配合类型，并根据该配合类型来指定要约束的几何体参照。

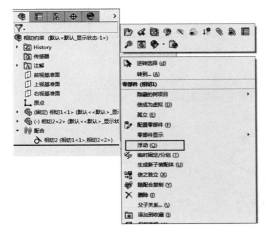

图 7-8　浮动与固定　　　　　　图 7-9　【配合】属性管理器

（1）重合

重合就是两平面相贴合，其法向方向相反，如图 7-10 所示。

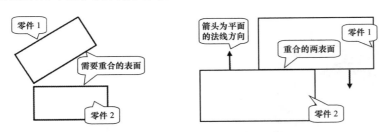

图 7-10　重合约束

（2）距离

两个平面法向方向相反，互相平行，通过输入间距值控制平面之间的距离，如图 7-11 所示。

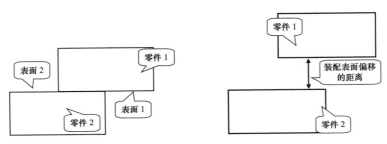

图 7-11　距离约束

（3）角度偏移

将选定的元件以某一角度定位到选定的装配参考，如图 7-12 所示。

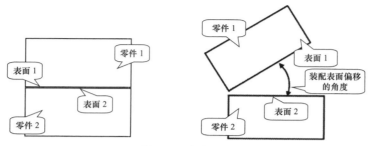

图 7-12　角度偏移

（4）平行

两个平面的法线方向相反且互相平行，忽略两者之间的距离，如图 7-13 所示。

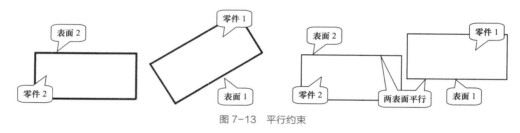

图 7-13　平行约束

（5）垂直

"垂直"约束用于将元件参考定位与装配参考垂直，如图 7-14 所示。

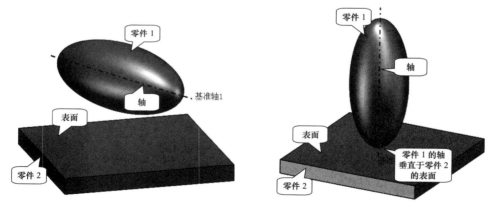

图 7-14　垂直约束

（6）相切

零件上的指定曲面以"相切"的方式进行装配，设计时只需要分别在两个零件上指定参照曲面即可，如图 7-15 所示。

（7）同轴心

零件上的指定圆柱面或圆柱边线以"同轴"的方式进行装配，设计时只需要分别在两个零件上指定参照的圆形曲面或曲线即可，如图 7-16 所示。

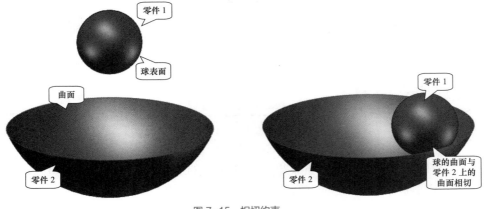

图 7-15 相切约束

图 7-16 同轴心约束

7.1.4 基础训练——装配肥皂盒

下面装配一个肥皂盒，此肥皂盒只有盒盖、盒底两个零件，如图 7-17 所示，用户可以学习到基本的操作方法和配合的基本概念。

图 7-17 插入零件

肥皂盒装配

【操作步骤】

STEP01 新建文件。

单击 按钮，在弹出的【新建 SolidWorks 文件】对话框中单击 按钮，新建一个装配体文件。

STEP02 插入零件。

（1）进入装配界面之后直接弹出【开始装配体】属性管理器，单击 浏览(B)... 按钮，打开资源包中的"第7章/素材/皂盒底/肥皂盒底"，此时零件随鼠标光标移动，单击鼠标左键在绘图区放置零件，如图 7-18 所示。

（2）按照类似方法插入肥皂盒盖，结果如图 7-19 所示。

要点提示

在打开 SolidWorks 装配界面后先打开零件，或者在设计完一个零件后，直接单击文件工具栏中的  新零件 按钮，从零件创建装配体，都可以创建新的装配体，且新装配体已包含该零件。

STEP03 移动零件到预安装位置。

单击装配功能区中的 （移动零部件）按钮下方的 按钮，在弹出的下拉工具列表中选择【移动零部件】和【旋转零部件】工具对零件进行移动和旋转，结果如图 7-20 所示。

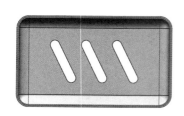

图 7-18　插入盒底

图 7-19　插入盒盖

图 7-20　移动与旋转零部件

要点提示　　零件的装配往往是由零件的某些要素，如零件的顶点、边线或者是面与其他零件的要素之间按照一定的规则接触而成，而这种按照一定规则的接触就是配合。但是，由于重合可以是正面重合，也可以是反面重合，SolidWorks 往往默认寻找最近路线来进行重合配合，所以在进行配合前，应先将零件放置到预安装方向上。

STEP04 重合配合。

（1）单击装配体功能区中的 ◎（配合）按钮，打开【配合】属性管理器，用鼠标左键单击选择两零件的上边线，如图 7-21 左图所示。

（2）零件会自动移动到装配位置，预览配合，如图 7-21 右图所示，并在鼠标光标附近弹出的工具栏 中单击 人（重合）按钮，表示选中的两条边线重合在同一条直线上，然后单击工具栏中的 ✓ 按钮。

选取该面

选取该面

图 7-21　添加重合约束

（3）选择如图 7-22 左图所示的需要配合的侧面，在 工具栏中单击 人 按钮，表示选中的两条边线重合在同一条直线上，然后单击工具栏中的 ✓ 按钮，结果如图 7-22 右图所示。

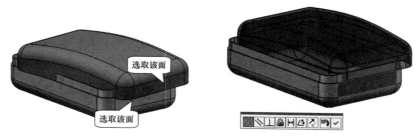

选取该面

选取该面

图 7-22　添加重合约束

（4）选择如图 7-23 左图所示的需要配合的侧面，在 工具栏中单击 人 按钮，表示选中的两条边线重合在同一条直线上，然后单击工具栏中的 ✓ 按钮，结果如图 7-23 右图所示。

图 7-23 添加重合约束

（5）此时盒盖相对于盒底完全固定，结果如图 7-17 所示。

（6）单击【配合】属性管理器中的 ☑ 按钮，然后单击▣按钮，保存装配体至自定义文件夹。

通过学习这个简单的装配体，用户对装配有了初步的认识，可以看到所谓的配合实际上就是定义模型之间的约束，装配的过程就是添加零件、定义约束的过程。

7.1.5　装配方法与技巧

前面介绍了装配的基本概念，本节来介绍一下装配的方法与技巧。

❶　隐藏或改变零件显示方式

有些零件在装配时被其他零件挡住了视角，且无论从什么角度都很难进行装配，或者你想为某个已装配好的复杂机械的内部情况作一张截图，这时就可以用到隐藏命令，此命令可以将部分零件隐藏或者变得透明。

（1）完全隐藏零件

对于装配好的装配体，假设要查看一下内部零件，这时只需隐藏遮住我们需要查看的外部零件即可，如图 7-24 左图所示，我们需要查看台虎钳的内部结构，只需将活动钳身隐藏即可。

用鼠标右键单击需要隐藏的零件，在弹出的快捷菜单中单击◥（隐藏）按钮，结果如图 7-24 右图所示。要还原隐藏，只需在设计树中选择被隐藏零件，然后单击 ◉ 按钮即可。

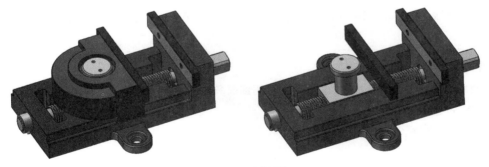

图 7-24 隐藏零件

要点提示

隐藏零件只是在显示上看不到零件，它的任何属性或者关系都没有改变。

（2）使零件半透明

要查看零件的内部结构还可以更改零件的透明度，在设计树中用鼠标右键单击需要透明的零件，在弹出的快捷菜单中单击 ◙（更改透明度）按钮，可以看到此零件变为半透明状，如图 7-25 所示。

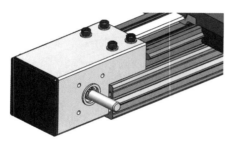
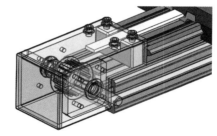

图 7-25　使零件半透明

❷ 在装配体中直接编辑零件

在进行产品设计的时候，往往需要一边装配一边修改零件，因此常常要在装配体和零件窗口之间切换，而当零件较多时切换就很麻烦。SolidWorks 的装配提供了在装配体中直接编辑零件的功能。

图 7-26 左图所示，选择需要编辑的零件，单击【装配体】功能区中的 🖉（编辑）按钮进入零件编辑模式，可以发现周围的零件都变为透明，如图 7-26 右图所示，然后选择绘图平面绘制草图，进行拉伸切除，结果如图 7-26 右图所示。

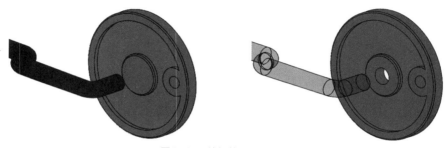

图 7-26　编辑装配体中的零件

> **要点提示**
> 在装配体中修改的零件关联到对应的零件文件，即在装配体中修改相当于在零件文件中直接修改。

❸ 子装配体

当我们遇到一个装配体会在另一个装配体上被用到很多次时，这时候就可以用到子装配体了，而不用在每个装配体内都将这个装配体再重复装配一遍。

图 7-27 所示的定位平台即为一个子装配体。

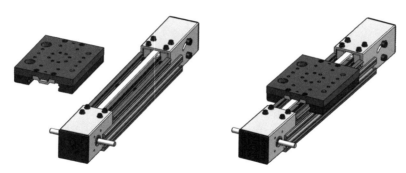

图 7-27　子装配体

用户可以直接在装配体中生成子装配体，在设计树中按住 Ctrl 键选择需要形成子装配体的零件，然后再右键单击，在弹出的快捷菜单中选择【在此生成新子装配体】命令即可。

要使装配体中的子装配体还原成单个零件，可在子装配体的右键快捷菜单中选择【解散子装配体】命令。

解散子装配体后，原来在子装配体中的配合依然有效，且子装配体中原来固定的零件在解散后依然固定，需要设定为浮动后才能进行装配。

❹ 简化装配体

当装配体拥有很多个零件，而且有些单体零件又很复杂的时候，每次要编辑打开时都很缓慢，这时可以简化装配体。用户可以通过改变零件压缩状态或用隐藏零件的方式来简化装配体。

（1）压缩

选择零件后单击鼠标右键，在弹出的快捷菜单中单击 🔲（压缩）按钮，可以发现选中的模型在视图中消失了，但在模型树还能看见选中模型的名称变为灰色，在模型树中选中压缩的模型，单击鼠标右键，在弹出的快捷菜单中单击 🔲（解除压缩）按钮，即可恢复模型。

压缩状态是将零件暂时从装配体中除去，但不完全删除。在打开装配体时，被压缩的零件是不装入内存的，因此不能对零件进行编辑。

压缩通常用在那些不用进行编辑操作且不影响观察的零件上。

（2）轻化

轻化和压缩的概念有些相似，只是在打开装配体时，设定为轻化的零件只根据需要将部分装入内存。

轻化通常用在大型装配体的装配过程中，因为在修改装配体的过程中 SolidWorks 会经常对整个模型进行重建，这种重建有时会花费大量的时间，轻化能有效地提高重建的速度。

❺ 干涉检查

SolidWorks 提供了可以检测装配体零件之间是否存在干涉的功能，并且能够精确地给出干涉的相关数据，这对减少零件的设计错误有很大的帮助。

下面用干涉检查功能查看一下小刀装配体中存在什么样的干涉问题。打开资源包中的"第 7 章 / 素材 / 小刀 / 小刀 .SLDASM"，如图 7-28 所示。

图 7-28　干涉检查

273

（1）启动干涉功能

先不要选择任何零件，单击【评估】功能区中的■（干涉检查）按钮，打开【干涉检查】属性管理器，在没有选择零件的情况下，默认选择整个装配体。

（2）开始计算干涉

不移动模型零件，对整个装配体进行一次干涉检查。单击【所选零部件】中的 计算(C) 按钮，在【结果】中可以看到"无干涉"，这表示整个装配体都没有零件发生干涉，单击 ✓ 按钮结束检查。

看似小刀没有问题，但真的是这样吗？

（3）具有干涉的情况

将小刀的刀刃向上绕轴转动 30° ～ 60°，再按上述步骤检查一次，这时在【结果】中出现了"干涉 1"提示，表示有一个干涉存在，而且刀刃在此位置上干涉的零件体积为"−0.19mm3"。单击提示前面的三角图标，可以看到产生这个干涉的零件名称。

在视图上，这个干涉将以高亮显示。为了清楚地看到此干涉，将壳体零件透明化，所呈现的视图如图 7-29 所示。

图 7-29　干涉检查

此时，用户可以清楚地看到是刀刃和底部横梁发生了干涉。小刀展开过程中有干涉肯定是有问题的，希望读者能够利用前面所学的零件设计知识来修改一下，直到没有干涉为止。

如果设计中的干涉是被允许的，那么在【结果】中选择可以被忽略的干涉，再单击 忽略(I) 按钮，就可以在干涉结果中忽略掉。选择【零部件视图】复选项后，结果将按零件来排列干涉，每个零件展开才能看到各自的干涉。

⑥ 移动功能

这里要讲述的移动比较复杂，它包含了移动、转动、碰撞检测、逼真运动和动态间隙。

（1）移动零部件的复杂方式

在装配体中，除了可以直接用鼠标移动和转动零件，还可以应用移动和转动功能进行指定方式地移动。

单击【装配体】功能区中的■（移动零部件）按钮，打开【移动零部件】属性管理器，如图 7-30 所示，在【移动】和【旋转】中可以选择不同的移动或转动零件的方式，如图 7-31 所示。

图 7-30 【移动零部件】属性管理器　　　　　　　图 7-31 【旋转零部件】属性管理器

◎ 移动方式有"自由拖动""沿装配体 XYZ""沿实体""由 Delta XYZ""到 XYZ 位置"5 种。其中要说明的是"Delta XYZ",这里实际指的是 ΔXYZ,即选择需要移动的零件后输入 3 个坐标方位上平移变化的距离。

◎ 转动只有 3 种方式:"自由转动""对于实体""由 Delta XYZ",都很简单方便,这里不再赘述。

（2）碰撞检查

在【移动零部件】属性管理器的【选项】中有【碰撞检查】选项,该选项用来在移动或旋转零部件时检查它与其他零部件之间的冲突,可以检查零部件与整个装配体或所选零部件组之间的碰撞。下面通过案例来进行详细介绍。

打开资源包中的"第 7 章 / 素材 / 传送带 / 传送带 .SLDASM",这是一个间歇式传送带模型,主动轮带动拨杆循环运动,拨杆推动物件向前移动。

单击【装配体】功能区中的 （移动零部件）按钮,打开【移动零部件】属性管理器,在【选项】栏中选择【碰撞检查】单选项。

移动视图中的"物件"零件,该零件被限制在沿传送带方向运动。当接触到伸出来的拨杆时,拨杆上有碰撞接触的面变蓝,还会发出系统提示音,表示有碰撞,如图 7-32 所示。

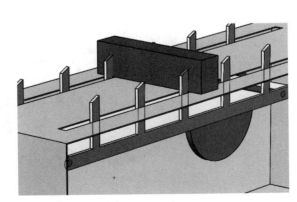

图 7-32 碰撞检查

下面对【选项】中的选项进行简单介绍。

◎ 【检查范围】选项,用户可以设定检查全部零件还是只检查选定的零件。

◎ 默认情况下,【碰撞时停止】复选项是被选中的物件碰到拨杆后就不能再向前运动了。

◎【仅被拖动的零件】复选项表示只检查被拖动零件的碰撞情况。

◎ 在【高级选项】中可以设置碰撞检查的一些附属特性。

◎【物理动力学】选项，选择该选项后，当拖动一个零部件时，此零部件就会向其接触的零部件施加一个力，如果零部件可自由移动则移动零部件。

下面还以传送带为例来说明物理动力的作用。

移动拨杆使其露出传送带表面较多，再将物件放置在两个拨杆中间，如图 7-33 所示。移动拨杆，在【移动零部件】属性管理器的【选项】中选择【物理动力学】选项。连续转动传送带中的任意一个转盘，传送带就工作起来了，图 7-33 所示为零件被传送带移动。

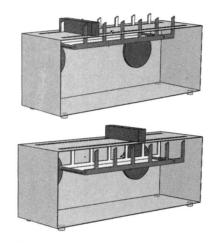

图 7-33　物理动力学

7.1.6　基础训练——装配带传动机构

下面介绍传动链的使用方法，此方法能够在装配体中自动生成皮带等传动链，并生成零件文件，效果如图 7-34 所示。

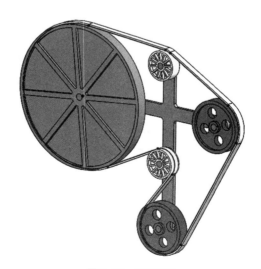

图 7-34　创建皮带

【操作步骤】

STEP01 新建文件。

单击 按钮，在弹出的【新建 SolidWorks 文件】对话框中单击 按钮，新建一个装配体文件。

STEP02 插入文件。

（1）在打开的【开始装配体】属性管理器中，单击 浏览(B)... 按钮，打开资源包中的"第7章 / 素材 / 皮带 / 支架"，然后单击鼠标左键放置零件。

（2）单击 （插入零部件）按钮，向装配界面中加入零件"轮1"，结果如图 7-35 所示。

STEP03 装配带轮。

（1）单击装配体功能区中的 （配合）按钮，打开【配合】属性管理器，用鼠标左键单击选择轮 1 的孔与支架销，如图 7-36 左图所示。

（2）零件会自动移动到装配位置，预览配合，如图 7-36 右图所示，并在鼠标光标附近弹出的装配工具栏中单击 按钮，表示选中的孔与销同心，然后单击工具栏中的 按钮。

图 7-35 插入零件

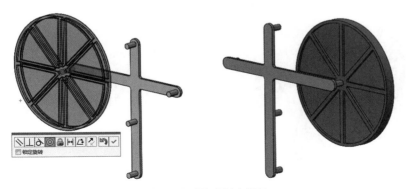

图 7-36 添加同轴心约束

（3）选择如图 7-37 左图所示的需要配合的面，在弹出的装配工具栏中单击 按钮，表示选中的两个面重合，然后单击工具栏中的 按钮，结果如图 7-37 右图所示。

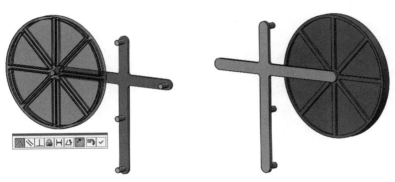

图 7-37 添加重合约束

（4）按照类似方法装配其他带轮，结果如图 7-38 所示。

STEP04 添加皮带。

（1）在【装配体】功能区中单击 （装配体特征）按钮，在弹出的下拉列表中选择 皮带/链 工具，打开【皮带/链】属性管理器。

（2）选择轮 1 的表面，如图 7-39 所示，在【皮带构件】下方的选择框中出现了选择曲面的名称。

（3）选择轮 2 的表面，其预览如图 7-40 所示。

| 图 7-38　装配带轮 | 图 7-39　选择参考 1 | 图 7-40　选择参考 2 |

（4）选择轮 3 的表面，预览如图 7-41 所示。

（5）选择轮 4 的表面，预览如图 7-42 所示。

图 7-41　选择参考 3

图 7-42　选择参考 4

（6）选择轮 5 的表面，预览如图 7-43 所示。

（7）参考选取完成后，可以发现在轮 2 上的皮带是交叉的，为使该轮的转动方向相反，单击轮上的灰色箭头，单击后皮带则会改变缠绕方式，如图 7-44 所示。

图 7-43　选择参考 5

图 7-44　改变缠绕方式

也可以选择在改变转向的传动轮后，单击【皮带/链】属性管理器中的 按钮，达到改变缠绕方式的目的。

(STEP05) 设置皮带参数。

（1）在【皮带/链】属性管理器中有【皮带位置基准面】栏，如图 7-45 所示，这一栏用来设置皮带边缘所对齐的位置，其参考的位置可以选择轮 1 的侧面，如图 7-46 所示。

图 7-45 【皮带】属性管理器

图 7-46 选取皮带位置基准面

（2）在【属性】中选择驱动后，可设置皮带的长度。本例中因为传动轮都是固定的，所以无法改动，如果有可以活动的驱动轮，在设置长度或动轮后会自动调整以适应皮带长度。

（3）在【属性】中还有【使用皮带厚度】复选项，该选项用来设置皮带厚度。当取消对【启用皮带】复选项的选择后，移动单一传动轮时，其他传动轮不会随之转动。

（4）选择【生成皮带零件】复选项后，单击 按钮，弹出【存储零件】对话框，这时已自动形成了一个新的皮带零件草图，需要进行存储。

(STEP06) 生成皮带零件文件。

（1）打开存储的皮带草图文件，只能看到一条皮带轨迹的草图，如图 7-47 所示，在设计树的草图上单击鼠标右键，在弹出的快捷菜单中选择【解除派生】命令，如图 7-48 所示。

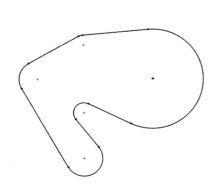

图 7-47 打开皮带文件

图 7-48 使零件半透明

要点提示　　派生指由其他草图生成的草图，与原图具有关联性，不能对派生的草图进行编辑，因此要予以解除。

（2）以该轨迹为内线，如图 7-49 所示，制作一条厚度为"5mm"、宽度为"20mm"的皮带，并将其设置为黑灰色，如图 7-50 所示。

（3）保存后回到皮带的装配体，可以看到皮带套在滑轮上了。在视图中拖动任何一个轮转动，其他的轮都会遵循传动比转动，如图 7-51 所示。

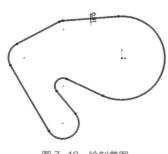
图 7-49　绘制草图

图 7-50　拉伸皮带

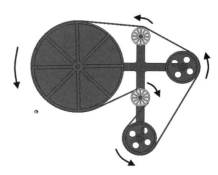
图 7-51　皮带传动效果

7.2　典型实例

下面通过一组典型实例说明机械装配的设计方法及其应用。

7.2.1　实例 1——装配台虎钳

台虎钳主要由两大部分构成：固定钳身和活动钳身。本案例将利用前面所讲的装配知识来装配如图 7-52 所示的台虎钳。

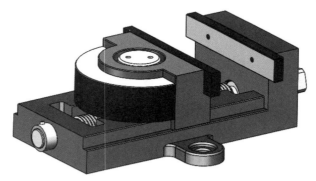
图 7-52　台虎钳

【操作步骤】

STEP01 新建文件。

单击 按钮，在弹出的【新建 SolidWorks 文件】对话框中单击 按钮，新建一个装配体文件。

STEP02 固定钳身与螺杆的装配。

（1）在打开的【开始装配体】属性管理器中，单击 浏览(B)... 按钮，打开资源包中的"第

装配台虎钳

7 章 / 素材 / 虎钳 / 固定钳身"，然后单击鼠标左键放置零件。

（2）单击 （插入零部件）按钮，向装配界面中加入零件"垫圈 1"、"垫圈 2"、"销钉"、"挡圈"和"螺杆"，如图 7-53 所示。

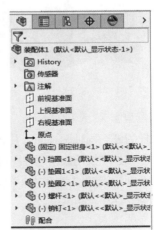

图 7-53　插入零件

STEP03 装配垫圈 1。

（1）单击 （配合）按钮，打开【配合】属性管理器，选择垫圈 1 内圆环表面和螺杆任一同轴圆柱表面（若配合面太小不好选择，可用鼠标滚轮放大视图后选择），如图 7-54 左图所示。

要点提示　如果添加了错误的零件，只需在该零件的任意位置单击鼠标右键，在弹出的快捷菜单中选择【删除】命令就可以将放错的零件删除。

（2）在弹出的工具栏 中单击 ◎（同轴心）按钮，然后单击 ✓ 按钮，得到如图 7-54 左图所示的装配结果。这就是两个圆面之间的同轴配合。

（3）选择垫圈与轴肩相对的两个面，在弹出的工具栏 中单击 人（重合）按钮，然后单击 ✓ 按钮，如图 7-54 右图所示。

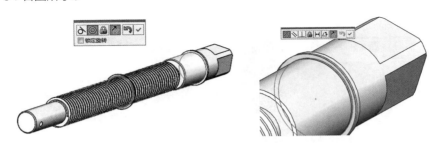

图 7-54　装配垫圈 1

STEP04 装配螺杆。

（1）选择螺杆的任一同轴圆柱面，并选择固定钳身上孔的内表面，在弹出的工具栏 中单击 ◎（同轴度）按钮，然后单击 ✓ 按钮应用同轴配合，结果如图 7-55 左图所示。

（2）选择螺杆与固定钳台相对的两个面，在弹出的工具栏 中单击 人（重合）按钮，然后单击 ✓ 按钮，如图 7-55 右图所示。

图 7-55　装配螺杆

STEP05 装配垫圈 2。

（1）选择螺杆的任一同轴圆柱面，并选择垫圈 1 内圆环表面，在弹出的工具栏 ▨◥▯▤◪◪◪◪◪ 中单击 ◎（同轴度）按钮，然后单击 ✓ 按钮应用同轴配合，结果如图 7-56 左图所示。

（2）选择垫圈 2 和固定钳身相对的平面，在弹出的工具栏 ▨◥▯▤◪◪◪◪◪ 中单击 ⼈（重合）按钮，然后单击 ✓ 按钮，如图 7-56 右图所示。

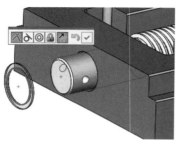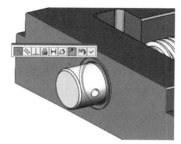

图 7-56　装配垫圈 2

STEP06 装配挡圈。

（1）选择螺杆的任一同轴圆柱面，并选择挡圈内圆环表面，在弹出的工具栏 ◥▯▤◪◪◪◪◪ 中单击 ◎（同轴度）按钮，然后单击 ✓ 按钮应用同轴配合，结果如图 7-57 左图所示。

（2）选择挡圈和垫圈 2 相对的平面，在弹出的工具栏 ▨◥▯▤◪◪◪◪◪ 中单击 ⼈（重合）按钮，然后单击 ✓ 按钮，如图 7-57 右图所示。

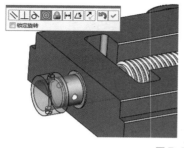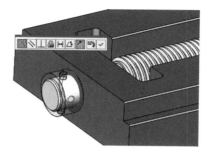

图 7-57　装配挡圈

STEP07 装配销钉。

（1）将挡圈变为透明，选择销钉圆柱面和螺杆上的销钉孔的内表面，在弹出的工具栏 ◥▯▤◪◪◪◪◪ 中单击 ◎（同轴度）按钮，然后单击 ✓ 按钮应用同轴配合，结果如图 7-58 左图所示。

（2）选择销钉圆柱面和挡圈上的销钉孔的内表面，在弹出的工具栏 中单击 ◎（同轴度）按钮，然后单击 ✓ 按钮应用同轴配合，结果如图7-58右图所示。

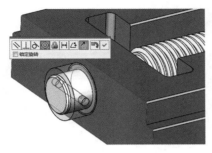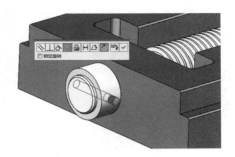

图 7-58 装配销钉

装配体设计 第7章

283

> **要点提示** 在实际情况中，销钉与定位孔一般是过盈配合，没有一个轴向的固定位置，因此在这里采取将销钉端面与挡圈外环相切的方式来进行销钉的轴向定位。

（3）选择销钉的一个端平面，再选择挡圈的外圆柱表面，在弹出的工具栏 中单击 ☒（相切）按钮，然后单击 ✓ 按钮确定，装配过程如图7-59所示。

图 7-59 装配销钉

> **要点提示** 每次弹出的配合工具栏都只会列出可能的装配方式，平面与圆柱面的配合中就没有出现重合选项，而只有相切配合。

（4）至此整个螺杆的装配就完成了，用鼠标左键拖动螺杆，可以看到螺杆只能沿轴向转动。

(STEP08) 装配螺母滑块。

（1）单击 ☒（插入零部件）按钮，将零件"螺母滑块"加入到装配界面，如图7-60所示。

图 7-60 插入零件

（2）单击 ⌗ 按钮，选择两导轨接触面，在弹出的工具栏 中单击 ⌐（重合）按钮，然后单击 ✓ 按钮，如图 7-61 所示。

（3）选择两个侧面，如图 7-61 所示，在弹出的工具栏 中单击 ⊞ 按钮，此时工具栏变成 形式，如图 7-62 所示。

图 7-61　添加重合约束

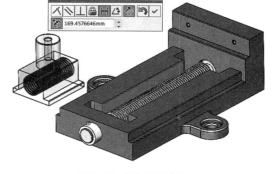

图 7-62　添加距离约束

> **要点提示**
>
> "距离"配合指两个要素之间的相隔距离，若是两个平面使用距离配合，则包含有平行和相隔距离两重配合。螺母滑块侧面和固定钳身内侧面正确装配时应存在 1mm 的间隙，这时可以用"距离"配合。

（4）在文本框中输入"1"，系统默认的单位为 mm，结果如图 7-63 所示。如距离方向不对可单击 ⬓ 按钮，反转尺寸，如图 7-63 所示。

图 7-63　修改参数

> **要点提示**
>
> 在距离输入框前面有个 ⬓ 按钮，它用来设定间隙的方向，为了更清晰地查看此按钮的作用，读者将距离暂时改为 10mm，查看零件是否重合，单击 ⬓ 按钮选择正确的方向形成间隙，这才是所需要的正确间隙方向。将距离改回到 1mm 并单击 ✓ 按钮，结果如图 7-63 右图所示。

STEP09 活动钳身的装配。

（1）单击 ⬚（插入零部件）按钮，将零件"活动钳身""螺钉"加入到装配界面，如图 7-64 所示。

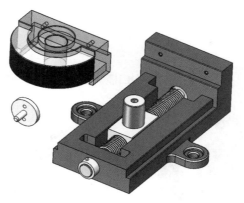

图 7-64　插入"活动钳身""螺钉"

（2）单击 🖉 按钮，选择活动钳身通孔内圆柱表面和滑块柱表面，在弹出的工具栏中单击 ◎（同轴度）按钮，然后单击 ☑ 按钮应用同轴配合，结果如图 7-65 左图所示。

（3）选择活动钳身侧边底面和固定钳身侧边导轨上表面，在弹出的工具栏 ◨◹⊥⚲◨◹⊿⤴◲☑ 中单击 ⼈（重合）按钮，然后单击 ☑ 按钮，如图 7-65 右图所示。

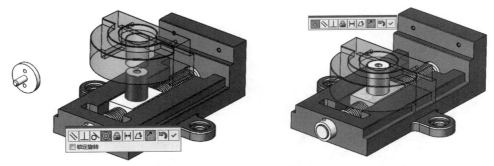

图 7-65　装配活动钳身

（4）选择安装钳口板的平面，在弹出的工具栏 ◨◹⊥⚲◨◹⊿⤴◲ 中单击 ◹ 按钮，使其平行配合，如图 7-66 所示，然后单击 ☑ 按钮确定。

(STEP10)　螺钉的装配。

（1）选择螺钉圆柱面和活动钳身上的螺钉孔的内表面，在弹出的工具栏中单击 ◎（同轴度）按钮，然后单击 ☑ 按钮应用同轴配合，结果如图 7-67 所示。

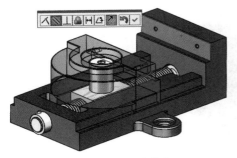

图 7-66　添加平行约束

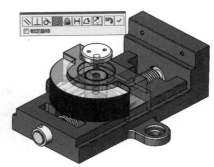

图 7-67　装配螺钉

（2）选择螺钉下表面与活动钳身与之相对的面，在弹出的工具栏 ▨◥⊥▣Η◭᠗◹ ⊃☑ 中单击 ⊼ （重合）按钮，然后单击 ☑ 按钮，如图 7-68 所示。

STEP11 装配钳口板。

（1）单击 ☞ （插入零部件）按钮，将零件"钳口板"加入到装配界面，如图 7-69 所示。

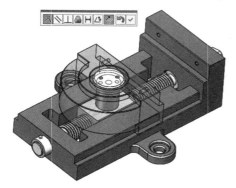

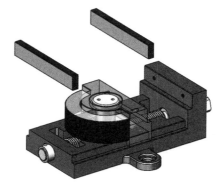

图 7-68　插入"活动钳身""螺钉"　　　　图 7-69　插入钳口板

（2）选择固定钳身上钳口板的端面，使其和固定钳身的侧面距离为"15mm"。

（3）选择钳口板与之相对的面，在弹出的工具栏 ▨◥⊥▣Η◭᠗◹ ⊃☑ 中单击 ⊼ （重合）按钮，然后单击 ☑ 按钮，如图 7-70 所示。

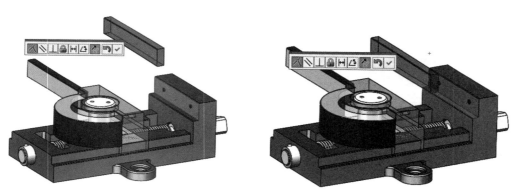

图 7-70　添加重合约束

（4）钳口板的端面距离活动钳身侧面为"15mm"。注意距离配合的方向性，钳口板应该是长于钳口的，要超出钳身侧面，配合方向不对时，可单击 ⟳ 按钮改变，如图 7-71 所示，然后单击 ☑ 按钮确定。

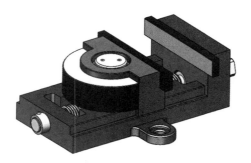

图 7-71　装配完成的钳口板

STEP12 编辑零件。

（1）选择钳口板在【装配】功能区单击 🖉 按钮，在弹出的对话框中单击 `保存并继续(S)` 按钮，保存装配体后，进入零件编辑模式，此时可以看到除需要编辑的零件外，其余零件都变成了半透明状态，如图 7-72 所示。

（2）在【特征】功能区中单击 🔲 按钮，选择钳口板上的面绘制草图，进行拉伸切除，如图 7-73 所示。最终结果如图 7-52 所示。

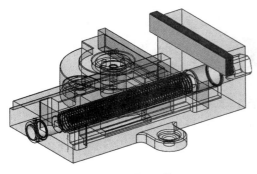

图 7-72 编辑零件

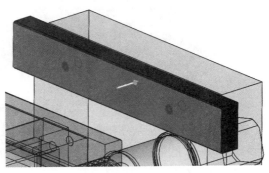

图 7-73 绘制草图并拉伸切除

> 装配一个零件往往需要进行多个配合，但设置的方式不是唯一的，读者在今后实际操作中要根据需要，依据准确、方便的原则来选择装配方式。

7.2.2 实例 2——创建台虎钳爆炸图

在有些情况下，需要一张将所有零件"爆炸"开的视图，这样用户对产品的零件和零件之间的组装关系会一目了然，下面将会对我们上一个例子所创建的台虎钳创建爆炸图，如图 7-74 所示。

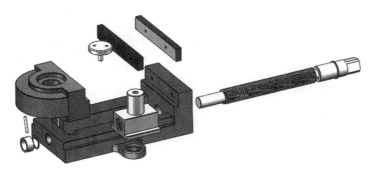

图 7-74 台虎钳爆炸图

【操作步骤】

STEP01 开启爆炸功能。

单击 🖉 按钮，打开台虎钳模型的装配体，单击【装配体】功能区中的 🖉 （爆炸视图）按钮，打开【爆炸】属性管理器。

STEP02 钳口板的拆解。

（1）选择钳口板，在鼠标左键单击的地方会出现 ⊥ 三坐标箭头，如图 7-75 左图所示。

（2）选择三坐标箭头向上的坐标轴，待箭头变成其他颜色时，向上拖动至理想位置，结果如图 7-75 右图所示。

（台虎钳爆炸图）

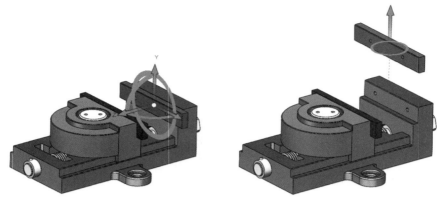

图 7-75　移动钳口板 1

（3）【爆炸】属性管理器中的【爆炸步骤】中会出现"爆炸步骤 1"，如图 7-76 所示。单击它可以看到这个零件爆炸时这一步的移动直线轨迹，如图 7-75 右图中的彩色虚线所示。用鼠标左键拖动零件上的蓝色小箭头可以改变爆炸的距离。

（4）用同样的方法将钳口板 2 拆解开，如图 7-77 所示。

图 7-76　【爆炸】属性管理器

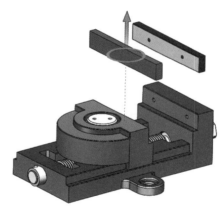

图 7-77　移动钳口板 2

STEP03　螺钉和活动钳身的拆解。

（1）选择螺钉，如图 7-78 左图所示，将其向上拖动至如图 7-78 右图所示的位置。

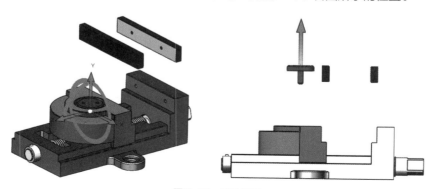

图 7-78　移动螺钉

（2）选择活动钳身，如图 7-79 左图所示，将其沿 y 轴向上拖动至螺钉与固定钳身之间，结果如图 7-79 右图所示。

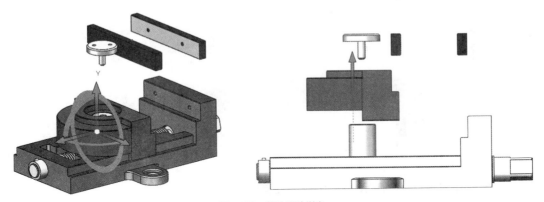

图 7-79　移动活动钳身

（3）单击空白处后，再次选择活动钳身，将其沿 z 轴向左拖动一定距离，如图 7-80 左图所示，结果如图 7-80 右图所示。

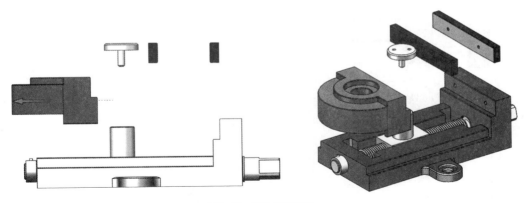

图 7-80　移动活动钳身

(STEP04) 螺杆组件的拆解。

（1）选择销钉如图 7-81 左图所示，将其沿 y 轴向上拖动一定距离，如图 7-81 右图所示。

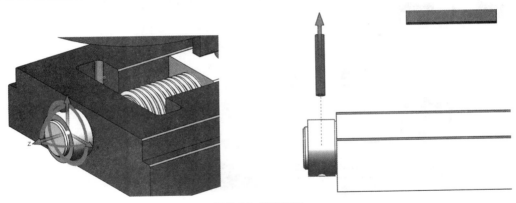

图 7-81　移动销钉

（2）再次选择销钉，将其沿 z 轴正向拖动一定距离，结果如图 7-82 所示。

（3）选择挡圈如图 7-83 所示，将其沿 z 轴正向拖动一定距离，如图 7-84 所示。

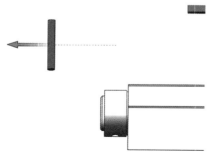

图 7-82　移动销钉

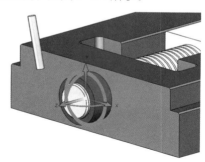

图 7-83　选择挡圈

（4）选择垫圈 2，如图 7-85 所示，将其沿 z 轴正向拖动一定距离，如图 7-86 所示。

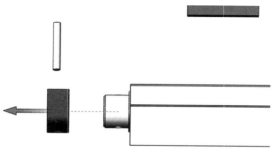

图 7-84　移动挡圈

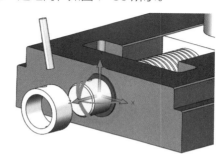

图 7-85　选择垫圈 2

（5）选择螺杆，如图 7-87 所示，将其沿 z 轴反向拖动一定距离，如图 7-88 所示。

图 7-86　移动垫圈 2

图 7-87　选择螺杆

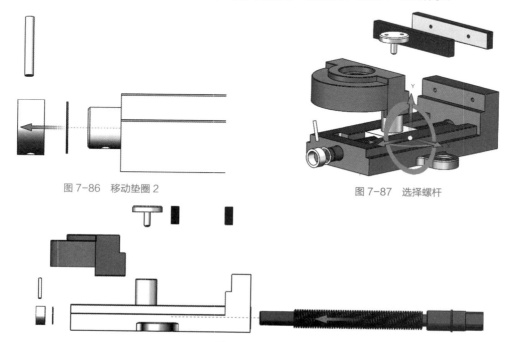

图 7-88　移动螺杆

（6）选择螺母滑块，如图 7-89 左图所示，将其沿 y 轴正向拖动一定距离，如图 7-89 右图所示。

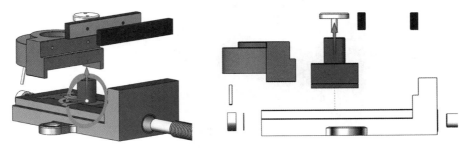

图 7-89　移动螺母滑块

（7）再次选择螺母滑块如图 7-90 左图所示，将其沿 x 轴正向拖动一定距离，结果如图 7-90 右图所示。

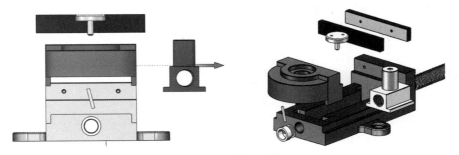

图 7-90　移动螺母滑块

（8）选择垫圈 1，如图 7-91 左图所示，将其沿 z 轴反向拖动一定距离，如图 7-91 右图所示。

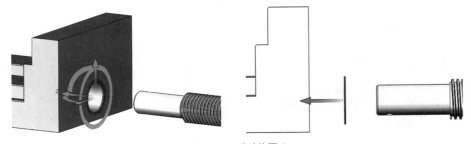

图 7-91　移动垫圈 1

（9）至此，所有的零件都已"爆炸"完成，如图 7-92 所示，然后单击【爆炸】属性管理器中的 ✓ 按钮。

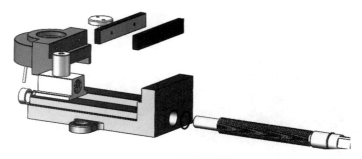

图 7-92　完成后的爆炸图

（10）此时选择零件后，就会看到该零件的爆炸线路已用绿色虚线和蓝色箭头表示出来，如图 7-93 所示。

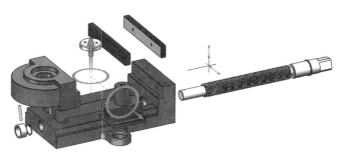

图 7-93　爆炸路线

（11）此时依然可以用鼠标左键拖动蓝色小箭头改变爆炸距离。如果想修改或者精确控制爆炸距离，可以在【爆炸】属性管理器的【设定】中输入爆炸距离和正负方向，然后单击 应用(P) 按钮。

7.2.3　实例 3——装配定位平台

前面讲解所用的模型都不是实际的产品模型，下面将组装一台同步带传动定位平台，装配完成后的结果如图 7-94 所示。

【操作步骤】

STEP01　建立装配体。

（1）单击 按钮，在弹出的【新建 SolidWorks 文件】对话框中单击 按钮，新建一个装配体文件。

（2）在打开的【开始装配体】属性管理器中单击 浏览(B)... 按钮，打开资源包中的"第 7 章 / 素材 / 定位平台 / 载物平台"，将其加入到装配界面中，如图 7-95 所示。

（3）单击 （插入零部件）按钮，添加一个"导向轮"零件，如图 7-95 所示。

图 7-94　定位平台

图 7-95　插入导向轮

STEP02　安装导向轮。

（1）选择导向轮螺纹面和平台螺纹孔，在弹出的工具栏 中单击 （同轴心）按钮，然后单击 按钮如图 7-96 左图所示，得到如图 7-96 右图所示的装配结果。

图 7-96　添加同轴约束

（2）选择导向轮上的台肩与平台底面，在弹出的工具栏 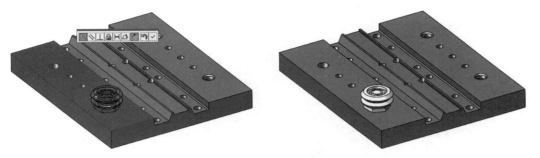 中单击 人（重合）按钮，如图 7-97 左图所示，然后单击 ☑ 按钮，如图 7-97 右图所示。

图 7-97　添加重合约束

（3）在【装配体】功能区中单击 下方的 [▼] 按钮，在弹出的选项中选择 [阵列驱动零部件阵列] 选项，打开【派生孔整列】属性管理器，选择导向轮为要阵列的零部件，载物平台上的孔为驱动特征，结果如图 7-98 所示。

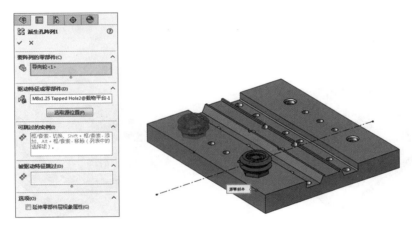

图 7-98　阵列特征

（4）按照（1）（2）步的方式安装另外两个导向轮，如图 7-99 所示。

图 7-99　安装完成的导向轮

要点提示

　　另一侧的导向轮安装孔为沉孔，与前面的两个孔不同，所以不可再次使用阵列方式进行安装，读者可按照安装第一个导向轮的方法进行安装。

STEP03 装配固定螺母。

（1）单击 （插入零部件）按钮，向装配界面中加入零件"螺母"。另一侧导向轮需要安装固定螺母。这样设计的意图是一侧导向轮固定，而另一侧导向轮用螺母通过通孔固定，有一定的尺寸调节余地。

（2）选择螺母的内表面与沉孔的内表面，在弹出的工具栏中单击 ◎（同轴度）按钮，然后单击 ✓ 按钮应用同轴配合，结果如图 7-100 所示。

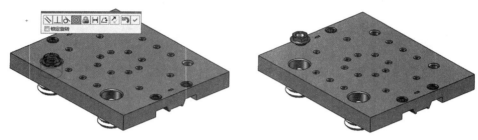

图 7-100　添加同轴约束

（3）选择螺母底面和与沉孔与之相对的面，在弹出的工具栏 中单击 人（重合）按钮，如图 7-101 所示，然后单击 ✓ 按钮。

（4）用类似方法安装第二个螺母，结果如图 7-102 所示。

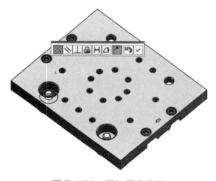

图 7-101　添加重合约束

图 7-102　完成螺母的安装

STEP04 装配导向平台。

（1）单击 （插入零部件）按钮，向装配界面中加入零件"导向平台"，该零件用来安装与滑轨接触的滑块并保护导向轮，如图 7-103 所示。

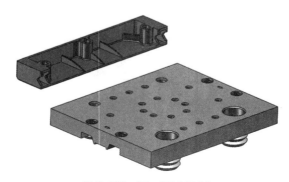

图 7-103　添加"导向平台"

（2）选择载物平台底面和导向平台的顶面，在弹出的工具栏 中单击 （重合）按钮，如图 7-104 左图所示，然后单击 按钮，如图 7-104 右图所示。

图 7-104 添加重合约束

（3）选择载物平台侧面和导向平台的侧面，在弹出的工具栏 中单击 （重合）按钮，如图 7-105 左图所示，然后单击 按钮，如图 7-105 右图所示。

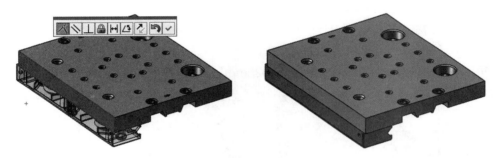

图 7-105 添加重合约束

（4）在设计树中单击"载物平台"零件前的 图标，选中面"Front Plane"，再单击"导向平台 1"零件前的 图标，按住 Ctrl 键选中面"Front Plane"，在弹出的工具栏 中单击 （重合）按钮，如图 7-106 左图所示，然后单击 按钮，如图 7-106 右图所示（这两个面是这两个零件建模时的中心平面，使这两个平面配合即可达到两零件在该方向上中心对齐的效果）。

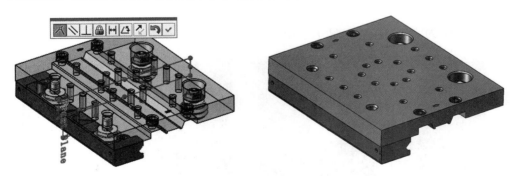

图 7-106 移动钳口板 1

要点提示　　对于有些不便于组装或者不便于选取装配要素的零件（如弹簧、球铰），可在建模时添加辅助平面来辅助装配顺利进行。

（5）按照相同方法完成对第二块导向平台地装配，如图 7-107 所示。

STEP05 装配 V 型滑块。

（1）该滑块安装于导向平台两侧的凹槽内。实物是该 V 型滑块在凹槽内由弹簧顶住，因此该滑块与凹槽内各面都有间隙，需要应用"距离"配合，如图 7-108 所示。

图 7-107　完成导向平台的安装

图 7-108　插入 V 型滑块

（2）选择两个侧面，如图 7-109 所示，在弹出的工具栏 中单击 按钮，此时工具栏变成 形式，使其距离凹槽内侧壁一面为"0.025mm"，如图 7-109 左图所示，注意距离的方向，若方向有误可取消或选择【反转尺寸】复选项来进行调整。

（3）使用类似方法使滑块距离凹槽底面为"0.025mm"，如图 7-109 右图所示。

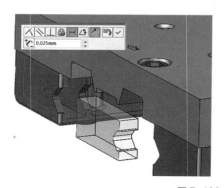

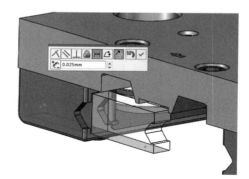

图 7-109　装配 V 型滑块

（4）外延面相距为"0.5mm"，如图 7-110 所示。

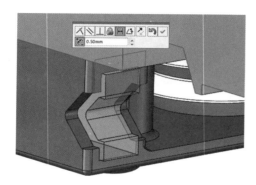

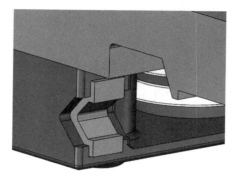

图 7-110　完成 V 型滑块的装配

（5）按照类似方法装配其他的 V 型块，结果如图 7-111 所示。

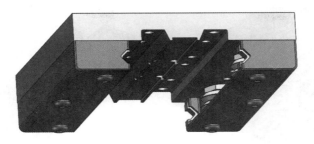

图 7-111　装配其他的 V 型块

STEP06 装配带紧固条。

（1）单击 （插入零部件）按钮，向装配界面中加入零件"紧固条"，如图 7-112 所示。

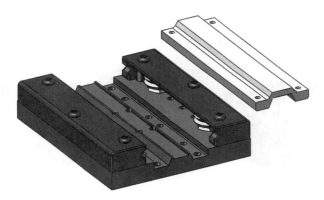

图 7-112　插入"紧固条"

（2）选择载物平台上的面和紧固条上的面，在弹出的工具栏 中单击 （重合）按钮，如图 7-113 左图所示，然后单击 按钮，如图 7-113 右图所示。

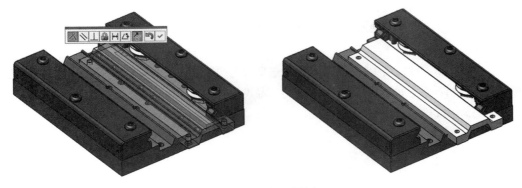

图 7-113　添加重合约束

（3）在设计树中单击"载物平台"零件前的 图标，选中面"Front Plane"，再单击"紧固条"零件前的 图标，选中面"Front Plane"，在弹出的工具栏 中单击 （重合）按钮，如图 7-114 左图所示，然后单击 按钮，结果如图 7-114 右图所示。

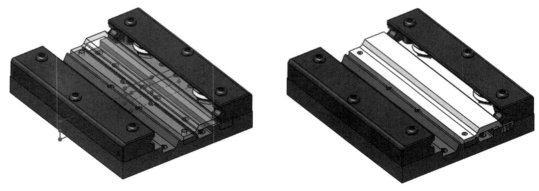

图 7-114　移动载物平台

（4）选择螺孔与对应的定位孔同轴，在弹出的工具栏 中单击 ◎（同轴心）按钮，如图 7-115 左图所示，单击 ✓ 按钮，得到如图 7-115 右图所示的装配结果。

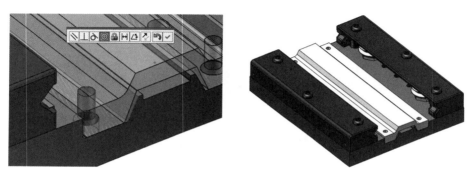

图 7-115　完成装配

（5）单击 按钮，保存文件，完成整个装配体的创建。

7.3　小结

组件装配是将使用各种方法创建的单一零件组装为大型模型的重要设计方法。装配之前，首先必须深刻理解装配约束的含义和用途，并熟悉系统所提供的多种约束方法的适用场合。同时，还应该掌握约束参照的用途和设定方法。

装配时，首先根据零件的结构特征和装配要求选取合适的装配约束类型，然后分别在两个零件上选取相应的约束参照来限制零件之间的相对运动。在进行产品设计的时候，往往需要一边装配一边修改零件，这时可以使用在装配体中直接编辑零件的功能。

7.4　习题

1. 简要说明装配操作的含义与用途。
2. 将两个零件装配在一起的主要操作步骤是什么？
3. 在装配体中，如何隐藏或改变零件的显示方式？
4. 何谓子装配体，有何用途？
5. 模拟本章的两个典型实例，掌握装配设计的方法和技巧。

第8章

钣金设计

【学习目标】

- 明确钣金零件的含义。
- 明确创建钣金的方法。
- 明确创建各种法兰基体的方法。
- 掌握创建钣金零件的一般方法和技巧。

钣金产品在我们的日常生活中随处可见，小到日用家电、微波炉、橱柜和电脑，大到汽车、飞机及高铁等。随着科技的不断发展，它已经渗透到各行各业，是我们新世纪无法忽略的产品。由于生活水平的不断提高，我们对于产品外观、质量的要求也越来越高，利用软件对钣金件进行设计优化已经成为一种不可或缺的设计方法。SolidWorks 2017 中的钣金设计模块就给我们提供了强大的设计功能。

8.1 知识解析

钣金是一种利用金属的可塑性制成等厚的薄片材料产品，通过各种手段使材料弯曲、变形和冲裁等成形工艺制成单个零件，通过焊接、铆接等手段装配完整的钣金件。

8.1.1 钣金设计环境

钣金最显著的优势就是具有厚度统一、利用率高、重量轻、设计操作简便等特点。

❶ 钣金的设计步骤

SolidWorks 中应用钣金造型进行零件设计，大致要遵循以下基本步骤。

(STEP01) 进入零件设计模式。

(STEP02) 分析钣金件特征，并确定特征地创建顺序。

(STEP03) 创建与修改基体法兰。

(STEP04) 创建转折与边线法兰。

(STEP05) 使用成形工具。

(STEP06) 切除多余材料存储零件模型。

❷ 钣金零件的分类

根据钣金件成形特征的不同，大致可以将钣金件分为 3 大类，即平板类钣金、型材类钣金和折弯类钣金。每一大类钣金又包含不同的小分类。

- ◎ 平板类钣金又可分为剪切成形钣金、冲裁成形钣金和铣切成形钣金。
- ◎ 折弯类钣金又可分为滚压钣金、闸压钣金、液压钣金和拉伸钣金。
- ◎ 型材类钣金又可分为直型材钣金、拉弯钣金和压弯钣金。

❸ 设计工具

在功能区上单击鼠标右键，弹出如图 8-1 所示的快捷菜单，勾选【钣金】项目。即可显示【钣金】功能区，如图 8-2 所示为【钣金】功能区中的所有工具。以下将介绍几种常用的钣金工具功能。

图 8-1 快捷菜单

图 8-2 【钣金】功能区

◎ 基体工具：基体工具包括【基体法兰 / 薄片】、【转换到钣金】和【放样折弯】。这是钣金造型的第一步，是钣金的载体，设定钣金件的基本参数。

◎ 折弯工具：折弯工具的作用是在生成基体法兰以后，对其进行折弯造型。折弯工具包括【边线法兰】、【斜接法兰】、【褶边】、【转折】、【绘制的折弯】和【交叉、折断】。

◎ 边角工具：边角工具则是对造型好的钣金进行边角处理，包括【封闭角】、【焊接边角】、【断开边角】和【边角剪裁】。

◎ 成形工具：其功能为事先将模型表面制作成成形模具进行保存，用以生成钣金的复杂表面。

◎ 切除工具：切除工具主要作用是生成散热面、散热孔等特征，包括简单直孔、通风口造型。

◎ 展开工具：展开工具即是将造型好的钣金件沿某一选定平面进行展开，形成一块平整的钣金。

◎ 实体工具：实体工具是指将实体生成钣金件的工具。

8.1.2 钣金法兰

在 SolidWorks 2017 中，钣金件的成形有 4 种方式，分别是基体法兰、薄片、斜接法兰和边线法兰，使用这些成形工具生成的法兰特征可以预先设定其厚度，4 种成形工具其特征和主要生成形状如表 8-1 所示。

表 8-1 4 种法兰特征列表

法兰特征	草图形状	生成效果	名称解释
基体法兰			基体法兰是新钣金零件的第一个特征。基体法兰特征是从草图生成的。在一个 SolidWorks 零件中，只能有一个基体法兰特征。它与基体拉伸特征类似，但它可以生成指定的半径折弯

法兰特征	草图形状	生成效果	名称解释
薄片	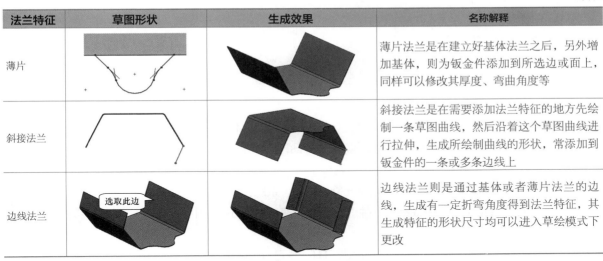		薄片法兰是在建立好基体法兰之后，另外增加基体，则为钣金件添加到所选边或面上，同样可以修改其厚度、弯曲角度等
斜接法兰			斜接法兰是在需要添加法兰特征的地方先绘制一条草图曲线，然后沿着这个草图曲线进行拉伸，生成所绘制曲线的形状，常添加到钣金件的一条或多条边线上
边线法兰	选取此边		边线法兰则是通过基体或者薄片法兰的边线，生成有一定折弯角度得到法兰特征，其生成特征的形状尺寸均可以进入草绘模式下更改

❶ 基体法兰

基体法兰是钣金件的一个重要特征，也是钣金件的基础。执行菜单命令中的【插入】/【钣金】/【基体法兰】，或者在【钣金】功能区中单击（基体法兰 / 薄片）按钮，打开如图 8-3 所示的【基体法兰】属性管理器。其具体功能介绍如下。

图 8-3 【基体法兰】属性管理器

要点提示　　　此处打开【基体法兰】属性管理器是建立在已经绘制好草图的基础上，如图 8-4 左图所示。没有绘制好的草图，则执行【基体法兰】命令后，需要先选取一个基准平面，绘制完草图并退出草绘环境，才会打开【基体法兰】属性管理器。

（1）【方向】：此区域表示用于设置基体法兰的拉伸类型，和前面几章创建三维拉伸模型一样。

（2）【钣金规格】：此区域用于设定钣金零件的规格，勾选【使用规格表】复选框则表示按规格表设置钣金规格。

（3）【钣金参数】：此区域用于设置钣金的各项参数。

◎ 🔲设置钣金的厚度。

◎ 🔲反向(I)定义钣金件厚度方向。

◎ 🔲设置钣金件的折弯半径。

（4）【折弯系数】：设置折弯的生成类型，分别有折弯系数表、K 因子、折弯系数、折弯扣除和折弯计算 5 中形式。

（5）【自动切释放槽】：生成释放槽开口类型，有矩形、撕裂形和矩圆形 3 种形式。

设置完如图 8-3 所示的参数后，生成基体法兰如图 8-4 所示。

◎ 在单一的开环轮廓草图的曲线中不能包含样条线，否则会造成无法生成基体法兰。

◎ 在单一的开环轮廓草图中所有直角出无需倒圆角，系统会根据设定的折弯半径在直角出自动生成折弯，并进行圆角处理，如图 8-4 所示。

◎ 钣金件是由草图生成，其生成草图可以是开环，也可以是闭环，还可以是多重闭环，具体如表 8-2 所示。

图 8-4　生成基体法兰

表 8-2　钣金草图形式

草图	名称解释	草图形状	生成效果
单一开环轮廓	草图形状为断开的曲线，可以用于拉伸、旋转、剖面等		
单一封闭轮廓	草图形状为封闭的曲线，也是常用于拉伸、旋转、剖面等		
多重封闭轮廓	草图形状为封闭的曲线，且内部还有多重封闭曲线轮廓，常用语切除、拉伸、成形等		

❷ 边线法兰

通过执行菜单命令中的【插入】/【钣金】/【基体法兰】，或者在【钣金】功能区中单击 🔲 按钮，打开如图 8-5 所示的【基体法兰】属性管理器。其具体功能介绍如下。

图 8-5　【边线法兰】属性管理器

（1）【法兰参数】：设置边线法兰生成的各项参数。

◎ 🗂文本框：收集所选取的边线文本框。

◎ ▭编辑法兰轮廓(E) 按钮：在选择好参考边线后，单击此按钮打开【轮廓草图】对话框，如图 8-6 所示。进入草绘模式修改生成边线法兰的轮廓草图。

图 8-6 【轮廓草图】对话框

◎ 【使用默认半径】：勾选此项确定是否使用默认半径。

◎ ⟋文本框：用于设置边线法兰的折弯半径。

◎ ✂文本框：用于设置边线法兰之间的缝隙距离，如图 8-7 所示。

图 8-7 不同缝隙距离

（2）【角度】：设置生成法兰的角度，如图 8-8 所示。

图 8-8 不同角度形状

◎ ▭与面垂直(N)：激活后的边线法兰与另一个被选择面垂直，如图 8-9 所示。

◎ ▭与面平行(R)：激活后的边线法兰与另一个被选择面平行，如图 8-10 所示。

图 8-9 与面垂直样式

图 8-10 与面平行样式

（3）【法兰长度】：通过单击不同按钮可以调节法兰生成的方向和长度。

◎ ⬀：单击此按钮，调整生成方向。

◎ ⬧：文本框输入生成深度值。

◎ 此按钮名称为"外部虚拟交点"，设置后边线法兰的总长是从折弯面的外部虚拟交点处开始计算，直到折弯平面区域端部为止。

◎ 此按钮名称为"内部虚拟交点"，设置后边线法兰的总长是从折弯面的内部虚拟交点处开始计算，直到折弯平面区域端部为止。

◎ 此按钮名称为"双弯曲"，设置后边线法兰的总长是从折弯面相切虚拟交点处开始计算，直到折弯平面区域端部为止。

（4）【法兰位置】：通过单击不同按钮可以调节法兰的生成属性。

◎ 此按钮名称为"材料在内"，设置后边线法兰的外侧面与附着边平齐，如图 8-11 所示。

◎ 此按钮名称为"材料在外"，设置后边线法兰的内侧面与附着边平齐，如图 8-12 所示。

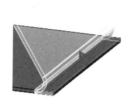
图 8-11　材料在内

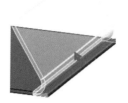
图 8-12　材料在外

◎ 此按钮名称为"弯折在外"，设置后边线法兰的折弯特征直接加在基础特征上，用来创建材料而不改变基础特征尺寸，如图 8-13 所示。

◎ 此按钮名称为"虚拟交点的折弯"，设置后的折弯特征加在虚拟交点处，如图 8-14 所示。

◎ 此按钮名称为"与折弯相切"，设置后的折弯特征加在折弯相切处，如图 8-15 所示。

图 8-13　折弯在外

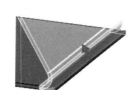
图 8-14　虚拟交点的折弯

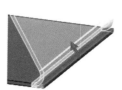
图 8-15　与折弯相切

◎ 剪裁侧边折弯(T) 复选框：确定是否移除邻近折弯的多余材料，如图 8-16 所示。

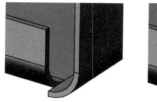
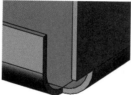
图 8-16　【剪裁侧边折弯】效果

◎ 等距(f) 复选框：选择以等距方式生成法兰，如图 8-17 所示。

图 8-17　勾选【等距】效果

在创建边线法兰特征时，首先必须在已经建好的基体法兰上选取一条边线或多条边线，所选的边线可以是直线也可以是曲线，然后再定义边线法兰的生成方向，设置其尺寸，以及生成边线法兰和基体法兰之间的开槽角度。最后完成边线法兰的创建。效果如图 8-18 所示。

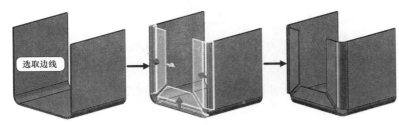

选取边线

图 8-18　边线法兰创建过程

8.1.3　基础训练——创建基体法兰

下面利用基体法兰工具和边线法兰工具创建基体法兰，如图 8-19 所示为最终设计法兰特征。

图 8-19　创建基体法兰

【操作步骤】

(STEP01)　新建零件文件。

单击 按钮新建零件文件，使用默认设计模板进入三维建模环境。

(STEP02)　绘制草图。

（1）在执行菜单命令中的【插入】/【钣金】/【基体法兰】，或单击 按钮选取【前视基准面】为草绘平面。

（2）利用 工具绘制草图，如图 8-20 所示，退出草绘环境。

(STEP03)　设置基体法兰参数。

（1）设置【方向 1】深度为 "75mm"，单击【使用规格表】选择 "SAMPLE TABLE-ALUMINUM"。

（2）设置钣金参数。厚度为 "Gauge18"，折弯半径为 "3"，折弯系数为 "K 因子"。自动切释放槽为 "矩圆形"，勾选【使用释放槽比例】，值为 "0.5"，如图 8-21 所示。

创建基体法兰

（3）单击 ☑ 按钮，完成基体法兰的创建，结果如图 8-22 所示。

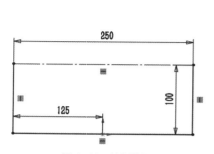

图 8-20　绘制草图

图 8-21　【基体法兰】属性管理器

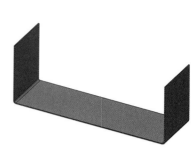

图 8-22　创建结果

STEP04　生成边线法兰。

（1）在【钣金】功能区中单击 边线法兰 按钮，选取如图 8-23 所示的边线，向右移动光标，单击后定义法兰方向。

（2）设置【法兰参数】缝隙距离为"0.25mm"，角度为"90 度"，【法兰长度】给定深度为"22mm"。

（3）测量起始处为 ◿（外部虚拟交点），【法兰位置】为 ◪（材料在内），勾选【剪裁侧边折弯】，如图 8-24 所示。

（4）单击 ☑ 按钮，完成边线法兰的创建，结果如图 8-25 所示。

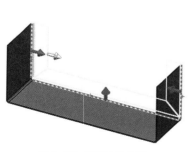

图 8-23　选择边线参照

图 8-24　设置边线法兰参数

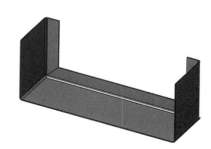

图 8-25　生成边线法兰

STEP05　创建切除材料。

（1）在【草图】功能区中单击 ◻ 按钮，在【右视基准面】上绘制如图 8-26 所示的草图。

（2）在【特征】功能区中单击 ▣ 按钮，设置深度为【完全贯穿】，结果如图 8-27 所示。

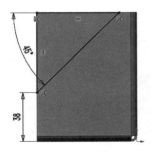

图 8-26 绘制草图

图 8-27 切除结果

(STEP06) 创建边线法兰 2。

（1）单击 ▣边线法兰 按钮，选取如图 8-28 所示的边线，移动光标，单击后定义法兰方向。

（2）设置【角度】为"90 度"，【法兰长度】给定深度为"22mm"，测量起始点 ▣（外部虚拟交点），【法兰位置】为 ▣（材料在内），取消勾选【剪裁侧边折弯】。

（3）单击 ▣ 按钮，完成边线法兰的创建，结果如图 8-29 所示。

图 8-28 选择边线参照

图 8-29 创建边线法兰

(STEP07) 生成释放槽。

（1）在【设计树】中右键单击 ▣边线-法兰2 特征打开快捷菜单，单击 ▣ 按钮进入特征编辑。

（2）展开【自定义释放槽类型】，将默认的钣金参数【圆矩形】设定为【撕裂形】，如图 8-30 所示。

（3）单击 ▣ 按钮，生成如图 8-31 所示的拉伸切除实体。

图 8-30 定义释放槽参数

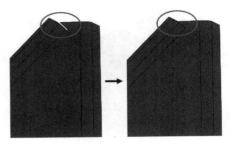

图 8-31 生成释放槽形状

(STEP08) 编辑边线法兰。

（1）进入【边线－法兰 2】特征编辑，展开【自定义释放槽类型】，单击 ▣ 按钮，设置切口延伸，如图 8-32 所示。

（2）单击 ▣ 按钮，生成如图 8-33 所示的释放槽形状。

图 8-32　定义释放槽参数

图 8-33　生成释放槽形状

STEP09 添加薄片。

（1）单击 按钮，选择如图 8-34 所示的参考面，绘制如图 8-35 所示的草图，退出草绘环境。

图 8-34　选取边线参照

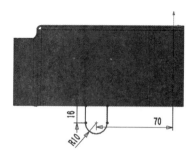

图 8-35　绘制草图

（2）勾选【合并结果】选项，单击 按钮，生成如图 8-36 所示的薄片。

STEP10 镜像薄片。

（1）在【设计树】中选中【薄片1】，单击 镜向 按钮，选择【右视基准面】为参考面。

（2）单击 按钮，生成如图 8-37 所示的镜像特征。

图 8-36　生成结果

图 8-37　镜像边线法兰

STEP11 添加孔。

（1）在【特征】功能区中单击 按钮，打开【孔规格】属性管理器。

（2）设置【孔类型】为 ，【标准】为"ANSI Metric"，【类型】为"钻孔大小"。

（3）【大小】为"10"，【终止条件】为【成形到下一面】。

（4）切换到【位置】选项卡，单击 3D草图 按钮，选择孔的放置点，如图 8-38 所示。

（5）单击 按钮，生成如图 8-39 所示的简单孔特征。

图 8-38　选取孔位置

图 8-39　创建简单孔

8.1.4　折弯钣金件

对于已经生成好的钣金件进行折弯，是一种在钣金设计中常用的成形方式，也是实际生产过程中一道重要工序。通过折弯命令可以对钣金的形状进行改变，从而获得所需要形状的钣金。本小节将重点讲解折弯钣金的设计以及操作加演示，望读者在学习过程中认真思考和总结。

绘制的折弯是将钣金的平面区域以折弯线为基准，通过某一固定面来实现折弯。在进行折弯时，要先绘制一条折弯线，且只能在要折弯的平面区域内绘制。不能跨越另一个折弯，各折弯线应保持方向一致且不相交，钣金折弯的特征包括 4 个基本要素，它们分别是折弯线、固定面、折弯半径及折弯角度。

执行菜单命令中的【插入】/【钣金】/【绘制的折弯】，或者单击【钣金】功能区中的 绘制的折弯 按钮，选取一个平面，进入草绘环境，如图8-40所示，绘制完草绘并退出。打开【绘制的折弯】属性管理器，如图8-41所示。

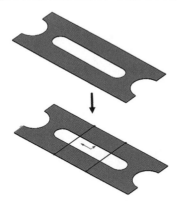

图 8-40　选取平面草绘

图 8-41　【绘制的折弯】属性管理器

【折弯参数】：设置折弯的相关参数，包括固定面、折弯角度、折弯半径等。

◎ 文本框：此文本框为固定面收集框，激活并选取参考面作为折弯固定面。

◎ ：单击此按钮，创建的折弯区域将均匀地分布在折弯线两侧。

◎ ：单击此按钮，折弯线将位于固定面所在平面与折弯壁的外表面所在平面的交线上。

◎ ：单击此按钮，折弯线将位于固定面所在平面的外表面和折弯壁的内表面所在平面的交线上。

◎ ：单击此按钮，折弯区域将位于折弯线的外侧。

◎ ：输入数值参数后，单击此按钮，将调整生成方向。

◎ ：输入数值参数，改变折弯半径尺寸大小。

折弯线为一条或多条直线创建的折弯，创建的一般过程如图8-42所示。

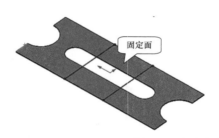

图 8-42　折弯生成过程

8.1.5　基础训练——创建折弯钣金

下面利用拉伸工具和拉伸切除工具设计如图 8-43 所示的开关实体特征。

【操作步骤】

STEP01　创建基体法兰薄片。

（1）单击 按钮，选择【前视基准面】为参考面，绘制如图 8-44 所示的草图，退出草绘环境。

（2）设置钣金厚度为"1.5mm"，其余参数默认，如图 8-45 所示，单击 按钮，完成创建。

创建折弯钣金

图 8-43　折弯钣金模型

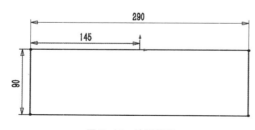

图 8-44　绘制草图

图 8-45　【基体法兰】属性管理器

STEP02　创建折弯。

（1）在【钣金】功能区中单击 绘制的折弯 按钮，选取薄片表面绘制如图 8-46 所示的草图。

（2）退出草绘，选择如图 8-47 所示的参考面为折弯固定面，单击 按钮，设置折弯位置为【材料在外】。

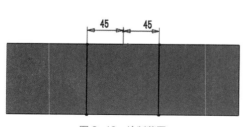

图 8-46　绘制草图

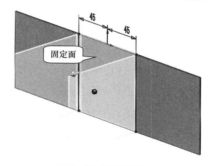

图 8-47　选取固定面

（3）角度为90°，折弯半径为"2.25mm"，如图8-48所示。单击☑按钮，完成创建，结果如图8-49所示。

图8-48 设置折弯参数

图8-49 选取参考面

STEP03 切除多余材料。

（1）选择如图8-49所示的参考面，单击 🔳拉伸切除 按钮，绘制如图8-50所示的草图，退出草绘。

（2）设置方向1终止条件为【完全贯穿】，单击☑按钮，完成创建，结果如图8-51所示。

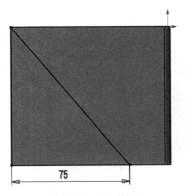

图8-50 绘制草图

图8-51 拉伸切除结果

STEP04 创建边线法兰。

（1）单击【钣金】功能区中的 🟦边线法兰 按钮，选择如图8-52所示的边，拖动鼠标并单击。

（2）设置【法兰长度】为"50mm"，起始点为📐（外部虚拟交点），【法兰位置】为🟦（材料在外）。

（3）单击☑按钮，完成创建，结果如图8-53所示。

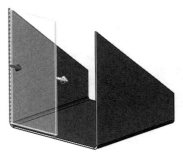

图8-52 选取边线参考

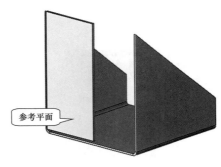

图8-53 创建边线法兰

STEP05 创建转折。

（1）单击功能区中的 ✦转折 按钮，选择如图 8-53 所示的参考面，绘制如图 8-54 所示的草图。

（2）退出草绘环境，设置如图 8-55 所示参数，单击 ✓ 按钮完成创建。结果如图 8-56 所示。

STEP06 创建边线法兰 2。使用 STEP04 操作方法，创建如图 8-57 所示的边线法兰，其中法兰长度为"52mm"，其余参数与 STEP04 一致。

图 8-54 绘制转折线

图 8-55 【转折】属性管理器

图 8-56 生成转折

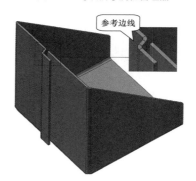

图 8-57 选取参考面

STEP07 创建褶边。

（1）单击功能区中的 ✦褶边 按钮，打开【褶边】属性管理器，选取如图 8-57 所示的边。

（2）设置如图 8-58 所示的参数，单击 ✓ 按钮，完成褶边的创建，结果如图 8-59 所示。

图 8-58 【褶边】属性管理器

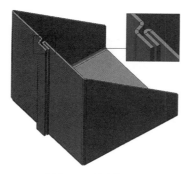

图 8-59 创建的褶边

STEP08 创建边角释放槽。

（1）单击功能区中 ⊛ 边角释放槽 按钮，打开【边角释放槽】属性管理器，单击 收集所有角 按钮。

（2）设置【释放选项】为 ⊞ （等宽），单击 ☑ 按钮，完成创建，结果如图 8-60 所示。

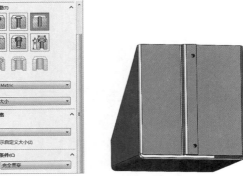

图 8-60 释放槽形状

STEP09 添加孔。

（1）在【特征】功能区中单击 ⊛ 按钮，打开【孔规格】属性管理器。

（2）设置【孔类型】为 ⊞，【标准】为 "ANSI Metric"，【类型】为 "钻孔大小"。

（3）【大小】为 "3mm"，【终止条件】为【成形到下一面】。

（4）切换到【位置】选项卡，单击 3D草图 按钮，选择孔的放置点，如图 8-61 所示。

（5）单击 ☑ 按钮，生成如图 8-62 所示的拉伸切除孔。

图 8-61 约束孔位置

图 8-62 生成简单孔

STEP10 创建展开。

（1）单击功能区中 ⊛ 展开 按钮，打开【展开】属性管理器，选取如图 8-63 所示的面为固定面。

（2）单击 收集所有角 按钮，单击 ☑ 按钮，完成创建，结果如图 8-64 所示。

图 8-63 选取参考面

图 8-64 展开钣金件

STEP11 切除多余材料。

（1）单击功能区中 ⊛ 拉伸切除 按钮，选择如图 8-64 所示的参考平面，绘制如图 8-65 所示的草图。

（2）退出草绘，设置方向 1 为【完全贯穿】，单击 ☑ 按钮，结果如图 8-66 所示。

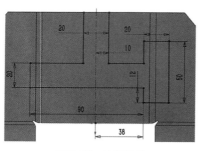

图 8-65　绘制草图

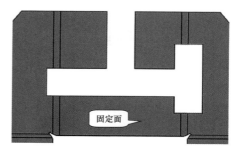

图 8-66　切除材料结果

STEP12　创建折叠。

（1）单击功能区中 折叠 按钮，打开【折叠】属性管理器。

（2）选择如图 8-66 所示的固定面，单击 收集所有折弯(A) 按钮，如图 8-67 所示。单击 ✓ 按钮，结果如图 8-68 所示。

图 8-67　收集折弯

图 8-68　创建折叠结果

STEP13　创建断开边角。

（1）单击功能区中 断开边角 按钮，打开【断开 - 边角】属性管理器。

（2）设置【折断类型】为【圆角】，距离为"2mm"，选择如图 8-69 所示的固定面。

（3）单击 ✓ 按钮，结果如图 8-70 所示。

图 8-69　选取圆角参照

图 8-70　生成结果

STEP14　完成模型创建，选择适当路径保存文件。

8.1.6　成形钣金

❶ 钣金成形工具

成形工具在钣金件设计中应用的非常广泛，它是一种可以用来冲制或压制成形的钣金特征。生活中最常见的就是在台式机电脑的机箱上，会有很多凸起的散热口，而这些散热口就是通过成形工具设计的，如图 8-71 所示。

成形工具的几何体代表了冲制或压制成形的凹陷空间，成形工具的停止面是指所创建的成形工具要被应用到钣金件表面。成形工具的面也可以设置为要移除的面，当此工具被应用到钣金件上时，事先被定义为要移除面的那部分将会在钣金件上移除掉，如图 8-72 所示。

图 8-71　成形特征

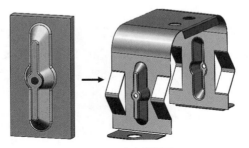

图 8-72　定义移除面

❷ 打开成形工具

Solidwork 2017 软件设计库中带有很多已经创建好的钣金成形工具，利用这些自带的钣金成形工具可以生成各种钣金成形特征，软件系统设计库中的成形工具分别是 embosses（凸台特征）、extruded flanges（冲孔特征）、louvers（百叶窗特征）、ribs（筋特征）、lances（切开特征）5 种成形形式。具体打开方法为单击软件界面最右边的 按钮，打开【设计库】面板。找到 Design Library 选项下的【forming tools】文件夹，并将其展开，即可看到系统自带的成形工具，如图 8-73 所示。

❸ 使用成形工具

（1）创建或者打开一个钣金零件文件（这里打开素材 / 隔板）。单击软件界面右边【任务窗口】中的【设计库】 按钮，打开【设计库】操控面板，在操控面板中按照路径 "Design Library\forming tools\" 可以找到 5 种成形工具的文件夹，在每一个文件夹中都有若干种成形工具。

图 8-73　【设计库】操控面板

（2）在设计库中选中 embosses（凸起）工具中的 "drafted rectangular emboss" 成形按钮，按下鼠标左键，将其拖入钣金零件需要放置成形特征的表面，单击 按钮完成，如图 8-74 所示。

（3）完成后系统弹出【成形工具特征】属性管理器，随意拖放的成形特征位置没有限定，这里主要演示其特征生成情况，所以位置可以忽略。为了显示效果清楚，这里在生成的时候单击了 反转工具(F) 按钮，使其凸面朝上。单击 按钮完成创建，结果如图 8-75 所示。用户也可以在设计过程中自己创建新的成形工具或者对已有的成形工具进行修改，来实现不同的成形效果，下一小节将介绍具体的设计方法。

图 8-74　拖入成形工具

图 8-75　生成结果

❹ 修改成形工具

　　SolidWorks 软件【设计库】中自带的成形工具形成，其大小和尺寸是已经固定了的。而用户在进行钣金件设计过程中，不可能每个产品都刚好和设计库中带的成形工具尺寸大小一致。不能恰好满足用户使用要求，为了解决这个问题，用户可以对所需要用到的成形工具修改尺寸，然后再将修改过的成形工具另存为。修改成形工具的操作步骤如下。

（STEP01）打开 SolidWorks 2017 软件设计库，在操控面板中按照路径"Design Library\forming tools\"找到需要修改的成形工具，鼠标双击成形工具按钮。这里鼠标双击的是 embosses（凸起）工具中的"circular emboss"成形工具，如图 8-76 所示。系统就会进入"circular emboss"成形特征的设计界面，如图 8-77 所示。

图 8-76 【设计库】操控面板

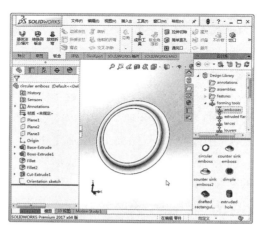

图 8-77 进入内部编辑

（STEP02）在软件左侧的【设计树】中右键单击"Boss-Extrudel"特征，在弹出的快捷菜单中单击 🖉 按钮，如图 8-78 所示。

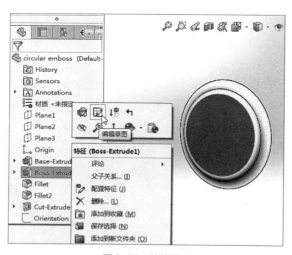

图 8-78 编辑草图

（STEP03）鼠标双击草图中的圆直径尺寸，将其数值更改为"70"，如图 8-79 所示。然后退出草图环境，成形特征的尺寸将变大。

STEP04 在左侧的【设计树】中右键单击"Fillet2"特征，在弹出的快捷菜单中单击 按钮，如图 8-80 所示。进入内部编辑。在"Fillet2"特征对话框中更改圆角半径数值为"10"。单击 按钮，结果如图 8-81 所示，完成后保存成形工具。

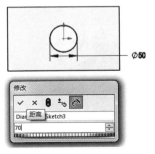

图 8-79　修改直径尺寸

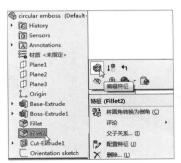

图 8-80　编辑特征

图 8-81　修改圆角参数

❺ 创建新成形工具

虽然可以直接利用设计库中自带的成形工具，但是毕竟类型有限，无法满足所有设计需求。当用户在设计产品过程中，在某些场合需要用到一些特殊的成形特征时，就可以自己创建新的成形工具，然后将其添加到"设计库"中，以备后用。创建新的成形工具和创建其他实体零件的方法一样。下面举例创建一个新的成形工具，其操作步骤如下。

STEP01 新建一个零件文件，选择【前视基准面】，创建如图 8-82 所示的拉伸长方体。

STEP02 选取如图 8-82 所示的参考面，再创建一个拉伸凸台，拔模角度为"10°"，结果如图 8-83 所示。

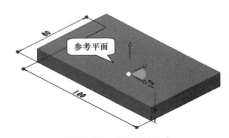

图 8-82　创建拉伸凸台

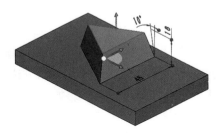

图 8-83　创建三棱锥

STEP03 单击【特征】功能区 按钮，打开【倒圆角】属性管理器。设置圆角半径为"5mm"，选择三棱锥的三条边。单击 按钮完成，设置参数和结果如图 8-84 所示。

图 8-84　创建圆角特征

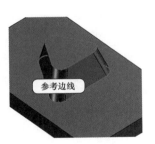

图 8-85　选择倒圆边

STEP04 再次使用倒圆角工具，设置同样的圆角半径，选择如图 8-85 所示的两条边，单击 ✓ 按钮完成，结果如图 8-86 所示。

STEP05 单击【特征】工具栏中的 按钮，选择如图 8-86 所示的平面，绘制一个矩形将底座全部切除掉，结果如图 8-87 所示。

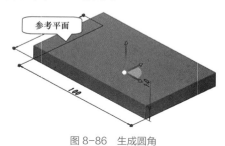

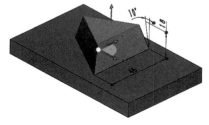

图 8-86　生成圆角　　　　　　　　　　　　　　　　图 8-87　切除多余材料

STEP06 单击【钣金】功能区中的 按钮，或者执行菜单命令中的【插入】/【钣金】/【成形工具】，打开如图 8-88 所示的【成形工具】属性管理器。

STEP07 单击如图 8-89 所示的底面作为【停止面】参考，如图 8-90 所示，单击 ✓ 按钮完成，完成成形工具的创建。

图 8-88　【成形工具】属性管理器　　　图 8-89　选取停止面　　　图 8-90　成形工具参数

STEP08 保存零件文件。在操作界面左边成形工具零件的【设计树】中，右键单击零件名称，在弹出的快捷菜单中选择【添加到库】命令，如图 8-91 所示。系统弹出【添加倒库】属性管理器。

STEP09 选择保存路径"Design Library\formingtools\embosses\"，如图 8-92 所示。将此成形工具命名为"三棱锥台"，单击 ✓ 按钮保存。就可以把创建的成形工具保存在设计库中，如图 8-93 所示。

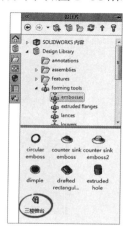

图 8-91　添加到库中　　　　　　图 8-92　另存为目录　　　　　　图 8-93　保存位置

STEP10 除了使用 STEP09 保存成形工具的方法以外，还可以在设计库中选中对应的文件夹，单击鼠标右键，在弹出的菜单中选择【打开文件夹】，如图 8-94 所示。把外部保存的成形工具直接复制到文件夹里，同样可以将成形工具保存到库。图 8-95 所示为刚创建的成形工具在模型中的应用。

图 8-94　打开文件夹

图 8-95　创建应用

8.1.7　基础训练——创建机罩成形特征

下面介绍如何创建成形工具以及使用成形工具设计钣金零件的方法，图 8-96 所示为最终设计的机罩模型。

【操作步骤】

STEP01 打开资源包。

单击 按钮打开【打开】对话框，选取"第8章／素材／成形工具／成形.sldprt"零件，如图 8-97 所示。

STEP02 创建分割线。

（1）执行菜单命令中的【插入】/【曲线】/【分割线】，打开如图 8-98 所示的【分割线】属性管理器。

创建机罩成形特征

图 8-96　机罩模型

参考曲线

图 8-97　成形特征

图 8-98　【分割线】属性管理器

（2）勾选【投影】和【单项】选项，激活 选择框，选取 8-97 所示的参考曲线。

（3）再激活第二个【面】选择框，选取如图 8-99 所示的参考面 1。单击 按钮，完成分割线地创建。

参数如图 8-100 所示。

图 8-99　选取参考面

图 8-100　【分割线】属性管理器

STEP03　创建成形工具。

（1）在【钣金】功能区中单击 按钮，打开如图 8-101 所示的【成形工具】属性管理器。

（2）选取如图 8-102 所示的参考面 2 作为【停止面】参考，选取参考面 3 作为【要移除的面】参考。

图 8-101　【成形工具】属性管理器

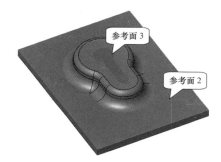

图 8-102　选取参考面

（3）切换至【插入点】选项卡，此时插入点位于【停止面】的几何中心。按住 Ctrl 键选取如图 8-103 所示的两个参考点，在左边【属性】属性管理器中单击 重合(D) 按钮。

（4）单击 按钮，完成插入点的创建。

STEP04　完成成形工具创建后，模型如图 8-104 所示。红色表示需要移除的面，青色表示不包含在工具中的几何体。

图 8-103　固定插入点

图 8-104　生成成形工具

STEP05　另存为成形工具文件至桌面，在格式列表中选取"Form Tool（*.sldftp）"格式，并命名为"锁芯"。关闭文件，不要保存。

STEP06 为模型添加成形工具。

（1）单击 按钮，打开"第 8 章 / 素材 / 机壳"素材模型，如图 8-105 所示。

（2）单击软件界面右边任务窗口中的 按钮，展开【桌面】找到 STEP05 保存的"锁芯"成形工具。

（3）拖曳"锁芯"文件到模型的侧面，如图 8-106 所示。

图 8-105　打开的模型

图 8-106　拖入锁芯成形工具

STEP07 设定成形参数。

（1）在【成形工具特征】管理器中设置【旋转角度】为"270 度"，切换至【位置】选项卡。

（2）在【草图】功能区中单击 按钮，约束成形位置，如图 8-107 所示。

（3）单击 按钮，完成锁芯成形特征的创建，结果如图 8-108 所示。

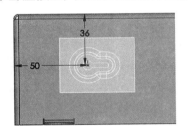

图 8-107　约束位置

图 8-108　创建结果

STEP08 创建第二个成形特征。

（1）拖曳"锁芯"文件到模型的另一侧面，如图 8-109 所示。

（2）设置旋转角度为"90 度"，切换至【位置】选项卡，设置同样的约束尺寸。

（3）单击 按钮，完成另一边锁芯成形特征的创建，结果如图 8-110 所示。

STEP09 展开机壳模型如图 8-111 所示。

图 8-109　拖入成形工具

图 8-110　创建成形结果

图 8-111　展开机罩

STEP10 完成机壳成形创建，选取适当路径保存模型。

8.2　典型实例

下面通过一组典型实例来介绍钣金设计的基本方法与技巧。

8.2.1　实例 1 ——创建机壳零件

下面利用基体法兰工具、边线法兰工具以及成形工具设计钣金零件，图 8-112 所示为机壳模型特征。

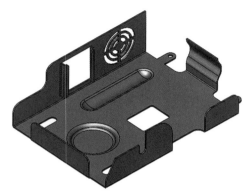

图 8-112　机壳模型

【操作步骤】

STEP01　创建基体法兰薄片。

（1）单击 按钮，选择【前视基准面】为参考面，绘制如图 8-113 所示的草图，退出草绘环境。

（2）设置钣金厚度为"1.5mm"，其余参数默认，如图 8-114 所示，单击 按钮，完成创建。

创建机壳零件

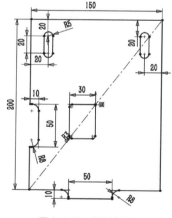

图 8-113　绘制草图

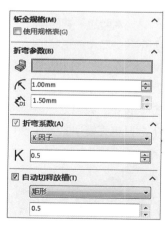

图 8-114　设置钣金参数

STEP02　创建边线法兰。

（1）在【钣金】功能区中单击 边线法兰 按钮，选取如图 8-115 所示的边线，完成后退出草绘。

（2）设置【角度】为"90 度"，单击 设置【法兰位置】为材料在外，单击【法兰参数】中的 编辑法兰轮廓(E) 按钮。

（3）绘制如图 8-116 所示的草图，单击 按钮，完成创建，结果如图 8-117 所示。

图 8-115　生成基体法兰

图 8-116　编辑草绘轮廓

STEP03　创建边线法兰 2。

（1）选择如图 8-117 所示的参考边线 1，单击 ▣ 边线法兰 按钮。设置起始点为 ▨（外部虚拟交点），法兰位置为 ▣（材料在外）。

（2）单击【法兰参数】中的 ▭ 编辑法兰轮廓(E) 按钮，绘制如图 8-118 所示的草图。

图 8-117　生成边线法兰

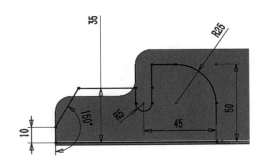

图 8-118　编辑草绘轮廓

（3）完成草绘，单击 ☑ 按钮，完成创建。结果如图 8-119 所示。

STEP04　创建边线法兰 3。

（1）选择如图 8-119 所示的参考边线 2，单击 ▣ 边线法兰 按钮。设置起始点为 ▨（外部虚拟交点），法兰位置为 ▣（材料在外）。

（2）单击【法兰参数】中的 ▭ 编辑法兰轮廓(E) 按钮，绘制如图 8-120 所示的草图。

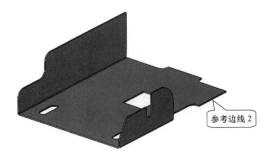

图 8-119　选取参考边线

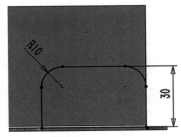

图 8-120　编辑轮廓

（3）完成草绘，单击 ☑ 按钮，完成创建。结果如图 8-121 所示。

STEP05　绘制斜接法兰。

（1）选择如图 8-122 所示的参考面，绘制图 8-123 所示的草图，退出草绘环境。

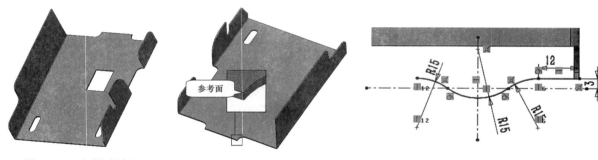

图 8-121　生成边线法兰　　　　图 8-122　选取参考面　　　　图 8-123　绘制草图

（2）单击功能区中的 斜接法兰 按钮，设置如图 8-124 所示的参数，单击 ✓ 按钮完成创建。结果如图 8-125 所示。

图 8-124　设置【斜接法兰】参数

图 8-125　生成斜接法兰

STEP06 创建成形特征 1。

（1）单击界面窗口最右边的【设计库】 按钮，找到 Design Library 选项下的 forming tools 文件夹并将其展开，如图 8-126 所示。

（2）单击 embosses 选项，在其下面的窗口中把 "circular emboss" 成形文件拖入绘图区中，如图 8-127 所示。

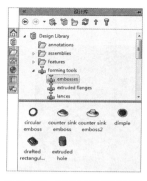

图 8-126　【设计库】操控面板

图 8-127　拖入成形工具

（3）系统打开【成形工具特征】属性管理器，如图 8-128 所示，单击 反转工具(F) 按钮，再切换至 位置 选项卡。

（4）单击【草图】功能区中的 按钮，添加尺寸，约束成形工具的位置，如图 8-129 所示。

（5）单击 ✓ 按钮完成成形特征 1 的创建，结果如图 8-130 所示。

图 8-128　设置成形参数

图 8-129　约束尺寸位置

图 8-130　生成的成形特征

STEP07 创建成形特征 2。

（1）使用同样的创建方法，单击 ribs 选项将 "single rib" 成形文件拖入到绘图区，如图 8-131 所示。

（2）设置角度为 "0"，单击 反转工具(F) 按钮，设置如图 8-132 所示的约束尺寸。

（3）单击 ✓ 按钮，完成成形特征 2 的创建，结果如图 8-133 所示。

图 8-131　拖入成形工具

图 8-132　约束尺寸位置

图 8-133　生成的成形特征

STEP08 创建边线法兰 5。

（1）选取如图 8-134 所示的参考边线，单击功能区中 边线法兰 按钮，设置起始点为 ◿（外部虚拟交点），法兰位置为 ⬛（折弯在外）。

（2）单击【法兰参数】中的 编辑法兰轮廓(E) 按钮，绘制如图 8-135 所示的草图。

（3）完成后单击 ✓ 按钮，结果如图 8-136 所示。

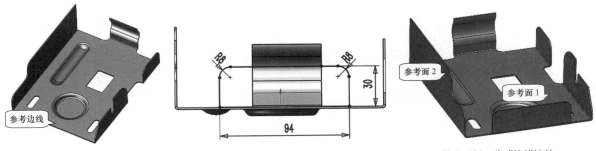

图 8-134　选取参考边　　　　图 8-135　绘制草图　　　　图 8-136　生成边线法兰

STEP09 创建薄片。

（1）选取如图 8-136 所示的参考面 1，绘制如图 8-137 所示的草图，完成后退出草绘环境。

（2）单击 按钮，打开【基体法兰】属性管理器，勾选【合并结果】选项。

（3）单击 按钮，生成如图 8-138 所示的薄片。

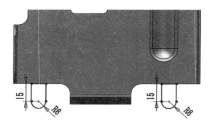

图 8-137　绘制草图

图 8-138　生成薄片

STEP10 创建通风口。

（1）选取如图 8-136 所示的参考面 2，绘制 4 个同心圆，再绘制两条相互垂直的直线，其具体参数和尺寸如图 8-139 所示。

（2）单击功能区中 通风口 按钮，打开【通风口】属性管理器，如图 8-140 所示。

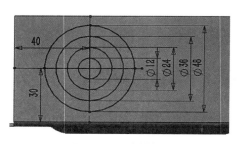

图 8-139　绘制草图

图 8-140　【通风口】属性管理器

（3）选取草图中的最大直径圆作为边界，键入圆角半径数值为"1mm"；选择两条互相垂直的直线作为通风口的筋，键入筋的宽度数值为"2.5mm"。

（4）选择中间的两个圆作为通风口的翼梁，键入翼梁的宽度数值为"2mm"，选择最小直径的圆作为通风口的填充边界。

（5）设置结束后参数如图 8-141 所示。单击 按钮，生成通风口如图 8-142 所示。

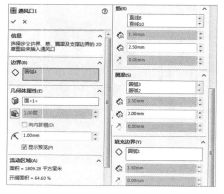

图 8-141　设置【通风口】参数

图 8-142　生成通风口

STEP11 切除多余材料。

（1）单击▣按钮选取如图 8-142 所示的参考面，单击◲按钮绘制边长为"48mm"的正方形，如图 8-143 所示。

（2）退出草绘，设置方向 1 为【形成到下一面】，单击✓按钮，结果如图 8-144 所示。

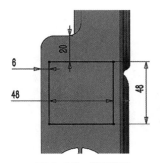

图 8-143　绘制草图

图 8-144　创建切除结果

STEP12 创建边线法兰。

（1）单击功能区中 🦢边线法兰 按钮，选取如图 8-145 所示的参考边线。

（2）设置角度为"90 度"，长度为"12mm"。起始点为◿（外部虚拟交点），法兰位置为◳（折弯在外）。

（3）单击✓按钮，结果如图 8-146 所示。

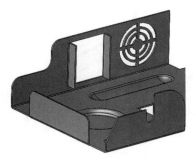

图 8-145　选取边线

图 8-146　生成边线法兰

STEP13 创建断开边角。

（1）单击功能区中🦢断开边角按钮，打开【断开 - 边角】属性管理器。

（2）设置【折断类型】为◿（倒角），距离为"3mm"，选择如图 8-147 所示的 4 个边角。

（3）单击✓按钮，结果如图 8-148 所示。

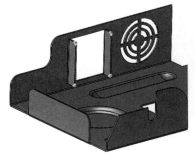

图 8-147　选取倒角边

图 8-148　创建倒角特征

STEP14 创建绘制的折弯 1。

（1）单击功能区中的 **绘制的折弯** 按钮，选取如图 8-148 所示的参考面，进入草图绘制环境。

（2）绘制如图 8-149 所示的草图，设置折弯角度为"90 度"，折弯位置为 **丌**（折弯中心线）。

（3）选取如图 8-149 所示的参考面为【固定面】，单击 ✓ 按钮结果如图 8-150 所示。

图 8-149 绘制草图

图 8-150 创建绘制的折弯

STEP15 使用同样的方法创建绘制的折弯 2，结果如图 8-151 所示。

STEP16 创建销孔。

（1）选取如图 8-149 所示的参考面，单击 ⊏ 按钮绘制两个直径为"6mm"的孔。

（2）单击 **拉伸切除** 按钮，设置【给定深度】为"5mm"，单击 ✓ 按钮，结果如图 8-152 所示。

（3）至此，完成机壳零件的创建，选择适当路径保存模型。

图 8-151 创建绘制的折弯

图 8-152 切除简单孔

8.2.2 实例 2 ——创建支架钣金件

本例将使成形工具、边线法兰工具工具等综合知识创建如图 8-153 所示的支架模型。

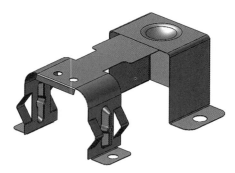

图 8-153 支架模型

【操作步骤】

❶ 创建成形工具 1

STEP01 创建拉伸凸台。

（1）单击 按钮，新建一个零件文件。

（2）选择【前视基准面】作为绘图平面，创建如图 8-154 所示的凸台。

创建支架钣金件-上

创建支架钣金件-下

STEP02 创建基准面 1。

（1）单击【特征】功能区中的 基准面 按钮，选择如图 8-154 所示的参考面。

（2）输入距离为"8mm"，单击 按钮，生成如图 8-155 所示的基准面。

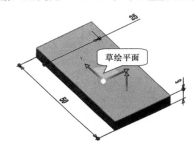

图 8-154　创建拉伸凸台

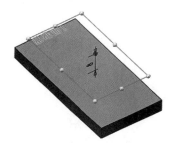

图 8-155　创建基准面

STEP03 创建草图。

（1）选择如图 8-154 所示的平面作为参考，单击 按钮绘制如图 8-156 所示的草图 1。

（2）再选择 STEP02 创建的基准面 1 作为参考，绘制如图 8-157 所示的草图 2。

STEP04 创建放样特征。

（1）执行菜单命令中的【插入】/【凸台基体】/【放样】，打开【放样】属性管理器。

（2）依次选择 STEP03 绘制的草图 1 和草图 2 为放样轮廓，保持默认设置，单击 按钮，完成放样，结果如图 8-158 所示。

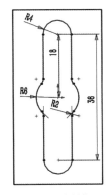

图 8-156　绘制草图 1

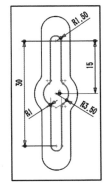

图 8-157　绘制草图 2

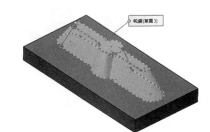

图 8-158　创建放样特征

STEP05 创建圆角。

（1）单击 按钮，设置圆角半径为"1mm"，选择如图 8-159 所示的边线 1，创建第一个圆角。

（2）再次使用圆角工具，设置圆角半径为"0.6mm"，选择边线 2 为参考，创建第二个圆角。

（3）单击 按钮，结果如图 8-160 所示。

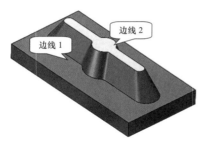

图 8-159　选取倒圆角参考边

图 8-160　选取参考面

(STEP06) 创建分割线。

（1）以如图 8-160 所示参考面为基准，绘制一个直径为"1mm"的圆，如图 8-161 所示，退出草绘。

（2）单击【特征】功能区中的 分割线 按钮，选取上一步创建的草图，如图 8-162 所示。

（3）单击 ✓ 按钮，完成分割线的创建。

图 8-161　绘制草图圆

图 8-162　生成分割线

(STEP07) 创建成形工具。

（1）单击功能区中的 成形工具 按钮，打开【成形工具】属性管理器。

（2）选取如图 8-163 所示的平面 1 为【停止面】参考，平面 2 为【要移除的面】参考。

（3）单击 ✓ 按钮完成成形工具的创建，结果如图 8-164 所示。

图 8-163　选取参考面

图 8-164　生成成形工具

(STEP08) 保存模型至"C:\ProgramData\SOLIDWORKS\SOLIDWORKS2017\design library\ forming tools\lances"文件夹下，以待后续使用。

❷ 创建成形工具 2

(STEP01) 创建拉伸凸台。

（1）单击 按钮，新建一个零件文件。

（2）选择【前视基准面】为平面基准，创建如图 8-165 所示的矩形凸台特征。

（3）再选择【右视基准面】为平面基准，创建如图 8-166 所示的三角凸台特征。

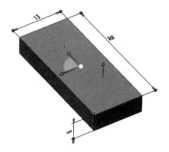

图 8-165　创建拉伸凸台 1

图 8-166　创建拉伸凸台 2

STEP02 创建倒圆角。

（1）单击 按钮启动倒圆角工具，设置半径为"2.5mm"，创建第一个圆角如图 8-167 所示。

（2）再次使用倒圆角工具，设置圆角半径为"1.5mm"，创建第二个圆角，结果如图 8-168 所示。

图 8-167　创建 R2.5 圆角

图 8-168　创建 R1.5 圆角

STEP03 创建成形工具。

（1）单击【半径】功能区中的 成形工具 按钮，打开【成形工具】属性管理器。

（2）选取如图 8-169 所示的平面 1 为【停止面】参考，平面 2 为【要移除的面】参考。

（3）单击 按钮完成成形工具的创建，结果如图 8-170 所示。

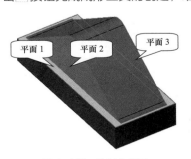

图 8-169　选取参考面

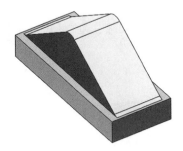

图 8-170　生成成形工具

STEP04 保存模型至"C:\ProgramData\SOLIDWORKS\SOLIDWORKS2017\design library\ forming tools\lances"文件夹下，以待后续使用。

3 创建主体零件

STEP01 创建基体法兰。

（1）单击 按钮，新建一个零件文件。

（2）选择【前视基准面】为绘图平面，绘制如图 8-171 所示的草图，退出草绘环境。

（3）单击 基体法兰(A)... 按钮，选择刚创建的草图。设置终止条件为【两侧对称】、厚度为"0.5mm"，最后结果如图 8-172 所示。

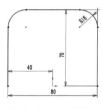

图 8-171　绘制草图

图 8-172　创建基体法兰

STEP02 创建边线法兰。

（1）单击 边线法兰 按钮，选择如图 8-172 所示的边线 1，设置【角度】为"90 度"，长度为"20mm"。

（2）起始点为 ⚓（外部虚拟交点），法兰位置为 ⬜（折弯在外）。

（3）单击 编辑法兰轮廓(E) 按钮绘制【前视基准面】为绘图平面，绘制如图 8-173 所示的草图，退出草绘环境，结果如图 8-174 所示。

（4）使用同样的方法，创建另一边的边线法兰，结果如图 8-175 所示。

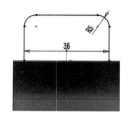

图 8-173　绘制边线法兰轮廓

图 8-174　创建的边线法兰

图 8-175　选取参考面

STEP03 创建简单孔。

（1）选择如图 8-175 所示的参考平面，绘制如图 8-176 所示的草图，退出草绘环境。

（2）单击 拉伸切除 按钮，选择刚创建的草图，设置条件为【成形到下一面】。结果如图 8-177 所示。

STEP04 创建成形特征 1。

（1）单击界面窗口最右边的【设计库】⬚按钮，找到 Design Library 选项下的 forming tools 文件夹并将其展开，如图 8-178 所示。

图 8-176　绘制草图

图 8-177　切除结果

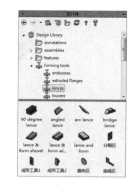

图 8-178　【设计库】操控面板

（2）单击 lances 选项，在其下面的窗口中把"成形工具 1"成形文件拖入绘图区中，如图 8-179 所示。

（3）系统打开【成形工具特征】属性管理器，如图 8-180 所示。设置角度为"0"，再切换至 位置 选项卡。

（4）单击【草图】功能区中的 ⬚按钮，添加尺寸，约束成形工具的位置，如图 8-181 所示。

图 8-179　拖入成形工具

图 8-180　设置成形参数

图 8-181　约束成形位置

（5）单击 ✓ 按钮完成成形特征 1 的创建，结果如图 8-182 所示。

STEP05　创建成形特征 2。

（1）使用 STEP04 同样的操作方法，创建成形特征 2，约束尺寸如图 8-183 所示。

（2）单击 ✓ 按钮完成成形特征 2 的创建，结果如图 8-184 所示。

图 8-182　创建成形结果

图 8-183　拖入成形工具

图 8-184　创建成形结果

STEP06　创建镜像。

（1）在设计树中选择"成形特征 2"，单击【特征】功能区中的 按钮。

（2）选择如图 8-185【前视基准面】为镜像基准，单击 ✓ 按钮完成"成形特征 2"的镜像，结果如图 8-186 所示。

（3）使用同样的创建方法，将"成形特征 1"和"成形特征 2"通过【右视基准面】镜像复制到另一侧，结果如图 8-187 所示。

图 8-185　选取镜像面

图 8-186　镜像结果

图 8-187　镜像结果

STEP07　创建边线法兰。

（1）单击 边线法兰 按钮，选择如图 8-185 所示的边线，设置【角度】为"70 度"，长度为"6mm"。

（2）起始点为 （外部虚拟交点），法兰位置为 （折弯在外）。

（3）单击 ✓ 按钮完成创建，结果如图 8-188 所示。

STEP08 创建简单孔。

（1）选择如图 8-188 所示的参考平面，单击 拉伸切除 按钮，绘制如图 8-189 所示的草图，退出草绘。

（2）设置方向 1 终止条件为【成形到下一面】，单击 ✓ 按钮完成创建，结果如图 8-190 所示。

图 8-188　选取参考面

图 8-189　绘制草图

图 8-190　切除结果

STEP09 创建薄片法兰。

（1）选择如图 8-188 所示的参考平面，进入草绘环境，绘制如图 8-191 所示的草图，退出草绘。

（2）单击 基体法兰(A)... 按钮启动基体法兰工具，勾选【合并结果】选项，单击 ✓ 按钮，完成创建，结果如图 8-192 所示。

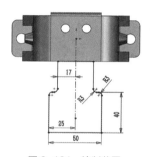

图 8-191　绘制草图

图 8-192　创建薄片

STEP10 创建基体法兰。

（1）选择如图 8-193 所示的参考平面，进入草绘环境，绘制如图 8-194 所示的草图，退出草绘。

（2）单击 基体法兰(A)... 按钮，设置【给定深度】为"55mm"，单击 ✓ 按钮，结果如图 8-195 所示。

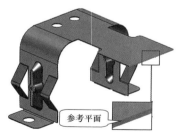

图 8-193　选取参考面

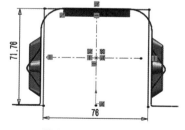

图 8-194　绘制草图

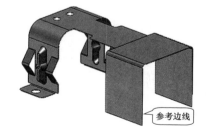

图 8-195　选取参考边线

STEP11 创建边线法兰。

（1）选择如图 8-195 所示的参考边线，单击 边线法兰 按钮，设置折弯半径为"1mm"，角度为"90 度"。

（2）给定深度为"40mm"，起始点为 （外部虚拟交点），法兰位置为 （折弯在外）。

（3）单击 ✓ 按钮，结果如图 8-196 所示。

STEP12 创建转折。

（1）选取如图 8-196 所示的平面，绘制一条草绘线段，完成后退出草绘环境，如图 8-197 所示。

图 8-196 选取参考面

图 8-197 绘制草图

（2）单击功能区中的 ◢ 转折 按钮，选择如图 8-198 所示的平面为【固定面】，设置折弯半径为 "1mm"，给定深度为 "3mm"。

（3）尺寸位置为 ⅈ⃗（外部等距），转折位置为 ⅈ⃧（折弯中心线），单击 ✓ 按钮，结果如图 8-199 所示。

STEP13 创建另一侧边线法兰，输入给定深度为 "40mm"，其余参数和 STEP11 一致。结果如图 8-200 所示。

图 8-198 选取固定面

图 8-199 创建转折

图 8-200 创建另一边线法兰

STEP14 创建褶边。

（1）单击功能区中的 ◢ 褶边 按钮，选取如图 8-201 所示的边线，设置 ⃞（材料在内）。

（2）类型和大小为 ⃞（打开），长度为 "3mm"，缝隙距离为 "1.3mm"。

（3）单击 ✓ 按钮完成创建，操作过程如图 8-201 所示。

STEP15 创建边线法兰。选取如图 8-202 所示的边线，单击 ◢ 边线法兰 按钮，设置折弯半径为 "1mm"，给定深度为 "26mm"，其余参数与前面一致，结果如图 8-203 所示。

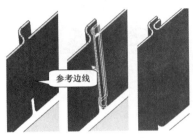

图 8-201 褶边创建过程

图 8-202 选取参考边线

STEP16 选择如图 8-203 所示的参考平面，进入草绘环境，绘制如图 8-204 所示的草图，退出草绘。单击 ▣ 拉伸切除 按钮，设置终止条件为【成形到下一面】，单击 ✓ 按钮结果如图 8-205 所示。

图 8-203　创建边线法兰

图 8-204　绘制草图

图 8-205　生成切除结果

STEP17　创建成形特征。

（1）单击界面窗口最右边的【设计库】按钮，找到 Design Library 选项下的 forming tools 文件夹并将其展开，如图 8-206 所示。

（2）单击 embosses 选项，在其下面的窗口中把"dimple"成形文件拖入到绘图区中，如图 8-207 所示。

图 8-206　打开【设计库】

图 8-207　拖入成形工具

（3）系统打开【成形工具特征】属性管理器，切换至 位置 选项卡。

（4）单击【草图】功能区中的 按钮，添加尺寸，约束成形工具的位置，如图 8-208 所示。

（5）单击 按钮完成成形特征的创建，结果如图 8-209 所示。

图 8-208　约束成形位置

图 8-209　最终设计结果

STEP18　至此，完成支架钣金件地设计，选择适当路径保存模型。

8.2.3　实例 3——设计计算机机箱后盖

本例将使用已经创建好的成形工具，演示创建计算机机箱后盖的设计（见图 8-210）。由于前面一个案例中已经讲解了如何创建成形工具的方法，此处就不再赘述。本案例使用的成形工具均已在素材中，读者如有兴趣可自行打开成形工具进行逆创建。

图 8-210　计算机机箱后盖

【操作步骤】

(STEP01)　绘制草图。

（1）单击 □ 按钮，新建零件文件。

（2）选择【前视基准面】作为绘图平面，绘制如图 8-211 所示的草图，草图关于中心线对称。

（3）单击 ⮑ 按钮退出草绘环境。

(STEP02)　创建基体法兰。

（1）单击 ⬙ 基体法兰(A)... 按钮，弹出如图【基体法兰】的属性管理器，选取刚创建的草图。

（2）设置钣金厚度为"0.4mm"，单击 ✓ 按钮，生成如图 8-212 所示的基体法兰。

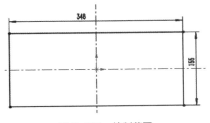

图 8-211　绘制草图

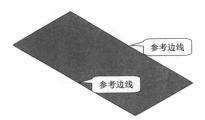

图 8-212　创建基体法兰

(STEP03)　创建边线法兰 1。

（1）在【钣金】功能区中单击 ⬙ 边线法兰 按钮，启动【边线法兰】工具。选择如图 8-212 所示的参考边线。

（2）设置【折弯半径】为"1mm"，【角度】为"90 度"，【法兰长度】为【给定深度】，值为"25mm"。

（3）起始点为 ⬙ （内部虚拟交点），法兰位置为 ⬙ （材料在内）。

（4）单击 ✓ 按钮，生成如图 8-213 所示的边线法兰。

(STEP04)　创建边线法兰 2。

（1）选取如图 8-213 所示的参考边线，使用同样的方法创建第二个边线法兰。

（2）设置折弯半径为"1mm"、角度为"90 度"、法兰位置为 ⬙ （材料在内），勾选【剪裁侧边折弯】选项。

（3）单击 编辑法兰轮廓(E) 按钮进入草图环境，绘制如图 8-214 所示的草图，完成后退出草绘。

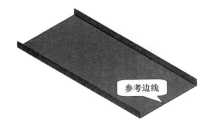

图 8-213　创建边线法兰

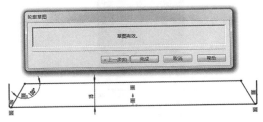

图 8-214　编辑边线法兰轮廓

（4）单击 [完成] 按钮完成创建，结果如图 8-215 所示。

STEP05 创建边线法兰 2。使用相同的方法，创建另一侧的边线法兰，结果如图 8-216 所示。

图 8-215　生成边线法兰

图 8-216　生成边线法兰

STEP06 创建分隔区成形特征。

（1）单击界面窗口最右边的 （设计库）按钮，找到 Design Library 选项下的 forming tools 文件夹并将其展开，如图 8-217 所示。

（2）单击 lances 选项，在其下面的窗口中把"分隔区"成形文件拖入到绘图区中，如图 8-218 所示。

图 8-217　打开【设计库】

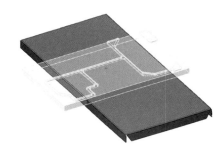

图 8-218　拖入分隔区成形工具

（3）系统打开【成形工具特征】属性管理器，输入【角度】值为"270 度"，再切换至 位置 选项卡。

（4）单击【草图】功能区中的 按钮，添加尺寸，约束成形工具的位置，如图 8-219 所示。

（5）单击 按钮完成分隔区成形特征的创建，结果如图 8-220 所示。

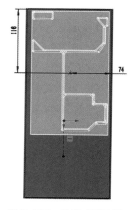

图 8-219　约束成形位置

图 8-220　创建成形特征

STEP07 创建连线区成形特征。

（1）在 lances 选项下面的窗口中把"连线区"成形文件拖入到绘图区中，如图 8-221 所示。

（2）输入【角度】值为"180度"，再切换至  位置 选项卡。添加如图 8-222 所示的约束尺寸，其中横向距离为"80mm"，纵向距离为"136mm"。

（3）单击 ✓ 按钮完成连线区成形特征的创建，结果如图 8-223 所示。

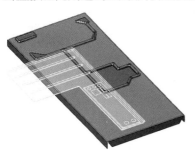

图 8-221　拖入连线区成形工具

图 8-222　约束成形位置

STEP08 创建散热区成形特征。

（1）在 lances 选项下把"散热区"成形工具文件拖入到绘图区中，如图 8-224 所示。

（2）在【成形工具特征】属性管理器中单击 反转工具们 按钮，再切换至 位置 选项卡。添加如图 8-225 所示的约束尺寸，其中横向距离为"43mm"，纵向距离为"37mm"。

图 8-223　生成连线区成形特征

图 8-224　拖入散热区成形工具

（3）单击 ✓ 按钮完成散热区成形特征的创建，结果如图 8-226 所示。

图 8-225　约束成形位置

图 8-226　创建散热区成形特征

STEP09 创建散热孔。

（1）在功能区中单击 拉伸切除 按钮，选取如图 8-226 所示的参考平面，进入草绘环境。

（2）绘制如图 8-227 所示的草图，退出草绘环境，设置终止条件为【成形到下一面】。

（3）单击 ✓ 按钮完成创建，结果如图 8-228 所示。

STEP10 绘制边界草图。

（1）选取如图 8-226 所示的参考平面，单击 匚 按钮进入草绘环境。

（2）绘制如图 8-229 所示的六边形，单击 ✓ 按钮完成绘制。

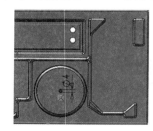

图 8-227　绘制草图

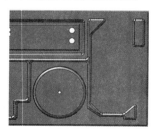

图 8-228　创建扇热孔

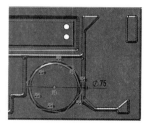

图 8-229　绘制填充边界草图

(STEP11) 创建填充阵列 1。

（1）单击【特征】功能区中 填充阵列 按钮，打开【填充阵列】属性管理器。

（2）选择刚创建的草图作为填充边界，设置【阵列布局】为穿孔 。

（3）输入【实例间距】为"8mm"，【交错断续角度】为"60 度"。选择 STEP09 创建的简单孔作为要阵列的特征对象，设置参数如图 8-230 所示。

（4）单击 ✓ 按钮完成填充，如图 8-231 所示。

图 8-230　设置【填充阵列】参数

图 8-231　生成填充阵列

(STEP12) 创建数据线接口。

（1）单击 拉伸切除 按钮，选择如图 8-231 所示的参考平面，进入草绘环境，绘制如图 8-232 所示的草图。

（2）退出草绘，设置终止条件为【完全贯穿】，单击 ✓ 按钮，结果如图 8-233 所示。

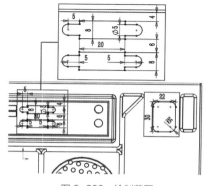

图 8-232　绘制草图

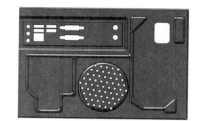

图 8-233　创建数据线接口

（3）使用同样的方法，再次创建一个如图 8-234 所示的简单孔。

(STEP13) 使用 STEP10 同样的创建方法，再次绘制一个矩形草图，完成绘制如图 8-235 所示。

STEP14 创建填充阵列 2。

（1）单击 <kbd>填充阵列</kbd> 按钮，打开【填充阵列】属性管理器。

（2）选择 STEP13 创建的草图作为填充边界，设置【阵列布局】为穿孔 <kbd></kbd>。

（3）输入【实例间距】为 "8mm"，【交错断续角度】为 "60 度"。选择 STEP12（3）创建的简单孔作为要阵列的特征对象。单击 <kbd>✓</kbd> 按钮完成填充，如图 8-236 所示。

图 8-234　绘制草图

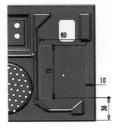

图 8-235　创建散热孔

图 8-236　阵列散热孔

STEP15 创建切除特征 3。

（1）单击 <kbd>拉伸切除</kbd> 按钮，选择如图 8-236 所示的参考平面为草绘平面，绘制如图 8-237 所示的草图。

（2）退出草绘系统弹出【拉伸切除】属性管理器，设置终止条件为【成形到下一面】。

（3）单击 <kbd>✓</kbd> 按钮完成拉伸切除，结果如图 8-238 所示。

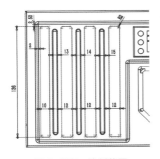

图 8-237　绘制草图

图 8-238　创建切除特征

STEP16 创建切除特征 4。

（1）选择如图 8-238 所示的参考平面为草绘平面，绘制如图 8-239 所示的草图。

（2）设置终止条件为【成形到下一面】，单击 <kbd>✓</kbd> 按钮完成切除，结果如图 8-240 所示。

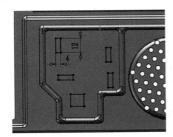

图 8-239　绘制草图

图 8-240　创建切除特征

要点提示

　　图 8-239 所示的草图为一些定位孔，每个计算机后盖都不一样。这里主要目的是表示孔的形状，所以尺寸和定位参数没有显示。读者可自行、灵活设计。

341

STEP17 创建切除特征 5。

（1）选择如图 8-240 所示的参考平面为草绘平面，绘制如图 8-241 所示的草图。

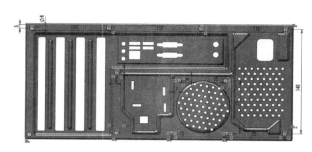

图 8-241　绘制螺钉孔草图

（2）设置终止条件为【成形到下一面】，单击 ☑ 按钮完成切除。

STEP18 至此，完成计算机机箱后盖的设计，最终结果如图 8-242 所示，选取适当路径保存模型。

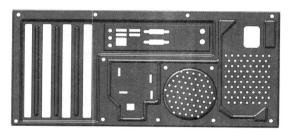

图 8-242　最终设计结果

8.3　小结

钣金件具有重量轻、强度高、导电（能够用于电磁屏蔽）、成本低、大规模量产性能好等特点，在电子电器、通信、汽车工业、医疗器械等领域得到了广泛应用。例如在计算机的机箱设计、汽车钣金的设计中是必不可少的组成部分。随着钣金的应用越来越广泛，钣金件的设计变成了产品开发过程中很重要的一环，机械工程师必须熟练掌握钣金件的设计技巧，使得设计的钣金既满足产品的功能和外观等要求，又能使得冲压模具制造简单、成本低。

钣金工艺最重要的四个步骤是剪、冲或切、折或卷、焊接和表面处理等。SolidWorks 2017 中的钣金设计模块为用户提供了强大的钣金设计功能，可以方便地实现钣金折弯、钣金成形等重要操作。可将一些金属薄板通过手工或模具冲压使其产生塑性变形，形成所希望的形状和尺寸，并可进一步通过焊接或少量的机械加工形成更复杂的零件。

8.4　习题

1. 简要说明钣金件的特点和用途。
2. 熟悉钣金设计环境的组成，练习其中的基本操作。
3. 简要说明折弯钣金件的主要操作要领。
4. 简要说明成形钣金的主要操作要领。
5. 模拟本章三个典型案例操作，掌握创建钣金件的步骤与技巧。

第9章
运动与仿真

【学习目标】
- 明确仿真设计的原理和用途。
- 明确仿真设计工具的用法。
- 掌握仿真设计的基本步骤。

在 SolidWorks 2017 中，通过运动算例功能可以快速、简洁地完成机构的仿真运动及动画设计。运动算例可以模拟图形的运动及装配体中部件的直观属性，可以实现装配体运动的模拟、物理模拟以及 COSMOS Motion，并可以生成基于 Windows 的 Avi 视频文件。

9.1 知识解析

通过运动仿真可以动态观察零件之间的相对运动，并检测可能存在的运动干涉。

9.1.1 运动仿真设计环境

① 运动算例界面

在运动仿真设计中，用户可通过添加马达进行驱动来控制装配体的运动，或者决定装配体在不同时间的外观。通过设定键码点，可以确定装配体运动从一个位置跳到另一个位置所需的顺序。COSMOS Motion 用于模拟和分析，并输出模拟单元（力、弹簧、阻尼和摩擦等）在装配体上的效应，它是更高一级的模拟，包含所有在物理模拟中可用的工具。

单击 SolidWorks 2017 软件操作界面左下角【模型】右边的【运动算例】按钮 运动算例1 ，打开 COSMOS Motion 的仿真设计环境，如图 9-1 所示。

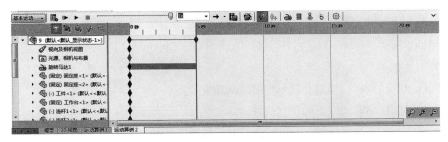

图 9-1　仿真设计环境

下面对图 9-1 上部所示的【运动算例的界面】工具栏进行介绍。

◎ 基本运动：通过此下拉列表选择运动类型，运动类型包括【动画】、【基本运动】和【COSMOS Motion】3 个选项，通常情况下只能看到前两个选项。

◎ 计算：计算运动算例。

◎ 前播放：从头播放已设置完成的仿真运动。

◎ 播放：播放已设置完成的仿真运动。

◎ 停止：停止播放已设置完成的仿真运动。

◎ 播放速度：通过此下拉列表选择播放速度，这里有 7 种播放速度可选。

◎ 播放模式：通过此下拉列表选择播放模式，包括【播放模式：正常】、【播放模式：循环】、【播放模式：往复】3 种模式。

◎ 保存动画：保存设置完成的动画。动画主要是 Avi 格式，也可以保存动画的一部分。

◎ 动画向导：通过动画向导可以完成各种简单的动画。

◎ 自动键码：通过自动键码可以为拖动的零部件在当前时间栏生成键码。

◎ 添加 / 更新键码：在当前所选的的时间栏上添加键码或更新当前的键码。

◎ 添加马达：利用添加马达来控制零部件的移动。

◎ 弹簧：在两零部件之间添加弹簧。

◎ 接触：定义选定零部件的接触类型。

◎ 引力：给选定零部件添加引力，使零部件绕装配体移动。

◎ 移动算例属性：可以设置包括装配体运动、物理模拟和一般选项的多种属性。

②　时间线

时间线是用来设定和编辑动画时间的标准界面，可以显示出运动算例中的时间的类型。将如图 9-1 所示的时间线区域放大，如图 9-2 所示，从图中可以观察到时间线区被竖直的网格线均匀分开，并且竖直的网格线和时间标识相对应。时间标识从 00:00:00 开始，竖直网格线之间的距离可以通过单击移动算例界面下的 或 按钮控制。

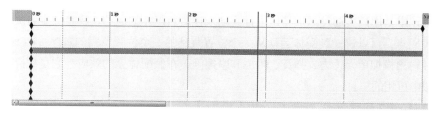

图 9-2　时间线

③　时间栏

时间线区域中的黑色竖直线即为时间栏，它表示动画的当前时间。通过定位时间栏，可以显示动画中当前时间对应的模型地更改。

定位时间栏的方法如下。

（1）单击时间线上的时间栏，模型会显示当前时间地更改。

（2）拖动选中的时间栏到时间线上的任意位置。

（3）选中一时间栏，按一次空格键，时间栏会沿时间线往后移动一个时间增量。

④　更改栏

在时间线上连续键码点之间的水平栏即为更改栏，它表示在键码点之间的一段时间内所发生的更改。更改内容包括动画时间长度、零部件运动模拟单元属性更改、视图定向（如缩放、旋转）以及视图属性（如颜色外观或视图的显示状态）。

根据实体的不同，更改栏使用不同的颜色来区别零部件之间的不同更改。系统默认的更改栏颜色如下。

◎ 驱动运动：蓝色。

◎ 从动运动：黄色。

◎ 爆炸运动：橙色。

◎ 外观：粉红色。

❺ 关键点与键码点

时间线上的✛称为键码，键码所在的位置称为键码点，关键位置上的键码点称为关键点。在键码操作时需注意以下事项。

◎ 拖动装配体的键码（顶层）只更改运动算例的持续时间。

◎ 所有的关键点都可以复制、粘贴。

◎ 除了"0s"时间标记处的关键点以外，其他的关键点都可以剪切和删除。

◎ 按住 Ctrl 键可以同时选中多个关键点。

9.1.2 基础训练——创建关键点动画

下面将使用拖动关键点来创建如图 9-3 所示的关键点动画。

图 9-3　小球滚动动画

【操作步骤】

(STEP01) 打开资源包中的"第 9 章 / 素材 / 关键点动画 / 小球滚动"，如图 9-3 左图所示。

(STEP02) 创建第一个关键点。

创建关键点动画

（1）单击 运动算例1 按钮，展开运动算例界面，选择算例类型为【动画】，单击 🖋 按钮将其从按下状态，转换为未激活状态 🖋，将时间栏移动到 3 秒位置，如图 9-4 所示。

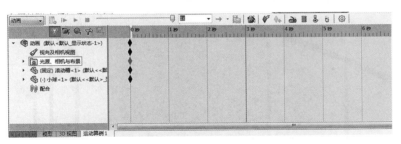

图 9-4　移动时间栏到第 3 秒

（2）将视口切换到前视图位置，调整小球位置，如图 9-5 所示。

（3）将视口切换到左视图位置，调整小球位置，如图 9-6 所示。

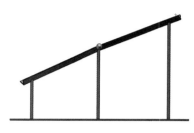

图 9-5　调整小球位置

图 9-6　调整小球位置

（4）此时可以看到时间轴上方的 🔑 已经由灰色显示为可激活状态了，单击 🔑 按钮添加一个键码，此时时间线如图 9-7 所示。

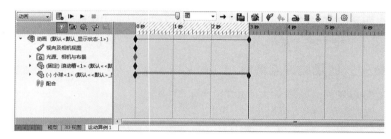

图 9-7　添加键码

（5）在运动算例界面中单击 ▶ 按钮，可以观察到小球开始从滚动槽向下滚动。

（6）将时间栏移动到 6 秒位置，如图 9-8 所示。

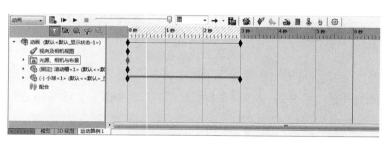

图 9-8　移动时间栏到第 6 秒

（7）将视口切换到前视图位置，调整小球位置，如图 9-9 所示。

（8）将视口切换到左视图位置，调整小球位置，如图 9-10 所示。

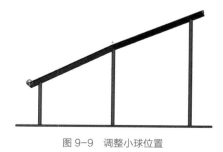

图 9-9　调整小球位置

图 9-10　调整小球位置

（9）此时，可以看到时间轴上方的 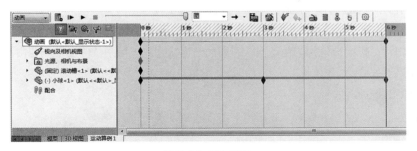 已经由灰色显示为可激活状态了，单击 按钮添加一个键码，这时时间线如图 9-11 所示。

图 9-11　添加键码

（10）在运动算例界面中单击 ▶ 按钮，可以观察到小球开始从滚动槽向下滚动，如图 9-3 右图所示。

9.1.3　仿真设计工具及其应用

在进行仿真设计前，先简要介绍仿真设计环境中主要工具的用法。

❶　SolidWorks Motion

SolidWorks Motion 是一个虚拟原型机仿真工具，能够帮助设计人员在设计前期判断设计是否能达到预期目标。打开 SolidWorks Motion 插件方法如图 9-12 所示。

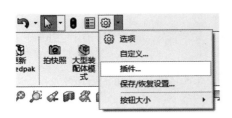

图 9-12　打开 SolidWorks Motion 插件

将 SolidWorks Motion 插件打开后就可以在运动算例界面中选择激活【Motion 分析】了，如图 9-13 所示。

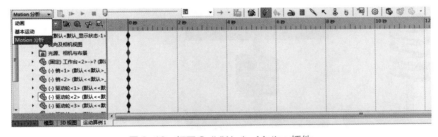

图 9-13　打开 SolidWorks Motion 插件

下面简要介绍一下 3 种运动算例类型，以方便读者的后续操作与理解。

◎【动画】：用于创建以分析为目的的动画。

◎【基本运动】：用于创建对模型应用质量、引力和碰撞的动画。

◎【Motion 分析】：是一个完整、严格的实体模拟环境，用于获取精确的物理数据和动画。

运动仿真是利用计算机模拟机构的运动学状态和动力学状态。机械系统的运动主要由下列要素决定。

◎ 各连接件的配合。

◎ 部件的质量和惯性属性。

◎ 受力。

◎ 动力源（电动机）。

◎ 时间。

❷ 弹簧

弹簧主要力作用在两个零件中，且两个零件发生相对位移，当定义一个弹簧时，我们能够通过选择列表中的函数类型来改变弹簧的属性。

在运动算例界面工具栏中单击 ▤ 按钮，打开【弹簧】属性管理器，如图 9-14 左图所示，指定弹簧在两个零件之间的位置，即可添加弹簧，如图 9-14 右图所示。

图 9-14　弹簧

 要点提示　　另外，为使弹簧产生运动效果动画，需要在弹簧上方添加一组作用力，如图 9-15 所示，添加完成后在运动算例界面单击 ▶ 按钮，即可查看动画效果。

❸ 阻尼

阻尼是一个阻抗单元，用来"平滑"外力造成的振荡。通常情况下，阻尼通过和弹簧一起使用来"抑制"任何由弹簧产生的振荡或振动。

实体乃至弹簧都内含阻尼结构，而且可以使用阻尼单元来替代。一个阻尼所产生的力取决于两个确定端点之间的瞬时速度矢量。

在运动算例界面工具栏中单击 ◆ 按钮，打开【阻尼】属性管理器，如图 9-16 所示。

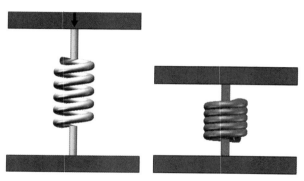

图 9-15　弹簧动画

图 9-16　【阻尼】管理器

可以在一个机构的零部件之间添加阻尼。此外，线性和扭转这两种弹簧都可以具有阻尼属性，这样便把弹簧和阻尼结合在一起了。

和弹簧一样，可以指定［弹簧力表达式指数（线性下至 ±4）］和（刚度系数）。

❹ 接触

接触用于多个实体或曲线之间可以定义接触来防止其相互穿透，定义实体之间相互作用的方式。通过定义接触，可以控制实体之间的摩擦和弹性属性。

在运动算例界面工具栏中单击 🎱 按钮，打开【接触】属性管理器，如图 9-17 所示。

图 9-17　【接触】管理器

　接触组：实体之间的接触可以有多个分开定义（每个定义只针对两个实体），也可以通过一个或几个定义来包含所有实体。后者将考虑所有所选实体之间的接触，这样就自动生成了多个接触对。这个过程很容易定义，但也要考虑到在获取所有接触对时，可能对计算的要求较高。

带接触组的接触定义会忽略组中零件之间的接触，但是会考虑各种组合的实体对与组之间的接触，有可能最多定义两个接触组。

❺ 引力

当零件的重量影响到诸如物体自由落体的运动仿真时，引力是一个非常重要的数值。在 SolidWorks Motion 中，引力包含两部分内容：

◎ 引力矢量的方向。

◎ 引力加速度的大小。

在运动算例界面工具栏中单击 🅱 按钮，打开【接触】属性管理器，如图 9-18 所示。

图 9-18　【引力】管理器

9.1.4　基础训练——创建小球滚动动画

下面将利用 SolidWorks Motion 中的引力以及接触工具，来创建如图 9-19 所示的小球受重力影响从滚动槽滚下的动画。

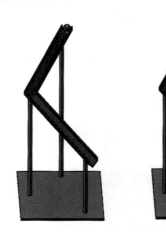

图 9-19　小球滚动动画

【操作步骤】

(STEP01) 打开素材文件。

(1)打开资源包中的"第 9 章 / 素材 / 仿真设计工具应用 / 小球滚动",如图 9-19 左图所示。

(2)观察装配体可以发现,滚动槽与小球之间没有装配关系,选中小球将其拖动到滚动槽入口位置。

创建小球滚动动画

(STEP02) 添加重力与接触。

(1)单击 运动算例 1 按钮,展开运动算例界面,选择算例类型为【Motion 分析】。

(2)在运动算例工具栏中单击 按钮,打开【运动算例属性】管理器,在【Motion 分析】栏中设置每秒帧数为"100",如图 9-20 所示。

(3)单击 按钮打开【引力】管理器,在【引力】栏中设置引力方向为【Y】,如图 9-21 所示。

图 9-20 运动算例属性

图 9-21 【引力】属性管理器

(4)单击 按钮打开【接触】管理器,选择小球与滚动槽模型为接触零部件,如图 9-22 所示。

图 9-22 定义接触

(5)完成设置后的运动算例界面如图 9-23 所示。

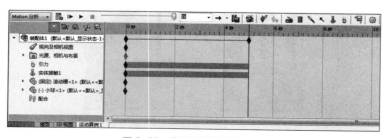

图 9-23 移动时间栏到第 3 秒

STEP03 生成动画。

（1）单击 ■ （计算）按钮，进行计算。计算完成后的运动算例界面如图 9-24 所示。

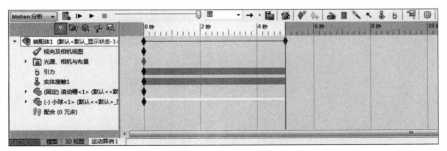

图 9-24 添加键码

（2）在运动算例界面中单击 ▶ 按钮，可以观察到小球开始从滚动槽向下滚动。

9.1.5 动画制作原理

动画是用连续的图片来表述物体的运动，给人的感觉更直观和清晰。SolidWorks 利用自带插件 Motion 可以制作产品的动画演示，并可做运动分析。

① 动画向导

动画向导可以帮助初学者快速生成运动算例，通过动画向导可以生成的运动算例包括以下几项。

◎ 旋转零件或装配体模型。

◎ 爆炸或解除爆炸（只有在生成爆炸视图后，才能使用）。

◎ 物理模拟（只有在运动算例中计算模拟之后才能使用）。

◎ COSMOSMotion（只有安装了插件并在运动算例中计算结果后才可以使用）。

下面以图 9-25 所示的模型为例，讲解动画向导中旋转零件的使用方法。

【操作步骤】

STEP01 单击 □ 按钮，在弹出的【新建 SolidWorks 文件】对话框中单击 ● 按钮，新建一个装配体文件。

STEP02 在打开的【开始装配体】属性管理器中，单击 [浏览(B)...] 按钮，打开资源包中的"第 9 章素材 / 旋转 / 轴承座"，如图 9-25 所示。

STEP03 在屏幕左下角单击 [运动算例 1] 按钮，展开运动算例界面，如图 9-26 所示，将模型调整到合适的角度。

图 9-25 实体模型

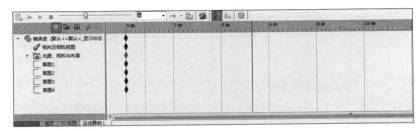

图 9-26 运动算例界面

STEP04 在运动算例界面的工具栏中单击 ■ 按钮，弹出【选择动画类型】对话框，如图 9-27 所示，选中【旋转模型】单选项。

STEP05 单击 下一步(N) > 按钮，切换到【选择一旋转轴】对话框，其中的设置如图 9-28 所示。

图 9-27 【选择动画类型】对话框

图 9-28 【选择一旋转轴】对话框

STEP06 单击 下一步(N) > 按钮，切换到【动画控制选项】对话框，在【时间长度】文本框中输入 "10"，在【开始时间】文本框中输入 "0"，然后单击 完成 按钮，完成运动算例的创建，如图 9-29 所示。

STEP07 在运动算例界面的工具栏中单击 ▶ 按钮，可以观察零部件在视图区中做旋转运动，如图 9-30 所示。

图 9-29 【动画控制选项】对话框

图 9-30 模型状态

STEP08 此时的运动算例界面如图 9-31 所示。

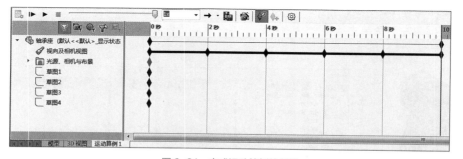

图 9-31 完成运动算例的创建

❷ 创建马达

马达是指通过模拟各种马达类型的效果，来模拟零部件的旋转运动。它不是力，强度不会根据零件的大小或质量变化。

下面以如图 9-32 所示的散热器模型为例，讲解旋转马达的动画操作过程。

【操作步骤】

(STEP01) 打开资源包中的"第 9 章 / 素材 / 马达 /cpu 散热器"。

(STEP02) 添加马达。

(1)单击 运动算例1 按钮,展开运动算例界面。

(2)在运动算例工具栏中单击 按钮,弹出如图 9-33 所示的【马达】属性管理器。

(3)然后选取如图 9-34 所示的模型表面,添加马达。

(STEP03) 编辑马达。

(1)在【运动】的下拉列表中选择【等速】选项,调整转速为"100RPM",其他参数采取系统默认值,最后单击 按钮,完成马达的添加。

图 9-32 散热器模型

图 9-33 【马达】属性管理器

图 9-34 添加马达

(2)马达添加完成后的时间线如图 9-35 所示。

(3)在运动算例界面中单击 按钮,可以观察到叶片的旋转运动。

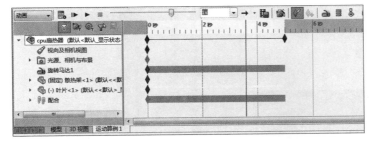

图 9-35 选取参照

下面对【马达】属性管理器中【运动】中的运动类型说明如下。

◎ 【等速】:选择此类型,马达的转速值为恒定。

◎ 【距离】:选择此类型,马达只为设定的距离进行操作。

◎ 【振荡】:选择此类型后,利用振幅频率来控制马达。

◎ 【线段】:插值可选项有【位移】、【速度】和【加速度】3 种类型,选定插值项后,为插值时间设定值。

◎【数据点】：插值可选项有【位移】、【速度】和【加速度】3 种类型，选定插值项后，为插值时间和测量设定值，然后选取插值类型。插值类型包括【立方样条曲线】、【线性】和【Akima】3 个选项。

◎【表达式】：包括【位移】、【速度】和【加速度】3 种类型。在选择表达式类型之后，可以输入不同的表达式。

❸ 保存动画

当一个运动算例操作完成之后，需要将结果保存，运动算例中有单独的保存动画的功能，用户可以将 SolidWorks 中的动画保存至基于 Windows 的 Avi 格式的视频文件。

在运动算例界面的工具栏中单击 按钮，弹出如图 9-36 所示的【保存动画到文件】对话框。

图 9-36 【保存动画到文件】对话框

【保存动画到文件】对话框中各选项的功能说明如下。

◎【保存类型】下拉列表：运动算例中生成的动画可以保存为 3 种：Microsoft.avi 文件格式、系列 .bmp 文件格式和系列 .tga 文件格式（一般将动画保存为 avi 文件格式）。

◎【时间排定】：单击此按钮，系统会弹出【视频压缩】对话框，如图 9-37 所示。通过【视频压缩】对话框可以设定视频文件的压缩程序和质量，压缩比例越小，生成的文件也越小，同时，图像的质量也越差。在【视频压缩】对话框中单击 确定 按钮，系统弹出【预定动画】对话框，如图 9-38 所示。在【预定动画】对话框中可以设置任务标题、文件名称、保存文件的路径和开始 / 结束时间等。

图 9-37 【视频压缩】对话框

图 9-38 【预定动画】对话框

◎【渲染器】下拉列表：包括【SolidWorks 屏幕】和【Photo View】两个选项，只有在安装了 Photo View 之后才能看到【Photo View】选项。

◎【图像大小与高宽比例】：用于设置图像的大小和高宽比例。

◎【画面信息】：用于设置动画的画面信息，包括以下选项。

【每秒的画面】：在此文本框中输入每秒的画面数，用于设置画面的播放速度。

【整个动画】：用于保存整个动画。

【时间范围】：用于保存一段时间内的动画。

设置完成后，在【保存动画到文件】对话框中单击 保存(S) 按钮，然后在弹出的【视频压缩】对话框中单击 确定 按钮即可保存动画。

9.1.6 基础训练——创建爆炸动画

通过运动算例中的动画向导功能可以模拟装配体的爆炸效果。下面以图 9-39 为例讲解装配体爆炸动画的创建过程。

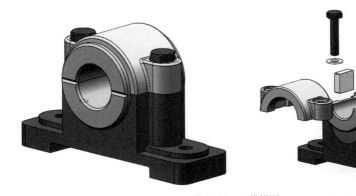

图 9-39 三维模型

【操作步骤】

(STEP01) 打开资源包中的"第 9 章 / 素材 / 爆炸动画 / 滑动轴承"。

(STEP02) 创建爆炸图。

（1）装配体功能区 （爆炸视图）按钮，打开【爆炸】属性管理器。

（2）选取如图 9-40 左图所示的螺母，将其向上移动，如图 9-41 所示，单击空白处完成第一个零件的爆炸运动。

图 9-40 选取螺栓

图 9-41 移动螺栓

（3）选择垫片并向上拖动到合适位置，单击空白处完成第二个零件的爆炸运动，如图 9-42 所示。

（4）选择轴承盖并向上拖动到合适位置，单击空白处完成轴承盖的向上运动，如图 9-43 所示。

图 9-42　移动垫片

图 9-43　移动轴承盖

（5）再次选择轴承盖并向前拖动到合适位置，单击空白处完成第三个零件的爆炸运动，如图 9-44 所示。

（6）选择固定块并向上拖动到合适位置，单击空白处完成第四个零件的爆炸运动，如图 9-45 所示。

图 9-44　移动轴承盖

图 9-45　移动固定块

（7）选择上轴瓦并向后拖动到合适位置，单击空白处完成第五个零件的爆炸运动，如图 9-46 所示。

（8）选择下轴瓦并向上拖动到合适位置，单击空白处完成第六个零件的爆炸运动，如图 9-47 所示。

图 9-46　移动上轴瓦

图 9-47　移动下轴瓦

STEP03　创建爆炸动画。

（1）单击 运动算例1 按钮，展开运动算例界面。

（2）在运动算例界面中单击 按钮，弹出【选择动画类型】对话框，如图 9-48 所示，选中【爆炸】单选项。

（3）单击 下一步(N) > 按钮，切换到【动画控制选项】对话框，在【时间长度】文本框中输入数值"10"，在【开始时间】文本框中输入数值"5"，如图 9-49 所示，然后单击 完成 按钮，完成运动算例的创建，如图 9-50 所示。

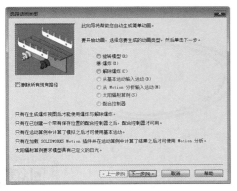

图 9-48 【选择动画类型】对话框

图 9-49 【动画控制选项】对话框

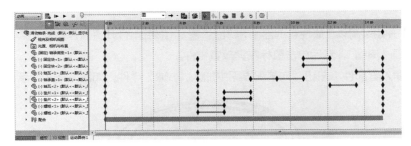

图 9-50 创建运动算例

（4）在运动算例界面中单击 ▶ 按钮，可以观察到装配体的爆炸运动。

STEP04 保存动画。

（1）在运动算例界面的工具栏中单击 ■ 按钮，弹出如图 9-51 所示的【保存动画到文件】对话框。取消勾选【图像大小与高宽比例】复选框，在下方的文本框中输入视频的高为"500"，宽为"600"，如图 9-51 所示。

（2）选择好保存路径后，单击 保存(S) 按钮，在系统弹出如图 9-52 所示的【视频压缩】对话框中选择压缩质量为"85"，完成后单击 确定 按钮，完成动画的保存。

图 9-51 【保存动画到文件】对话框

图 9-52 【视频压缩】对话框

9.1.7 制作动画的方法与技巧

① 使用配合制作动画

通过改变装配体的参数可以生成直观、形象的动画。下面介绍在如图 9-53 所示的装配图中，通过添加路径配合来创建小球从螺旋槽中滚下的动画。

图 9-53 小球动画

【操作步骤】

(STEP01) 装配小球。

(1) 单击 □ 按钮，在弹出的【新建 SolidWorks 文件】对话框中单击 ● 按钮，新建一个装配体文件。

(2) 在打开的【开始装配体】属性管理器中，单击 浏览(B)... 按钮，打开资源包中的"第9章 / 素材 / 配合动画 / 滚槽"，然后单击鼠标左键放置零件。

使用配合制作动画

(3) 单击 ☞（插入零部件）按钮，向装配界面中加入"小球"零件，如图 9-54 所示。

图 9-54 插入零件

(4) 单击 ◎（配合）按钮，打开【配合】属性管理器，在【高级配合】卷展栏中单击 ⌒ 按钮，在路径约束的下拉列表中选择【沿路径百分比】选项，并将下方数值改为"100%"，如图 9-55 左图所示。

(5) 在配合旋转框中选择小球原点为零部件顶点，滚槽上的曲线为路径，然后单击 ✓ 按钮，创建路径配合，如图 9-55 右图所示。

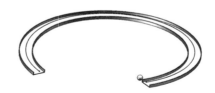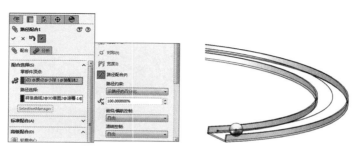

图 9-55 路径配合

(STEP02) 创建动画。

(1) 单击左下角的 运动算例1 按钮，展开运动算例界面，在算例设计树中选中路径配合，如图 9-56 所示。

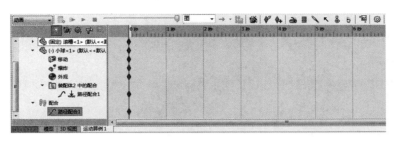

图 9-56　选中路径配合

（2）将时间线拖到 3 秒处单击 按钮，添加关键帧。

（3）双击创建的关键帧，在弹出的【修改】对话框中输入数值"0%"，如图 9-57 所示。

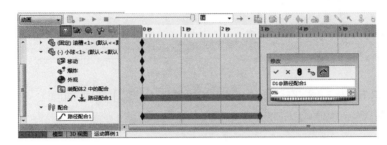

图 9-57　添加关键帧

STEP03 生成动画。

（1）单击 （计算）按钮，进行计算，计算完成后的运动算例界面如图 9-58 所示。

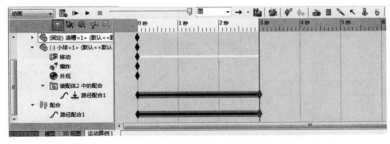

图 9-58　完成后的运动算例界面

（2）单击 按钮观察动画。

❷ 制作零件变色动画

　　在制作一个演示动画时有时我们需要突出某个零件的特征，这时我们可以使用改变零件的颜色来突出显示，下面以如图 9-59 所示的装配体模型为例，讲解如何制作改变零件颜色的动画。

图 9-59　装配体模型

制作零件变色动画

【操作步骤】

STEP01 打开资源包中的"第 9 章 / 素材 / 视图属性 / 装配体"。

STEP02 创建动画。

（1）单击左下角的 运动算例1 按钮，在设计树中选择零件 2，将时间线拖动到"2 秒"位置，单击 添加关键帧，如图 9-60 所示。

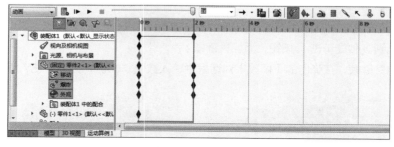

图 9-60　添加关键点

（2）在零件 2 上单击鼠标右键，在弹出的快捷菜单中选择【外观】选项，如图 9-61 所示，在弹出的【颜色】属性管理器中设置颜色，如图 9-62 所示。

图 9-61　在 2 秒处改变零件外观

图 9-62　选择颜色类型

（3）单击 （计算）按钮，进行计算。计算完成后的运动算例界面如图 9-63 所示。单击 按钮播放动画，可以看到零件 2 从"0 秒"到"2 秒"颜色发生改变。

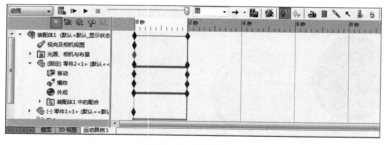

图 9-63　设计效果

❸ 制作零件隐藏动画

在制作装配体动画时有时需要显示装配体内部的特征，这时我们可以使用隐藏零部件来突出显示内部结构，下面依旧以如图 9-59 所示的装配体模型为例，讲解如何制作零件隐藏的动画。

【操作步骤】

STEP01 在设计树中选择零件 2，将时间线拖动到"2 秒"位置单击 ↤ 添加关键帧。

STEP02 在零件 2 上单击鼠标右键，在弹出的快捷菜单中选择【隐藏】选项。设置完成后运动算例界面如图 9-64 所示。

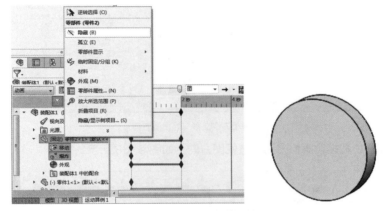

图 9-64 隐藏零件

STEP03 单击 🖩（计算）按钮，进行计算，计算完成后的运动算例界面如图 9-65 所示。

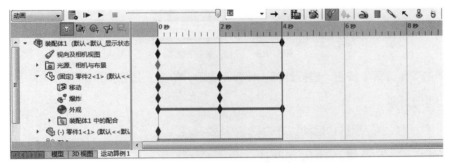

图 9-65 运动算例界面

STEP04 单击 ▶ 按钮播放动画，可以看到零件到"4 秒"的位置就消失了，结果如图 9-66 所示。

图 9-66 装配体模型

④ 视图定向

下面依旧以如图 9-59 所示的装配体模型为例，介绍视图定向的操作过程。

【操作步骤】

STEP01 在运动算例界面将时间线拖动到"2 秒"位置处，在【视相及相机视图】横向处单击鼠标右键，在弹出的快捷菜单中选择【视图定向】/【前视】选项，如图 9-67 所示。

视图定向

图 9-67 "2 秒"处视图方向

STEP02 在第 5 秒位置按照类似方法设置视图方向，如图 9-68 所示。

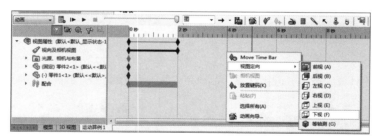

图 9-68 "5 秒"处视图方向

STEP03 单击 （计算）按钮，进行计算。计算完成后，单击 按钮播放动画。

9.2 典型实例

下面通过一组典型实例介绍机构运动仿真的基本方法与技巧。

9.2.1 实例 1——发动机运动仿真设计

本案例将通过创建本地配合，对一个只受重力作用的单缸发动机，运行一次运动仿真，并对结果生成图解，模型如图 9-69 所示。

图 9-69 单缸发动机模型

【操作步骤】

STEP01 装配轴承。

（1）单击 按钮，在弹出的【新建 SolidWorks 文件】对话框中单击 按钮，新建一个装配体文件。

（2）在打开的【开始装配体】属性管理器中，单击 浏览(B)... 按钮，打开资源包中的"第9章/素材/活塞/气缸体"，然后单击鼠标左键放置零件。

图 9-70 插入零件

（3）单击 （插入零部件）按钮，向装配界面中加入 两个"轴承"零件，如图 9-70 所示。

（4）选择轴承圆柱面与活塞缸上的曲面，在【装配体】功能区中，单击 （配合）按钮，打开【配合】属性管理器，在弹出的工具栏 中单击 （同轴心）按钮，然后单击 按钮，创建同轴配合。

（5）选择轴承与活塞缸的两个面，在弹出的工具栏 中单击 （重合）按钮，然后单击 按钮，如图 9-71 右图所示。

图 9-71 装配轴承

（6）在设计树中选中两个轴承，单击鼠标右键，在弹出的快捷菜单中选择【固定】选项，如图 9-72 所示。

STEP02 装配曲轴。

（1）单击 （插入零部件）按钮，向装配界面中插入"曲轴"零件，如图 9-73 所示。

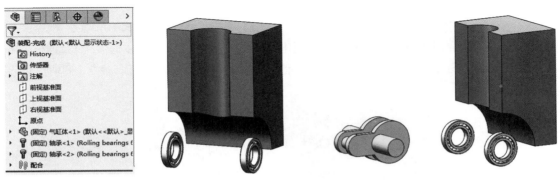

图 9-72 将轴承设为固定　　　　　　　　图 9-73 插入曲轴

（2）单击【装配体】功能区中的 按钮，弹出【配合】属性管理器。单击【高级配合】选项卡中的 （铰链）按钮，在【同轴心选择】框中添加曲轴的圆柱面与轴承内圈的内表面，在【重合选择】框中选择曲轴端面与轴承端面，如图 9-74 所示。

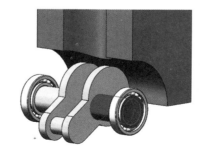

图 9-74　添加铰链约束

STEP03 装配连杆与活塞。

（1）单击 （插入零部件）按钮，向装配界面中插入"连杆"和"活塞"零件，如图 9-75 所示。

（2）单击【装配体】功能区中的 按钮，弹出【配合】属性管理器。单击【高级配合】选项卡中的 （铰链）按钮，在【同轴心选择】框中添加曲轴的圆柱面与连杆大端内圈的内表面，在【重合选择】框中选择曲轴端面与连杆端面，如图 9-76 所示。

图 9-75　插入连杆与活塞

图 9-76　装配连杆

（3）单击【标准配合】选项卡下的 【同轴心】按钮，在【配合的实体】文本框中，选择连杆小端的内表面和活塞上销孔的内表面，如图 9-77 左图所示其他保持默认设置，单击 按钮，建立【同轴心】配合。

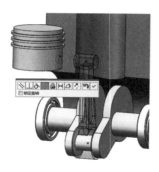

图 9-77　装配活塞

（4）选择活塞圆柱面与气缸上的圆柱面，如图 9-77 右图所示，在弹出的工具栏 中单击 ◎（同轴心）按钮，然后单击 ✓ 按钮，创建同轴配合。装配结果如图 9-78 所示。

STEP04 进行仿真。

（1）单击左下角的 运动算例1 按钮，展开运动算例界面，单击 ❺ 按钮打开【引力】属性管理器，设置引力方向为"Y"方向，引力参数保持默认，如图 9-79 所示。

（2）在运动算例界面工具栏中单击 ◎ 按钮，打开【运动算例属性】属性管理器，在【动画】卷展栏中输入每秒帧数为"100"，如图 9-80 所示。

图 9-78　完成装配

图 9-79　仿真设计环境

图 9-80　【运动算例属性】属性管理器

> 添加引力方向时需根据自己装配体的坐标系来添加。

（3）在运动算例界面中选择算例类型为【Motion 分析】，将最后一个时间帧拖至时间线的"2.5s"处，并在运动算例界面工具栏中单击 ▦（计算）按钮进行计算，计算后的运动算例界面如图 9-81 所示。

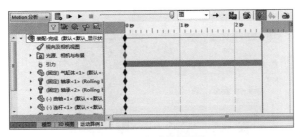

图 9-81　运动算例界面

（4）单击 ▶ 按钮进行播放，活塞和连杆的重量将导致活塞试图移至下止点，由于没有考虑摩擦的关系，模型将只发生摆动，因为系统总的能量是守恒的，如图 9-82 所示。

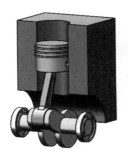  

图 9-82　活塞动画

STEP05 显示图解。

（1）在运动算例界面工具栏中单击 按钮，打开【结果】属性管理器，参数设置如图 9-83 左图所示。选取曲轴表面为要测量的实体，如图 9-83 右图所示。

图 9-83　设置图解参数

（2）单击 按钮完成设置，系统弹出如图 9-84 所示的图解。

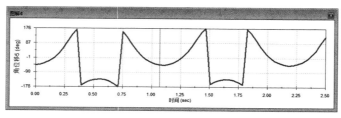

图 9-84　角位移图解

（3）单击 按钮，打开【结果】属性管理器，参数设置如图 9-85 左图所示。选取铰链配合为要测量的实体，如图 9-85 右图所示。

图 9-85　设置图解参数

（4）单击 按钮完成设置，系统弹出如图 9-86 所示的图解，仔细观察分析可以发现零部件主要在做往复运动。

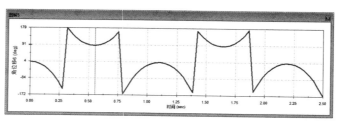

图 9-86　角位移图解

（5）单击  按钮，打开【结果】属性管理器，参数设置如图9-87左图所示。选取活塞顶部为要测量的实体，曲轴为定义xyz方向的零部件，如图9-87右图所示。

图9-87　仿真设计环境

（6）单击 ✓ 按钮完成设置，系统弹出如图9-88所示的图解，由于曲轴的局部坐标系是旋转的，所以图解中的数值将从正数变为负数。单击 按钮保存文件，完成设计。

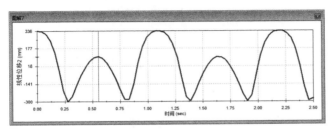

图9-88　线性位移图解

9.2.2　实例2——对槽轮机构运动仿真设计

槽轮机构常被用来将主动件的连续转动转换成从动件的带有停歇的单向周期性转动，本案例将对槽轮机构进行装配和仿真运动，以及生成运动图解。模型如图9-89所示。

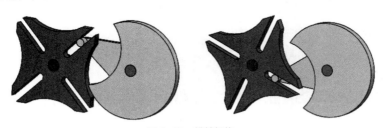

图9-89　槽轮机构

【操作步骤】

(STEP01)　插入零件。

（1）单击 按钮，在弹出的【新建 SolidWorks 文件】对话框中单击 按钮，新建一个装配体文件。

（2）在打开的【开始装配体】对话框中，单击 浏览(B)... 按钮，选择资源包中的"第9章/素材/槽轮/销钉"文件，单击 打开 ▼ 按钮，在图形区域中单击以放置零件。

（3）单击【装配体】功能区中的 （插入零部件）按钮，向装配界面中加入"从动件"零件，如图9-90所示。

槽轮机构运动仿真

图 9-90　插入零件

STEP02 设置配合。

（1）单击【装配体】功能区中的◎按钮，打开【配合】属性管理器。单击【高级配合】选项卡中的▦（铰链）按钮，在【同轴心选择】框中添加销的圆柱面与从动件孔的内表面，在【重合选择】框中选择从动件端面与销端面，如图 9-91 所示。

（2）单击【装配体】功能区中的◎（插入零部件）按钮，向装配界面中加入"主动件"零件。

（3）单击【装配体】功能区中的◎按钮，打开【配合】属性管理器。单击【高级配合】选项卡中的▦（铰链）按钮，在【同轴心选择】框中添加销的圆柱面与主动件孔的内表面，在【重合选择】框中选择主动件端面与销端面，如图 9-92 所示。

图 9-91　装配从动件

图 9-92　装配主动件

（4）单击☑按钮完成装配，如图 9-93 所示。

STEP03 从动轮与主动轮的接触设置。

（1）单击左下角的 运动算例1 按钮，展开运动算例界面，选择算例类型为【Motion 分析】，如图 9-94 所示。

图 9-93　完成装配

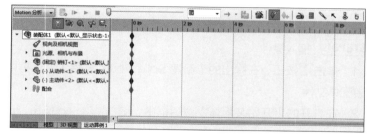

图 9-94　运动算例界面

（2）在运动算例工具栏中单击◙按钮，打开【接触】属性管理器，在【接触类型】卷展栏中单击◙按钮，选择如图 9-95 右图所示的曲线为曲线 1。

（3）单击 SelectionManager 按钮，在弹出的标准选择浮动工具栏中单击 按钮选择从动轮上的曲线，如图 9-96 左图所示，单击 按钮，完成曲线 2 的选择。

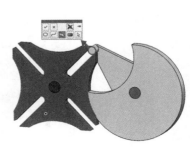

图 9-95　定义曲线接触　　　　　　　　　　图 9-96　选择从动轮接触曲线

（4）选择完成观察曲线方向，如果方向与图 9-97 不符，可通过单击 按钮改变方向。

（5）在运动算例工具栏中单击 按钮，打开【接触】属性管理器，在【接触类型】卷展栏中单击 按钮，选择主动件上曲线为曲线 1，从动件上曲线为曲线 2，如图 9-98 所示。注意曲线方向。

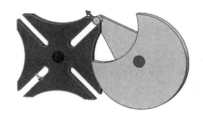
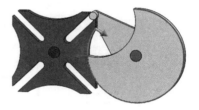

图 9-97　仿真设计环境　　　　　　　　　　　图 9-98　定义接触曲线 2

（6）按照类似方法，设置如图 9-99、图 9-100、图 9-101 所示的接触曲线。

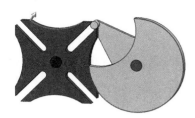
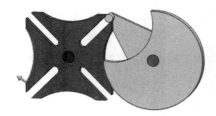
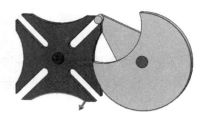

图 9-99　定义接触曲线 3　　　　　图 9-100　定义接触曲线 4　　　　　图 9-101　定义接触曲线 5

（7）设置完成后的运动算例界面如图 9-102 所示。

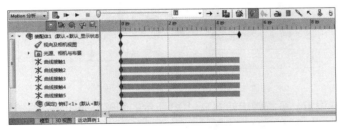

图 9-102　运动算例界面

（STEP04）进行仿真。

（1）在运动算例界面工具栏中单击⊙按钮，打开【运动算例属性】属性管理器，在【动画】卷展栏中输入每秒帧数为"100"，如图 9-103 所示。

（2）在运动算例界面工具栏中单击➔按钮，打开【马达】属性管理器，参数设置如图 9-104 所示，旋转方向如图 9-104 主动件上箭头所示。

（3）单击模型上箭头改变旋转方向，如图 9-105 所示。

图 9-103 【运动算例属性】属性管理器

图 9-104 【马达】属性管理器

图 9-105 改变旋转方向

（4）在运动算例界面工具栏中单击▦（计算）按钮进行计算，计算后的运动算例界面如图 9-106 所示。

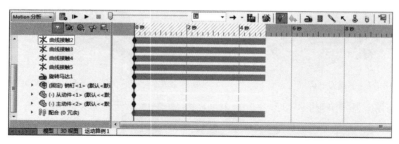

图 9-106 运动算例界面

（5）单击▦按钮，打开【结果】属性管理器，参数设置如图 9-107 左图所示。选取"曲线接触"为要测量的实体，如图 9-107 右图所示。

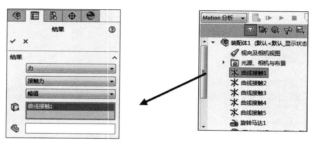

图 9-107 设置图解参数

（6）单击☑按钮完成设置，系统弹出如图 9-108 所示的图解，曲线到曲线接触产生的接触力展现了多个尖点，这来自接触刚度的近似值，因此应忽略。

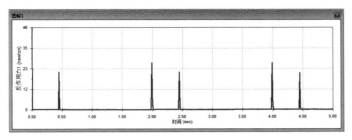

图 9-108　生成反作用力图解

（7）单击图按钮，打开【结果】属性管理器，参数设置如图 9-109 左图所示。选取从动件上的曲面为要测量的实体，如图 9-109 右图所示。

图 9-109　设置图解参数

（8）单击☑按钮完成设置，系统弹出如图 9-110 所示的图解，图解显示从动轮旋转随时间变化的情况。

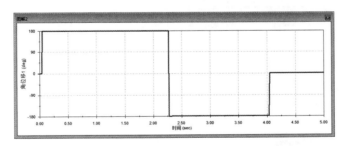

图 9-110　角位移图解

9.2.3　实例 3——插床机构运动仿真设计

本案例将讲解如图 9-111 所示的插床机构仿真动画的设计，以使读者进一步熟悉 SolidWorks 中的动画操作，以及对机构进行运动分析，本例中重点要求掌握装配的先后顺序，注意不能使各零部件之间完全约束。

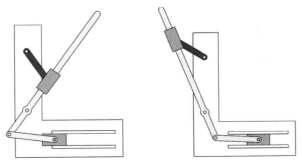

图 9-111　插床仿真动画

【操作步骤】

STEP01 装配轴承。

（1）单击 按钮，在弹出的【新建 SolidWorks 文件】对话框中单击 按钮，新建一个装配体文件。

（2）在打开的【开始装配体】属性管理器中，单击 浏览(B)... 按钮，打开资源包中的 "第9章/素材/插床/支架"，然后单击鼠标左键放置零件。

（3）单击 （插入零部件）按钮，向装配界面中加入"摇杆"零件，如图 9-112 所示。

（4）选择摇杆销孔内表面，并选择支架上销的外表面，在弹出的工具栏 中单击 （同轴度）按钮，然后单击 按钮应用同轴配合，结果如图 9-113 所示。

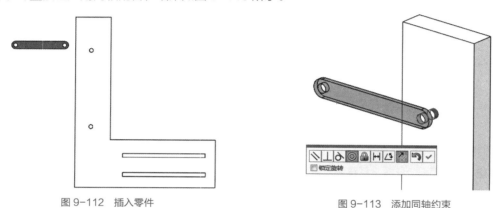

图 9-112 插入零件　　　　　图 9-113 添加同轴约束

（5）选择摇杆与支架相对的两个面，在弹出的工具栏 中单击 （重合）按钮，然后单击 按钮，如图 9-114 所示。

STEP02 装配顶部滑块。

（1）单击 （插入零部件）按钮，向装配界面中加入"顶部滑块"零件，如图 9-115 所示。

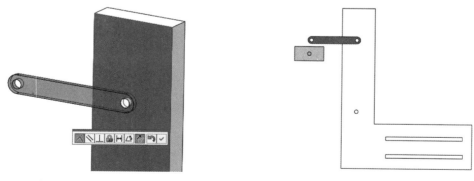

图 9-114 添加重合约束　　　　　图 9-115 插入滑块

（2）选择摇杆销孔内表面及滑块上销的外表面，在弹出的工具栏 中单击 （同轴度）按钮，然后单击 按钮应用同轴配合，结果如图 9-116 所示。

（3）选择滑块与摇杆相对的两个面，在弹出的工具栏 中单击 （重合）按钮，然后单击 按钮，如图 9-117 所示。

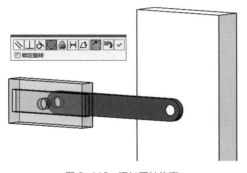

图 9-116　添加同轴约束

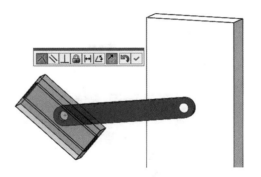

图 9-117　添加重合约束

(STEP03) 装配长杆。

（1）单击 （插入零部件）按钮，向装配界面中加入"长杆"零件，如图 9-118 所示。

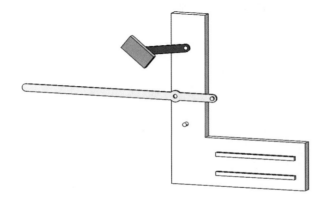

图 9-118　插入长杆

（2）选择长杆销孔内表面，并选择支架上销的外表面，在弹出的工具栏 中单击 ◎（同轴度）按钮，然后单击 ✓ 按钮应用同轴配合，结果如图 9-119 所示。

（3）选择长杆与支架相对的两个面，在弹出的工具栏 中单击 ⼈（重合）按钮，然后单击 ✓ 按钮，如图 9-120 所示。

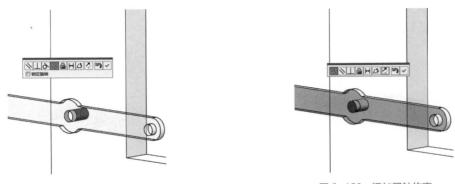

图 9-119　添加同轴约束　　　　　　　　　图 9-120　添加同轴约束

（4）选择长杆与顶部滑块内方孔相对的两个面，在弹出的工具栏 中单击 ⼈（重合）按钮，然后单击 ✓ 按钮，如图 9-121 所示。

STEP04 装配短杆。

（1）单击 📥（插入零部件）按钮，向装配界面中加入"长杆"零件，如图 9-122 所示。

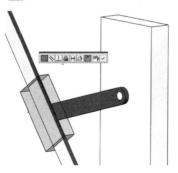

图 9-121 添加重合约束

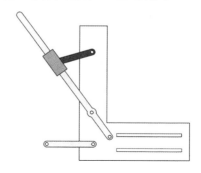

图 9-122 插入短杆

（2）选择短杆销孔内表面，并选择长杆上销的外表面，在弹出的工具栏 中单击 ◎（同轴度）按钮，然后单击 ✓ 按钮应用同轴配合，结果如图 9-123 所示。

（3）选择短杆与长杆相对的两个面，在弹出的工具栏 中单击 人（重合）按钮，然后单击 ✓ 按钮，如图 9-124 所示。

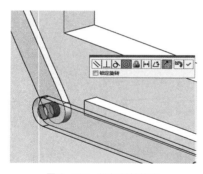

图 9-123 添加同轴约束

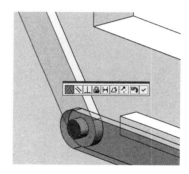

图 9-124 添加重合约束

STEP05 装配底部滑块。

（1）单击 📥（插入零部件）按钮，向装配界面中加入"顶部滑块"零件，如图 9-125 所示。

（2）选择短杆销孔内表面及滑块上销的外表面，在弹出的工具栏 中单击 ◎（同轴度）按钮，然后单击 ✓ 按钮应用同轴配合，结果如图 9-126 所示。

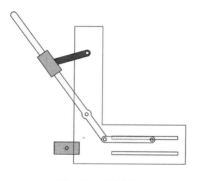

图 9-125 插入滑块

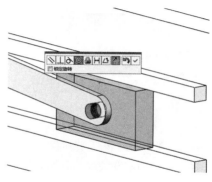

图 9-126 添加同轴约束

（3）选择滑块上销的端面与短杆相外的面，在弹出的工具栏  中单击 （重合）按钮，然后单击 按钮，如图 9-127 所示。

（4）选择滑块上的平面与支架上滑槽的面，在弹出的工具栏 中单击 （重合）按钮，然后单击 按钮，如图 9-128 所示。

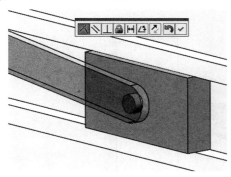

图 9-127 添加重合约束

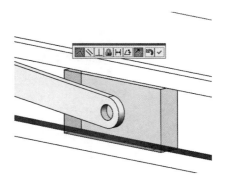

图 9-128 添加重合约束

（5）装配完成后，在【配合】属性管理器中单击 按钮，退出管理器，装配完成后的模型如图 9-129 所示。

STEP06 进行仿真。

（1）单击左下角的 运动算例1 按钮，展开运动算例界面，选择算例类型为【Motion 分析】，在工具栏中单击 按钮，打开【运动算例属性】属性管理器，在【动画】卷展栏中输入每秒帧数为"100"，如图 9-130 所示。

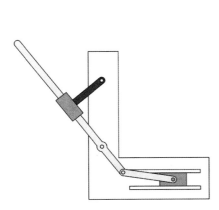

图 9-129 装配完成

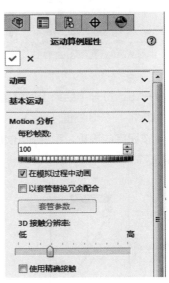

图 9-130 【运动算例属性】管理器

（2）在运动算例界面工具栏中单击 按钮，打开【马达】属性管理器，选择如图 9-131 所示的曲面添加马达。

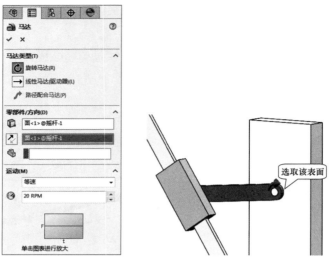

图 9-131　添加马达

（3）在运动算例界面单击 📊（计算）按钮，进行计算，设置完成后的运动算例界面如图 9-132 所示。

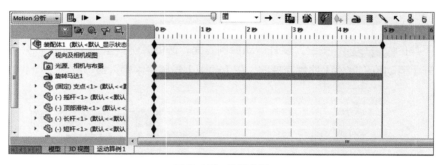

图 9-132　选取参照

（4）单击 📊 按钮，打开【结果】属性管理器，参数设置如图 9-133 左图所示。选取底部滑块的端面为要测量的实体，如图 9-133 右图所示。

（5）单击 ✓ 按钮完成设置，系统弹出如图 9-134 所示的线性位移图解。

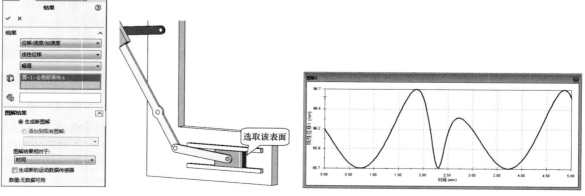

图 9-133　设置图解参数　　　　　　　　　　　　　　　图 9-134　线性位移图解

（6）单击圖按钮，打开【结果】属性管理器，参数设置如图 9-135 左图所示。依旧选取底部滑块的端面为要测量的实体，如图 9-135 右图所示。

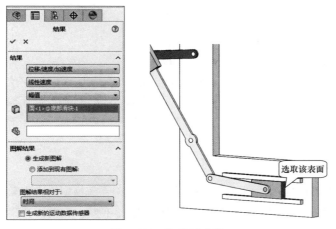

图 9-135　设置图解参数

（7）单击✓按钮完成设置，系统弹出如图 9-136 所示的线性速度图解。

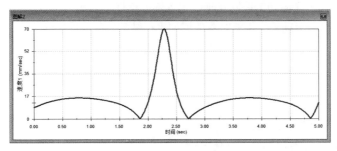

图 9-136　线性速度图解

（8）单击圖按钮，打开【结果】属性管理器，参数设置如图 9-137 左图所示。依旧选取底部滑块的端面为要测量的实体，如图 9-137 右图所示。

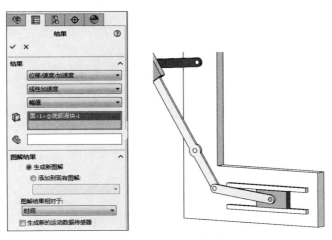

图 9-137　设置图解参数

（9）单击 ☑ 按钮完成设置，系统弹出如图 9-138 所示的线性加速度图解。

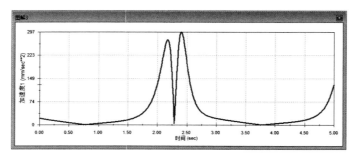

图 9-138　加速度图解

9.3　小结

仿真是利用模型复现实际系统中发生的本质过程，并通过对系统模型的实验来研究真实的物理系统。利用计算机技术实现系统的仿真研究不仅方便、灵活，而且经济、便捷。目前，计算机仿真在仿真技术中占有重要地位。

使用 SolidWorks 实现机构的运动仿真前，首先利用其强大的实体造型功能构造出运动构件的三维模型，例如齿轮、凸轮、连杆、弹簧等运动构件以及轴、销等辅助构件，完成三维零件库的建立。此时单独的三维实体模型是不能进行模拟机构运动的，需要对零件模型进行装配。与组件装配不同，对运动零件进行装配时，需要在零件之间添加一定的运动自由度。随后向系统添加马达和外力等动力因素，统计软件的求解，最终获得输出计算结果。

9.4　习题

1. 简要说明运动仿真的含义与用途。
2. 运动仿真前，为什么需要对零件进行装配？
3. 马达在运动仿真中主要承担什么作用？
4. 如何对仿真系统中的对象进行视图定向？
5. 动手模拟本章中的典型实例，掌握机构运动仿真的一般方法和步骤。

第10章
有限元结构分析

【学习目标】

- 熟悉 SolidWorks Simulation 的界面。
- 了解网格密度对位移和应力结果的影响。
- 掌握有限元分析的一般步骤。
- 使用实体单元完成线性静态分析。

- 明确有限元分析的具体含义。
- 明确有限元分析的基本原理。
- 掌握有限元分析结果的优化方法。
- 采用不同方法显示有限元计算结果。

SolidWorks Simulation 是一个与 SolidWorks 高度集成的仿真设计分析系统。SolidWorks Simulation 提供了对设计产品进行频率分析、扭曲分析、热分析、应力分析和优化分析。是一款基于有限元，即 FEA 数值技术的设计分析软件，是 SRAC 开发的工程分析软件产品之一。FEA 也称之为有限单元法，是一种求解关于场问题的一系列偏微分方程的数值方法。在机械工程中，有限元分析被广泛地应用在结构、振动和传热问题上。

10.1　知识解析

作为一个强大且实用的工程分析工具，FEA 可以解决从简单到复杂的各种问题。一方面，设计工程师使用 FEA 在产品研发过程中分析设计改进，由于时间和可用的产品数据的限制，需要对所分析的模型做许多简化。另一方面，专家们使用 FEA 来解决一些非常深奥的问题，如车辆碰撞动力学、金属成形和生物结构分析。

不管项目多复杂或是应用领域多广，无论是结构、热传导或是声学分析，所有 FEA 的第一步总是相同的，都是从几何模型开始。我们给这些模型分配材料属性，定义载荷和约束，再使用数值近似方法，将模型离散化以便分析。

离散化过程也就是网格划分过程，即将几何体剖分成相对小且形状简单的实体，这些实体称为有限单元。单元称为"有限"的，是为了强调这样一个事实：它们不是无限的小，而是与整个模型的尺寸相比之下适度的小。

10.1.1　有限元结构分析设计环境

❶ 激活 SolidWorks Simulation 插件

执行菜单命令中的【工具】/【插件】，打开如图 10-1 所示的【插件】对话框。找到【SolidWorks Simulation】选项并勾选，再勾选【启动】列下的方框，然后单击 确定 按钮。

❷ SolidWorks Simulation 的界面介绍

SolidWorks Simulation 和 SolidWorks 的操作方式相同。先是创建一个有限元模型，再进行模型求解，得出求解结果。预处理过程中对参数

图 10-1 【插件】对话框

的修改，只需要利用图形界面，选择 SolidWorks Simulation 设计树中的图标或文件夹即可，Simulation 界面如图 10-2 所示。

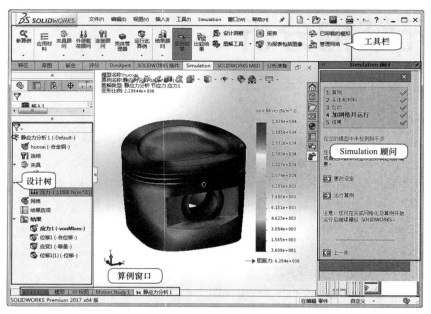

图 10-2　Simulation 界面

（1）设计树：在创建一个仿真算例后，会在软件界面左侧下出现一个"树"。图形显示区下方会出现一个页面来控制该树的显示，如图 10-3 所示。

（2）在菜单命令中，单击下拉菜单【Simulation】命令弹出下拉列表，这里提供了全部的分析编辑命令，如图 10-4 所示。

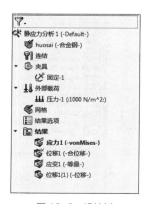

图 10-3　设计树

图 10-4　【Simulation】菜单

（3）工具栏：Simulation 工具栏包含全部含有图标的命令，如图 10-5 所示。用户可以根据需要自行定义，只显示经常使用的那些命令。

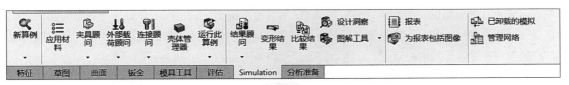

图 10-5　【Simulation】工具栏

◎ 🔍（新算例）：单击此按钮，系统打开【算例】属性管理器，用户可以新建一个算例。

◎ ▤（应用材料）：单击此按钮，系统打开【材料】对话框，用户可以为新建的算例指定材料。

◎ 📦（夹具顾问）：单击此按钮，系统打开【Simulation 顾问】任务窗口，用户可以为模型添加夹具约束。

◎ 📊（外部载荷顾问）：单击此按钮，系统打开【Simulation 顾问】任务窗口，用户可以为模型定义外部载荷。

◎ 🔧（连接顾问）：单击此按钮，系统打开【Simulation 顾问】任务窗口，用户可以为模型设置接触类型。

◎ 📦（壳体管理器）：单击此按钮，系统打开【壳体管理器】，用户可以在单一位置管理某个位置的所有壳体。

◎ 📦（运算此算例）：单击此按钮，系统将为定义好的分析模型启动运算。

◎ 📊（结果顾问）：当运算得出结果时，单击此按钮，用户可以定义编辑结果选项。

◎ 📥（变形结果）：当运算得出结果时，单击此按钮，可以检查变形和验证结果是否合理。

◎ 📊（比较结果）：当运算得出结果时，单击此按钮，用户可以并排检查多个结果。

◎ 📊（设计洞察）：当运算得出结果时，单击此按钮，用户可以为活动算例标注和绘制设计洞察。

◎ ▤（报表）：当运算得出结果时，单击此按钮，用户可以将当前分析算例生成 Word 报表。

◎ 📷（为报表包括图像）：单击此按钮，用户可以为 Word 报表捕捉模型图像。

◎ 📥（已卸载的模拟）：单击此按钮，可以在当前对话框中启动已经卸载的模型。

◎ 🗂（管理网络）：单击此按钮，可以打开【网格管理器】对话框。

（4）在 SolidWorks 中为 Simulation 提供了一个通用的工具栏。Simulation 页面包含了创建算例和分析结果的工具，如图 10-6 所示。

（5）在设计树中右键单击几何体或选项，可以选择所需的功能进行编辑定义，如图 10-7 所示。

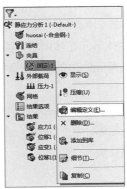

图 10-6　通用工具栏　　　　　　　　　　图 10-7　编辑设计树项目

10.1.2 有限元分析基本原理

模型的离散化过程，也叫作网格划分。意思是将连续的模型划分成有限个单元。这个过程中所创建的单元类型，取决于几何模型的类型和设定分析的类型；有时也取决于我们自己的偏好。将数学模型剖分成有限单元，这一过程称为网格划分。离散化在视觉上即是将几何模型划分成网格，离散化的模型所加载的载荷和支撑，将施加到有限单元网格的节点上。建立有限元模型的流程如图 10-8 所示。

数学模型　　　　　　　　离散化　　　　　　　　有限元求解

图 10-8　离散化流程

❶ 有限单元

我们都知道，在数学中，有限元法是一种为求解偏微分方程边值问题近似解的数值技术。求解时，对整个问题区域进行分解，每个子区域都成为简单的，这种简单部分就称作有限元。许多工程分析问题，如固体力学的位移场、应力场；传热学中的温度场，流体的流场等，都可以归结为在给定边界条件下，求解其控制方程的问题。但这种方法较为简单，通常对于大多数工程技术问题，由于物体几何形状比较复杂，就很少能求出解。而这类问题目前最常用的方法就是利用有限元法，借助计算机来获得满足工程要求的数值解。SolidWorks Simulation 就是将四面体实体单元划分实体几何体，而用三角形壳单元划分几何面。其他形状的单元，如六面体（块状），在目前的网格划分技术水平下，不能创建可靠的网格。这种局限性不是 SolidWorks Simulation 网格划分特有的，可靠的块单元自动网格划分，目前还没有发明出来。

❷ 单元类型

SolidWorks Simulation 中单元的类型有 4 种，它们分别是一阶实体四面体单元、二阶实体四面体单元、一阶三角形壳单元和二阶三角形壳单元，下文将描述前面常用的两种单元，后面两种读者有兴趣可以自行研究。

SolidWorks Simulation 称一阶单元为"草稿品质"单元，二阶单元为"高品质"单元。

（1）一阶实体四面体单元

一阶实体四面体单元在体内沿着面和边缘模拟一阶线性位移场。一阶线性位移场命名了该单元的名称，即一阶单元，一阶单元的边是直线，面是平面。在单元加载变形后，这些边和面必须仍保持直线和平面，如图 10-9 所示。

一阶实体四面体单元构成的模型几何体，如图 10-10 所示。显然用直线和平面模拟曲面形的几何模型是失败的。为了演示清晰，我们使用了很大的（与模型尺寸相比较而言）单元来划分网格，这样的网格对任何分析来说都是不够精细的。

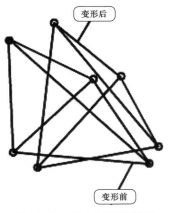

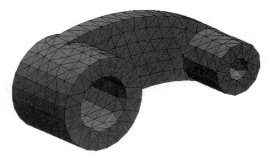

图 10-9　一阶实体四面体单元　　　　　　　　　　　　图 10-10　几何模型

（2）二阶实体四面体单元

　　二阶（高品质）实体四面体单元，它模拟了二阶（抛物线形）位移场以及相应的一阶应力场（注意抛物线形函数的导数是线性函数）。二阶位移场命名了该单元的名称：二阶单元。二阶实体四面体单元如图 10-11 所示。因此，图 10-12 显示同样的模型几何体，这些单元能够很好地模拟其曲线形状。

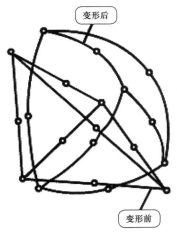

图 10-11　二阶实体四面体单元　　　　　　　　　　　图 10-12　几何模型

❸　自由度

　　根据机械原理，机构具有确定运动时所必须给定的独立运动参数的数目（即为了使机构的位置得以确定，必须给定的独立的广义坐标的数目），称为机构自由度，其数目常以 F 表示。如果一个构件组合体的自由度 F>0，它就可以成为一个机构，即表明各构件间可有相对运动；而有限元网格中的自由度定义的是节点平移或转动的能力。节点拥有的自由度数取决于节点所属的单元类型。实体单元的节点有 3 个自由度，而壳单元的节点有 6 个自由度。

10.1.3　有限元分析选项设置

❶　SolidWorks Simulation 选项

　　在开始进行算例分析之前，首先要设置一下有限元分析环境的相应参数。包括国标单位、结果文件、数据库存放位置、默认图解显示方法、网格显分析报告以及各种图标颜色等。设置原因如下。

（1）有限元分析系统的默认选项设置，是面向所有算例的，里面包含的设置主要是错误显示的方法和默认数据库的存放位置。

（2）默认选项只针对新建立的算例，因为在仿真算例中并不采用模板的形式，所以在此提供该选项，以方便设置单位、默认图解等。

❷ 基础训练

其具体设置方法为执行菜单命令中的【Simulation】/【选项】，打开如图 10-13 所示的【系统选项 – 一般】对话框。该对话框有两个选项卡，分别是【系统选项】和【默认选项】，其中【系统选项】是针对所有算例，可以对错误信息、网格颜色以及默认数据库存放位置进行设置；而【默认选项】只针对新建的算例，包括算例中的各种设置。

图 10-13 【系统选项 – 一般】对话框

（1）设置数据库存放位置。在对话框的【系统选项】选项卡中左侧列表里选择【默认库】选项，单击 添加(A)... 按钮可以重新添加一个地址，如图 10-14 所示。

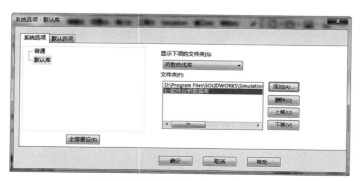

图 10-14 【系统选项 – 默认库】对话框

（2）设置有限元分析单位。在对话框选择【默认选项】选项卡，在左侧列表中单击【单位】选项，设置【单位系统】为【公制（Ⅰ）（MKS）】，【长度／位移】单位为【毫米】，【温度】单位为【开氏】，【角速度】单位为【弧度／秒】，【压力／应力】单位为【N/m² （MPa）】，如图 10–15 所示。

图 10-15 【默认选项 – 单位】对话框

（3）设置结果存放参数。选择左侧列表中的【载荷／夹具】选项，可以设置符号的大小及颜色，如图 10-16 所示。

图 10-16 【默认选项 – 载荷／夹具】对话框

（4）设置网格参数。选择左侧列表中的【网格】选项，可以设置符号的大小及颜色，如图 10-17 所示。

图 10-17 【默认选项 - 网格】对话框

（5）设置结果存放参数。选择左侧列表中的【结果】选项，可以设置【默认解算器】、【结果文件夹】等参数，如图 10-18 所示。

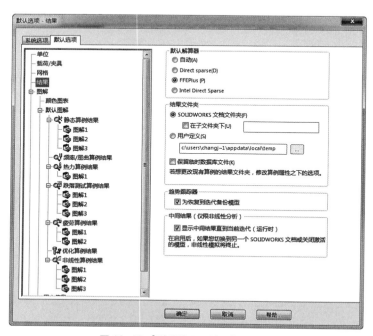

图 10-18 【默认选项 - 结果】对话框

（6）设置颜色图表参数。选择左侧列表中的【图解】文件夹下的【颜色图表】选项，可以设置【位置】、【宽度】、【数字格式】、【颜色选项】等参数，如图 10-19 所示。

图 10-19 【默认选项－图解－颜色图表】对话框

（7）设置图解结果类型。选择左侧列表中的【图解】文件夹下的【图解 1】选项，可以设置【结果类型】、【结果分量】等参数，如图 10-20 所示。

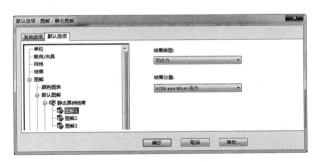

图 10-20 【默认选项－图解－静态图解】对话框

（8）设置用户信息。选择左侧列表中的【图解】文件夹下的【用户信息】选项，可以设置【公司名称】、【作者名】等参数，如图 10-21 所示。

图 10-21 【默认选项－图解－用户信息】对话框

（9）设置报告选项。选择左侧列表中的【报告】选项，可以设置导出 Word 文档的【报告格式】、【报表分段】、【标题信息】等参数，如图 10-22 所示。

图 10-22 【报告】对话框

10.1.4 有限元分析的一般步骤

❶ 有限元分析的步骤

当使用有限单元工作时，FEA 求解器将把单个单元的简单解综合成对整个模型的近似解来得到期望的结果（如变形或应力）。因此，应用 FEA 软件分析问题，在应用 SolidWorks Simulation 时，也需要遵循以下步骤。

STEP01 创建几何模型。

STEP02 创建有限元分析单元模型。

STEP03 运行求解有限元模型。

STEP04 结果分析。

❷ 模型分析的关键步骤

无论分析的类型如何改变，模型分析的基本步骤是相同的。我们必须完全理解这些步骤，以完成有意义的分析。下面列出了模型分析中的一些关键步骤。

STEP01 创建算例：对模型的每次分析都是一个算例，一个模型可以包含多个算例。

STEP02 应用材料：向模型添加材料属性，如屈服强度。

STEP03 添加约束：模拟真实的模型装夹方式，对模型添加夹具（约束）。

STEP04 施加载荷：载荷反映了作用在模型上的力。

STEP05 划分网格：模型被细分为有限个单元。

STEP06 运行分析：求解计算模型中的位移、应变和应力。

STEP07 分析结果：判断分析的结果。

❸ 新建算例

执行菜单命令中的【Simulation】/【算例】，或者单击【Simulation】功能区中的按钮，打开如图 10-23

所示的【算例】属性管理器。创建一个新的算例，单击【静应力分析】❷作为分析类型，在【名称】中默认名称为"静应力分析 1"，单击☑按钮。

有限元模型的创建通常始于算例的定义算例的，定义即输入所需的分析类型和相应的网格类型。对不同的几何模型建立算例，其构成也不同，如图 10-24 所示为单个零件的算例；而如图 10-25 所示的则是装配体的算例。

图 10-23 【算例】属性管理器

图 10-24 单个零件算例

图 10-25 装配体算例

每个分析都是一个单独的算例。在定义完一个算例后，SolidWorks Simulation 会自动创建一个算例文件夹及几个图标，本例中算例文件夹的名称为"静应力分析 1"。使用🗐图标来定义和指定材料属性，用⬇图标来定义载荷，用🗐图标来定义约束，用🗐图标来创建有限元网格，用🗐图标来查看接触直观图解。

❹ 指定材料属性

在【Simulation】功能区中单击🗐按钮，或者在左侧设计树中右键单击🗐按钮，并在弹出的快捷菜单中选择【应用 / 编辑材料】选项，打开如图 10-26 所示的【材料】对话框，然后展开名为【钢】的文件夹，这里图 10-26 中选择的是【合金钢】。

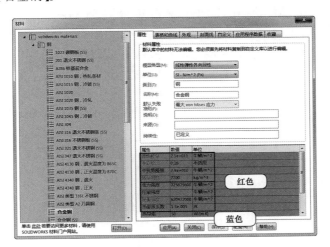

图 10-26 指定材料

要点提示　在如图 10-26 所示的【材料】对话框中，红色字体表示材料常数，蓝色字体表示的常数只在特定载荷类型下才可能会被使用，比如温度载荷就需要【热扩张系数】才能使用。

单击 应用(A) 并选择 关闭(C)，图标后面显示了一个绿色选中标记以及所选材料的名称，表明材料加载成功，如图 10-27 所示。

❺ 添加夹具

要完成一个静态分析，模型必须被正确约束，使之无法移动。SolidWorks Simulation 提供了各种夹具来约束模型。一般而言，夹具可以应用到模型的面、边、顶点上。单击【Simulation】功能区中按钮，或者在左侧设计树中右键单击 夹具 按钮，并在弹出的快捷菜单中选择【夹具顾问】，在右侧打开的【Simulation 顾问】中选择【添加夹具】选项，打开如图 10-28 所示的【夹具】属性管理器。

图 10-27　材料绿色标记

图 10-28　【夹具】属性管理器

（1）【夹具】属性管理

在【夹具】属性管理器中，夹具和约束被分为【标准】和【高级】两类，其具体含义和属性如表 10-1 所示。

表 10-1　夹具类型、含义及其属性

类型	夹具类型	含义及其属性
标准（固定几何体）	固定几何体	固定几何体，也被叫做刚性支撑，其属性为将所有平面移动和轴向转动的自由度全部限制，边界条件不需要给出沿某个具体方向的约束条件
	滚柱/滑杆	设置此约束类型，将指定平面能更加自由地在平面上移动，但不能在平面上进行垂直方向移动，平面在施加载荷的情况下可能收缩或者扩张
	固定铰链	设置固定铰链约束，将指定被约束体只能绕轴运动的圆柱面，圆柱面的半径和长度在载荷下保持常数
高级（使用参考几何体）	对称	选择此项，它只针对平面问题，允许面内位移和绕平面法线的转动
	周期性对称	当物体绕一特定轴作周期性旋转时，选择此项，它将对其中一部分加载该约束类型可形成旋转对称体
	使用参考几何体	选择此项，将设定约束只在点、线或面设计的方向上，而在其他方向上可以自由运动，可以指定所选择的基本平面、轴、边或者面上的约束方向
	在平面上	通过对平面上 3 个方向进行约束，可设定沿所选方向的边界约束条件

类型	夹具类型	含义及其属性
高级（使用参考几何体）	在圆柱面上	与【在平面上】类似，不同点是圆柱面的三个方向是在圆柱坐标系下定义的，该选项允许圆柱面绕轴线旋转的情况下使用
	在球面上	与【在平面上】和【在圆柱面上】类似，不同点是球面的 3 个主方向是在球坐标系统下定义的
平移	文本框	用于定义平移的尺寸单位，下拉列表中有 mm、cm、m、in、ft 5 种单位可供选择
	按钮	选择该按钮，可以设置沿基准面方向 1 的偏移距离
	按钮	选择该按钮，可以设置沿基准面方向 2 的偏移距离
	按钮	选择该按钮，可以设置垂直于基准面方向的偏移距离
	符号设定区域	用于设置夹具符号的显色和显示大小

（2）显示/隐藏符号

通过以下操作可以显示（或隐藏）夹具或外部载荷的符号：右键单击【夹具】或【外部载荷】并选择【全部隐藏】（或【全部显示】），如图 10-29 所示。直接右键单击【夹具】或【外部载荷】中的每个符号并选择【隐藏】（或【显示】），如图 10-30 所示。

图 10-29 【全部隐藏】快捷菜单

图 10-30 【隐藏/显示】快捷菜单

（3）定义固定约束

单击【固定几何体】，转动模型，选择所要施加载荷的面。在【类型】中选择【固定几何体】，然后单击
✓按钮完成。

定义完夹具后，就完全限制了模型的空间运动。因此，该模型在没有弹性变形的情况下是无法移动的。在有限元术语中，可以说该模型不存在任何刚体运动形式。

（4）夹具符号

在某个面上施加了夹具之后，就可以看到夹具标记符出现在该面上，如图 10-31 所示。

❻ 外部载荷

将模型的自由度约束好以后，需要向模型施加外部载荷，包括力、力矩、压力及引力等受力形式。单击【Simulation】功能区中下的 ▾ 按钮，打开如图 10-32 所示的下拉菜单。

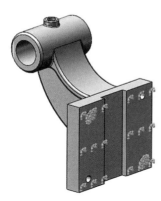

图 10-31　标记符显示

图 10-32　【外部载荷】下拉菜单

SolidWorks Simulation 提供了多种外部载荷形式以加载到模型上。一般来说，力可以通过各种方法加载到面、边和顶点上。这些标准外部载荷的类型、含义及属性如表 10-2 所示。

表 10-2　外部载荷的类型、含义及属性

类型	载荷类型	含义及其属性
标准外力	↓力	沿所选参考面所确定的方向，对一个平面、一条边或者一个点施加力或者力矩。如果要对实体单元添加力矩，必须先将其转换为相应的分布力或远程载荷
	扭矩	此类型只适合于圆柱面，按右手定则对参考轴施加扭矩
高级外力	压力	选择此项，可以对一个面施加压力，类型为定向或者可变的，如水压、气压
	引力	选择此项，可以对零件或者装配体定义角速度或加速度
	离心力	与引力相同，选择此项，可以对零件或者装配体定义角速度或加速度
	轴承载荷	选择此项，可以在两个接触的圆柱面之间定义轴承载荷
	远程载荷 / 质量	选择此项，可以通过连接的结果传递法向载荷
	分布质量	所谓分布质量，就是分布载荷施加到所选面上，用以模拟被压缩的零件质量
	温度	选择此项，将为受热膨胀影响的系统添加温度载荷

❼ 定义力

单击【Simulation】功能区中 按钮，或者在左侧设计树中右键单击 外部载荷 按钮，并在弹出的快捷菜单中选择【外部载荷顾问】，在右侧打开的【Simulation 顾问】中选择【添加载荷】选项，打开如图 10-33 所示的【力 / 扭矩】属性管理器。

◎ ↓（力）：单击该按钮，为指定模型表面添加力。

◎ （扭矩）：单击该按钮，为指定模型绕轴向添加扭矩。

◎ 法向：单击该按钮，使添加的载荷力与选定的面垂直。

◎ 选定的方向：单击该按钮，使添加的载荷力的方向沿选定的方向。

◎ （单位）：定义施加力的单位，包括 SI（公制国际单位）、English（IPS）（英制英寸单位）、Metric（G）（公制米制单位）。

◎ ↓文本框：输入施加力的数值。

图 10-33　【力 / 扭矩】属性管理器

◎ 反向：选中该项，使力的方向相反。

◎ 按条目：选中该按钮，如果添加的载荷力作用在多个面上，则每个面上的作用力均为给定数值。

⑧ 划分网格

设置完前面的参数之后，最后一步便是进行网格划分，将模型划分成有限个单元，默认情况下，SolidWorks 采用等密度划分，网格单元大小和公差是系统基于模型的几何形状自行计算的。网格密度的大小直接影响分析结果，单元越小，误差值越低，但在进行网格划分和求解计算的时间就越长。反之，单元越大，误差值越大，网格划分和求解计算的时间就越短。执行菜单命令中的【Simulation】/【网格】/【生成】，打开如图 10-34 所示的【网格】属性管理器。

【网格密度】区域：定义网格单元格的大小。

◎ 滑块：拖动该按钮，可以调整网格的粗细，越偏粗糙则网格单元越大；越偏良好则网格单元越小且精细。

◎ 重设 按钮：单击该按钮，网格参数回到默认值，重新定义网格。

在【网格】属性管理器中勾选 网格参数 选项和展开【高级】选项，则打开如图 10-35 所示的下拉列表，进行网格的精确定义。

图 10-34 【网格】属性管理器

图 10-35 标准网格

（1）标准网格

这是 SolidWorks Simulation 首先开发的并且基于 Voronoi-Delaunay 网格划分法。然而，当用这种方法划分有小特征或者有曲率的几何模型时，会生成长宽比大或者失效的网格。当需要划分对称网格时，这种方法很有效。

◎ ⬛：定义网格单位。

◎ ⬛：用于定义网格单元整体尺寸大小。

◎ ⬛：其下面的文本框用于定义单元公差。

◎ 自动过渡 复选框：勾选复选框，在几何模型锐角边位置自动进行过渡处理。

【高级】区域：用于定义网格质量。

◎ 雅可比点 文本框：用于定义雅可比值，雅克比是用来度量实际单元形状与相应该类型单元的理想形状之间的差异。

◎ 草稿品质网格 复选框：勾选此项，网格采用一阶单元，质量粗糙。

◎ 实体的自动试验 复选框：勾选此项，网格采用二阶单元，质量较高。

【选项】区域：用于设置网格的其他参数。

◎ 不网格化而保存设置 复选框：勾选此项，不进行网格划分，只保存网格划分参数设置。

◎ 运行(求解)分析 复选框：勾选此项，单击 ✓ 按钮后立即开始计算求解。

（2）基于曲率的网格

SolidWorks Simulation 使用高级技术将模型的网格划分为有限单元。基于曲率的网格算法用可变化的单元大小来生成网格，如图 10-36 所示。有利于在几何体的细小特征处获得精确的结果。

◎ 🔲：定义网格单位。

◎ 🔺：用于定义网格最大单元格大小。

◎ 🔺：用于定义网格最小单元格大小。

◎ ⬠：定义圆中最小单元数。

◎ 📶：用于定义单元大小增长比率。

（3）基于混合曲率的网格

这种方式划分网格速度是最慢的，如图 10-37 所示为【基于混合曲率的网格】属性管理器。当模型用基于曲率划分得到长宽比较大或者失效的网格时，用这种方式往往可以解决，这种方法不支持多线程或者自适应技术，单击确定后会弹出如图 10-38 所示的【计算最小单元大小】对话框。

图 10-36 基于曲率的网格

图 10-37 基于混合曲率的网格

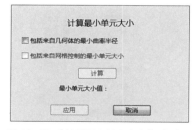

图 10-38 【计算最小单元大小】对话框。

◎ 🔲：定义网格单位。

◎ 🔺：用于定义网格最大单元格大小。

◎ 🔺：用于定义网格最小单元格大小。

◎ ⬠：定义圆中最小单元数。

◎ 📶：用于定义单元大小增长比率。

除了上述划分单元格的方法外，在 SolidWorks Simulation 中还提供了一种网格划分，执行菜单命令中的【Simulation】/【网格】/【应用控制】，打开如图 10-39 所示的【网格控制】属性管理器。

（1）网格大小

图中 🔺 文本框显示栏即为网格单元大小，体现网格的特征单元尺寸，是按一个单元的外接圆球直径定义的。这种表示方法能够较为容易地推广到二维情况，即一个三角形的外接圆。在 SolidWorks Simulation 中，基于曲率的网格算法生成的网格具有可变的单元大小，【最大单元大小】和【最小单

图 10-39 【网格控制】属性管理器

大小】定义了单元的最大、最小值。这些参数是根据在 SolidWorks 模型的几何特征自动确定的。

（2）比率

图中 % 文本框显示栏即为网格比率大小，【比率】用来定义网格如何从【最小单元大小】过渡到【最大单元大小】。【比率】参数是在连续的过渡单元层用于指定比率的。在图 10-40 中，将使用默认的【比率】和设置后的【比率】进行比较。在大多数使用 SolidWorks Simulation 的分析中，在保证相对短的求解时间前提下，不同比率生成的网格，其离散误差是可以接受的。

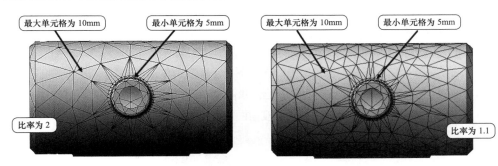

图 10-40　不同比率情况

（3）设定网格质量

进入【高级】选项，取消勾选【草稿品质网格】，如图 10-41 所示。单击 确定 以生成网格。网格生成结束后，网格便显现出 SolidWorks Simulation 窗口的【网格】图标添加了一个绿色的 网格 号标记，以表明网格划分完毕。图 10-42 所示为取消勾选和不取消勾选【草稿品质网格】时网格划分的结果，其中下图为"草稿品质网格"。

图 10-41　取消勾选【草稿品质网格】

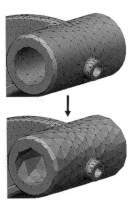

图 10-42　两种结果对比

❾ 运行分析

设置完模型的参数后，最后一步就是进行运算求解得出结果。在【Simulation】功能区中单击 按钮，或者在【设计树】中的【静应力分析 1】图标上单击鼠标右键，并在弹出的快捷菜单命令中选择【运行】，如图 10-43 所示。当分析在进行时，可以通过【静应力分析】对话框来查看分析进度，如图 10-44 所示。

❿ 后处理

当分析求解完成后，SolidWorks Simulation 的【设计树】中自动生成【结果】文件夹，结果包含应力 1（-von Mises-）、位移 1（-合位移-）及应变 1（-等量-）等内容，如图 10-45 所示。

图 10-43　运行求解

图 10-44　静应力分析对话框

图 10-45　生成结果文件

⓫ 结果图解

可用以下方法显示每个结果图解，双击所需的图解图标（如应力 1），或右键单击所需的图解图标（如应力 1），并在弹出的快捷菜单命令中选择【显示】。当图解被激活时，模型运算结果就会出现在模型窗口中，如图 10-46 所示。可以再次右键单击图解图标，以观察图解控制选项。

图 10-46　显示图解

（1）显示并编辑应力 1（-von Mises-）图解

双击【结果】文件夹下的【应力 1（-von Mises-）】显示该图解。注意到应力图解的单位为（N/m²），应力显示为 6 位科学计数，屈服力为 6.204e+008 表示 6.204×10^8MPa，如图 10-47 所示。

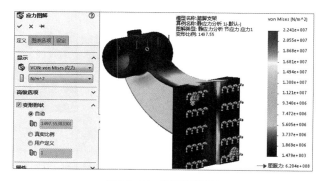

图 10-47　科学计数显示

（2）显示并编辑位移 1（-合位移-）图解

双击【结果】文件夹下的【位移 1（-合位移-）】显示该图解。注意到位移图解的单位为 mm，根据图解可以看出最大位移量为 0.0115mm。这种位移变化很小，在实际中也观察不到，只有在放大后才会看到效果，如图 10-48 所示。

（3）显示并编辑应变 1（- 等量 -）图解

双击【结果】文件夹下的【应变 1（- 等量 -）】显示该图解，根据图解可以看出没有应变量，如图 10-49 所示。

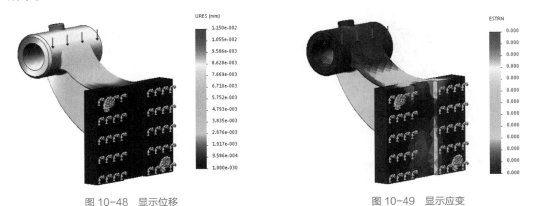

图 10-48　显示位移　　　　　　　　　　　　　　　图 10-49　显示应变

以上为 3 种静应力下的结果图解，用户可根据几种编辑定义方法控制图解内容、单位、显示以及注释等。

⑫ **编辑图解**

双击图解或者右键单击该图解并选择【编辑定义】，在弹出的管理器中可以指定应力分量、单位及图解类型。在【高级选项】中，也可以选择图解是以【波节值】还是以【单元值】显示。如图 10-47 所示为科学计数法，用户觉得显示方式不习惯，可以进行显示设置，在【应力图解】属性管理器中，单击【图表选项】选项卡，设置【位置 / 格式】为【浮点】，即可显示 3 为千分位分隔符，如图 10-50 所示。通过结果观察得到最大 von Mises 应力为 22MPa，明显没有超出材料的屈服强度 620MPa，处于材料应力承受范围的，在图中以红色标记显示。由此得出结论，在此种工况下，零件可以安全工作。

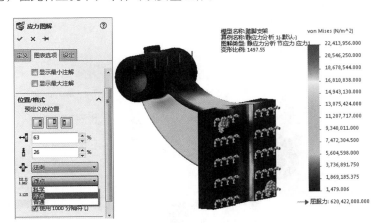

图 10-50　千分位分隔符

（1）波节应力与单元应力

图 10-51 和图 10-52 所示分别显示了模型的波节（节点）应力及单元应力。【波节值】的应力图解看上去很光滑，而【单元值】则显得很粗糙。波节应力和单元应力一般是不同的，但两者间的差异太大，说明网格划分不够精细。

图 10-51　波节值

图 10-52　单元值

（2）修改结果图解

结果图解可以通过几种方法进行修改。下面列出了 3 种主要功能，以控制图解中的内容、单位、显示以及注解。

◎【定义】控制输出结果及单位的显示。比如，应力输出可以从 von Mises 应力改为主应力。

◎【图表选项】:【图表选项】用来控制注解。选项决定注解的显示，以及颜色、单位类型（科学、浮点、普通）、小数位数的选择。图表的位置和标题也可以进行调整。

◎【设定】:【设定】可以用来控制模型的显示。

（3）修改图表

右键单击应力 1（-von Mises-）并选择【图表选项】。勾选【显示最小注解】和【显示最大注解】复选框，将在图解中显示这些标记。取消勾选【自动定义最大值】并输入 "21000000"，如图 10-53 所示。橙色部位表示应力超过屈服点，如图 10-54 所示。

（4）修改应力图解的设定

右键单击应力 1（-von Mises-）并选择【设定】，如图 10-55 所示。建议对该对话框中的【边缘选项】、【边界选项】和【变形图解选项】进行仔细研究。

图 10-53　【应力图解】属性管理器

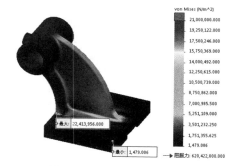

图 10-54　应力最大值和最小值

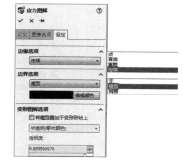

图 10-55　【应力图解】属性管理器

⑬ 其他图解

除了在显示分析的特定结果方面，还存在其他几个图解类型，如表 10-3 所示。

表 10-3　其他图解类型

图解类型	含义及其属性
截面剪裁	创建截面剪裁图，只允许一个剪裁基准面穿过模型的任何一个点，如上视基准面、右视基准面和前视基准面，可以调整基准面的距离和角度，并在该基准面上显示截面形状
ISO 剪裁	ISO 剪裁图中，不需要基准面，只需通过调整应力值大小就可以显示所调应力值的全部模型图像
探测	探测功能旨在帮助用户测量模型任意位置点的应力值，以表格和图解的方式显示参数

（1）创建【截面剪裁】

在很多应用程序中，切分模型并从贯穿整个厚度方向来观察结果数位的分布是非常有用的。右键单击"应力 1（−von Mises−）"并选择【截面剪裁】。从 SolidWorks 展开菜单中选择"Right"基准面为【参考平面】。建议了解【截面 1】属性框中的所有选项和参数，如图 10-56 所示。

使用 （反传剪裁方向）和 （剪裁开 / 关）按钮可以调整剪裁方向及关闭剪裁图解。单击 确定 以关闭【截面】属性管理器，结果如图 10-57 所示。

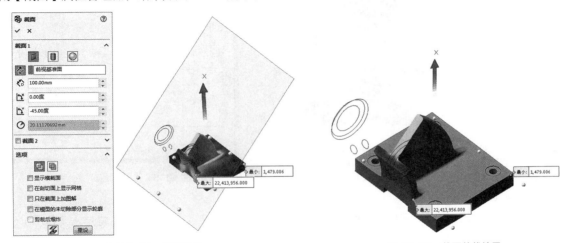

图 10-56　截面剪裁　　　　　　　　　　　　　图 10-57　截面剪裁结果

（2）创建【ISO 图解】

如果要显示 von Mises 应力值在 105~208MPa 之间的部分。右键单击"应力 1(−von Mises−)"并选择 （ISO 剪裁）。随之打开【ISO 剪裁】属性管理器。在【等值 1】的【等值】框中输入"2080000"，在【等值 2】的【等值】框中输入"1050000"。单击 ，结果如图 10-58 所示。

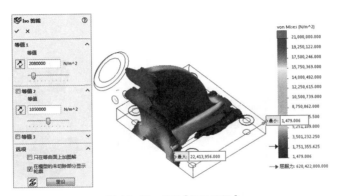

图 10-58　创建【ISO 图解】

（3）创建【探测应力】

右键单击"应力 1（-von Mises-）"选择【探测】，使用指针单击所关注的位置。使用缩放功能可以帮助找到所需的区域。探测到的应力出现在图解中，并且显示在【结果】中，如图 10-59 所示。

在【报告选项】中，可以将结果保存为一个文件、作出路径图解，或保存为传感器，单击 按钮，如图 10-60 所示显示了 von Mises 应力路径图解。

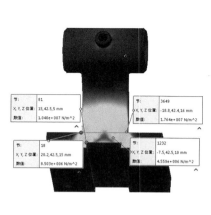

图 10-59　创建【探测应力】

图 10-60　【探测结果】对话框

（4）创建动画显示

在评估结果的时候，有时需要显示动态应力分布情况作为动画显示位移图解，右键单击"位移 I（－合位移－）"并选择【动画】或执行菜单命令中的【Simulation】/【结果工具】/【动画】，打开如图 10-61 所示的【动画】属性管理器。

在【动画】属性管理器中，单击【基础】区域下的■按钮表示停止，▶按钮表示播放，‖按钮表示暂停。在 文本框中输入画面数为"10"， 滑块可以调节动画速度。勾选【保存为 AVI 文件】选项，单击 选项 按钮，弹出如图 10-62 所示的【压缩视频】对话框。设置参数后单击 确定 按钮，如图 10-63 所示。

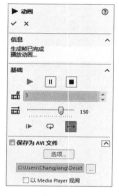

图 10-61　【动画】属性管理器

图 10-62　【视频压缩】对话框

图 10-63　完成设置

⓮ 生成分析报告

完成各项分析评估之后，我们需要一份完整的分析报告，清晰的反映出分析数据，以便我们进行查阅、演示或存档。单击【Simulation】功能区中的 ▣报表 按钮，或者单击菜单命令中的【Simulation】/【报告】，打开如图 10-64 所示的【报告选项】属性管理器。

设置完【报告选项】属性管理器中的各项参数后，单击 出版 按钮，打开【生成报告】对话框，显示生成报告进度，完成分析，如图 10-65 所示。

图 10-64 【报告选项】属性管理器　　　　　　　　图 10-65 生成报告

10.2 典型实例

要确保模具生产的质量和效率，必须全面把握模具设计中的几个重要环节。

10.2.1 实例 1——分析汽车发动机活塞静应力

下面将通过如图 10-66 所示的汽车发动机活塞，来简单介绍有限元分析的基本设计过程和操作技巧。

【操作步骤】

STEP01 打开素材文件。

（1）单击快速访问工具栏中的 ▶ 按钮，打开"第 10 章 / 素材 / 活塞"零件文件，如图 10-67 所示。

（2）打开资源包中的"第 10 章 / 素材 / 活塞"，如图 10-68 所示，活塞为一个单个零件。

图 10-66 汽车发动机活塞

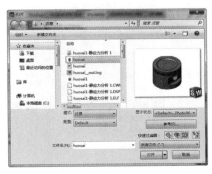

图 10-67 打开素材

图 10-68 活塞模型

STEP02 新建算例。

（1）执行菜单命令中的【Simulation】/【算例】，或单击【Simulation】功能区中的🔍按钮，打开如图 10-69 所示的【算例】属性管理器。

（2）选择【静应力分析】选项，单击✔按钮，创建一个静应力分析算例，如图 10-70 所示。

图 10-69 【算例】属性管理器　　　　　　　　　图 10-70 【静应力分析】属性管理器

STEP03 添加材料。

（1）执行菜单命令中的【Simulation】/【材料】/【应用材料到所有】，或右键单击【设计树】中的 🛡 huosai 按钮，在弹出的菜单中选择 ≡ 应用/编辑材料(M)...，打开如图 10-71 所示的【材料】对话框。

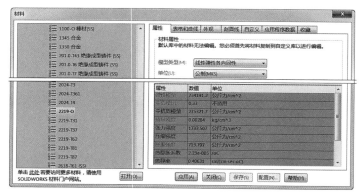

图 10-71 【材料】属性管理器

（2）选择【铝合金】文件夹下的 ≡ 2219-O 材料，选择【单位】为【公制】，单击 应用(A) 按钮完成材料的添加。单击 关闭(C)，关闭【材料】对话框，结果如图 10-72 所示。

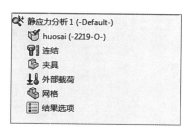

图 10-72 材料标记

STEP04 添加夹具。

（1）执行菜单命令中的【Simulation】/【载荷/夹具】/【夹具】，或右键单击【设计树】中的  夹具 按钮。

（2）在弹出的快捷菜单中选择 固定铰链... 打开如图 10-73 所示的【夹具】属性管理器。

（3）默认已经选择了【固定铰链】约束类型，直接选择如图 10-74 所示模型的两个销孔面作为固定面。单击 ✓ 按钮关闭管理器，设置结果如图 10-75 所示。

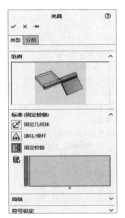

图 10-73 【夹具】属性管理器

图 10-74 选取固定面

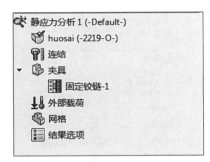

图 10-75 固定结果

STEP05 添加压力。

（1）执行菜单命令中的【Simulation】/【载荷/夹具】/【力】，或右键单击【设计树】中的 外部载荷 按钮。在弹出的快捷菜单中选择 压力(U)... ，打开如图 10-76 所示的【压力】属性管理器。

（2）在 文本框中输入"77255.6"（根据活塞直径大小，气缸气压系数和相关公式计算得出），默认单位为"N/m^2"（牛顿每平方米）。

（3）选择如图 10-77 所示的模型表面作为压力的加载面，设置完成的【压力】管理器如图 10-78 所示，单击 ✓ 按钮完成。

图 10-76 【压力】属性管理器

图 10-77 选取载荷面

图 10-78 设置结果

STEP06 添加力。

（1）右键单击【设计树】中的 外部载荷 按钮，在弹出的快捷菜单中选择 力(F)... ，打开【力/扭矩】属性管理器。

（2）在【力／扭矩】中选中 ⬇ 类型，在 ⬇ 文本框中输入"10000"，默认单位为"N"（牛顿），结果如图 10-79 所示。

（3）选择如图 10-80 所示的模型表面为作用面，单击 ✓ 按钮完成并关闭【力／扭矩】管理器，结果如图 10-81 所示。

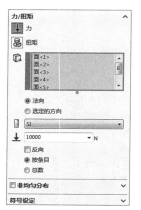

图 10-79 【力／扭矩】属性管理器

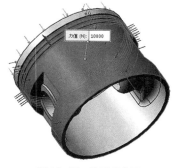

图 10-80 选取载荷面

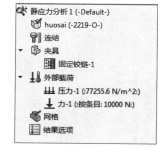

图 10-81 定义载荷结果

STEP07 接触设置。由于活塞为单个零件，不是装配体，所以无法定义接触。

STEP08 划分网格。

（1）执行菜单命令中的【Simulation】/【网格】/【生成】，或右键单击【设计树】中的 🔲 网格 选项，在打开的快捷菜单中选择 🔲 生成网格(R)... 选项，打开【网格】属性管理器。

（2）勾选 🔲 网格参数 选项，选择 ⦿ 标准网格 单选项，然后在 ⬜ 文本框中输入"3"，公差自动转换为"0.15"。

（3）勾选 🔲 自动过渡 选项，展开【高级】栏，勾选 🔲 实体的自动试验 选项，设置结果如图 10-82 所示。单击 ✓ 按钮生成网格，打开如图 10-83 所示的【网格进展】对话框生成网格。

（4）最后生成的网格结果如图 10-84 所示。

图 10-82 标准网格参数

图 10-83 【网格进展】对话框

图 10-84 网格划分结果

STEP09 运行分析。

（1）执行菜单命令中的【Simulation】/【运行】/【运行】，或右键单击【设计树】中的 🔲 静应力分析 1 (-Default-) 项目，在打开的快捷菜单中选择 🔲 运行(R) 选项，打开如图 10-85 所示的【静应力分析】对话框。

（2）分析结束后，左侧设计树如图 10-86 所示，得出【结果】项目。

图 10-85 【静应力分析】对话框

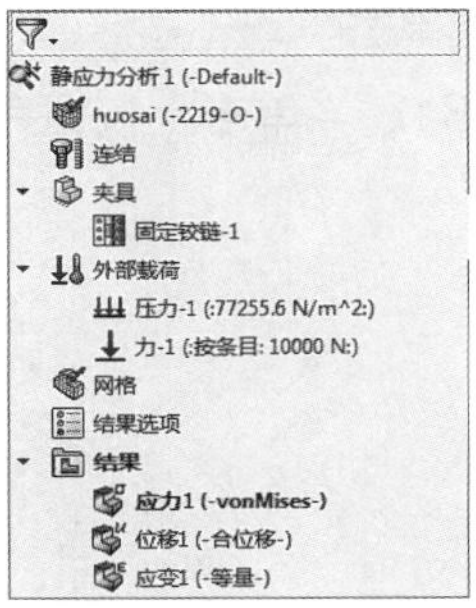

图 10-86 设计树结果

STEP10 查看分析结果。

（1）右键单击【结果】项目下的 应力1 (-vonMises-) 图解结果，在弹出的快捷菜单中选择 显示(S) 命令，模型显示如图 10-87 所示。

（2）由图 10-87 所示可知，材料屈服强度为 70MPa，而装配部件承受的最大应力为 61MPa，因此可知装配部件在此种工作条件下是可以使用的。

（3）右键单击【结果】项目下的 位移1 (-合位移-) 图解结果，在弹出的快捷菜单中选择 显示(S) 命令，模型显示如图 10-88 所示。

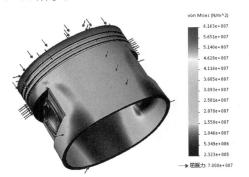

图 10-87 应力图解

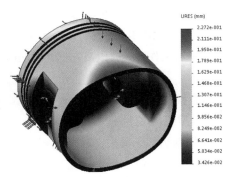

图 10-88 位移图解

（4）右键单击【结果】项目下的 应变1 (-等量-) 图解结果，在弹出的快捷菜单中选择 显示(S) 命令，模型显示如图 10-89 所示。

STEP11 隐藏所有约束和载荷符号，右键单击 应力1 (-vonMises-) 并选择【图标选项】命令，打开【应力图解】属性管理器，勾选 ☑显示最小注解 和 ☑显示最大注解 选项，单击 ✓ 按钮完成，结果如图 10-90 所示。

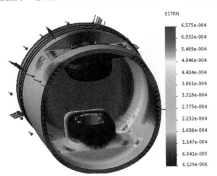

图 10-89 应变图解

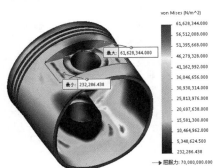

图 10-90 显示最值

STEP12 右键单击 ⌗ 应力1 (-vonMises-) 并选择【ISO 剪裁】命令,随之打开【ISO 剪裁】属性管理器,设置【等值 1】为"30930312",单击 ✓ 按钮完成,结果如图 10-91 所示。

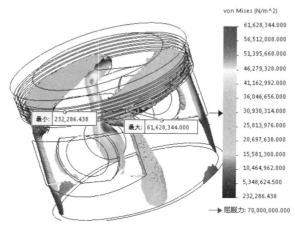

图 10-91　创建 ISO 剪裁

STEP13 完成活塞的简单静应力有限元分析,选取适当路径保存文件。

10.2.2　实例 2——分析装配体结构静应力

下面将通过如图 10-92 所示的装配体支架来介绍装配体有限元的基本设计过程和操作技巧,以及它们之间的连接关系又是如何设置的。

【操作步骤】

STEP01 打开素材文件。

（1）单击快速访问工具栏中的 ☞ 按钮,打开资源包中的"第 10 章 / 素材 / 装配体分析"装配文件,如图 10-93 所示。

装配体结构静应力分析

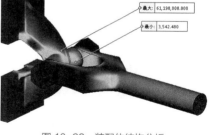

图 10-92　装配体结构分析

（2）打开的素材文件如图 10-94 所示,在装配体中包含踏脚支架、螺栓、螺母和拉杆零件。

图 10-93　打开素材

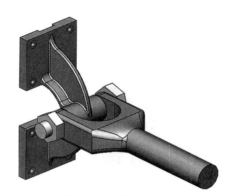

图 10-94　装配体模型

STEP02 新建算例。

（1）执行菜单命令中的【Simulation】/【算例】，或单击【Simulation】功能区中的 🔍 按钮，打开如图 10-95 所示的【算例】属性管理器。

（2）选择【静应力分析】选项，单击 ✓ 按钮创建一个静应力分析算例，如图 10-96 所示。

图 10-95 【算例】属性管理器

图 10-96 创建静应力分析算例

STEP03 添加材料。

（1）执行菜单命令中的【Simulation】/【材料】/【应用材料到所有】，或单击【Simulation】功能区中的 📋 按钮，打开如图 10-97 所示的【材料】对话框。

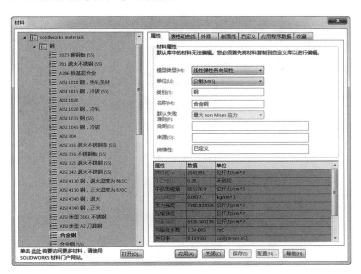

图 10-97 【材料】对话框

（2）选择【钢】文件夹下的 ⊟ 合金钢 材料，选择【单位】为【公制】，单击 应用(A) 按钮完成材料的添加，结果如图 10-98 所示。

STEP04 添加夹具。

（1）执行菜单命令中的【Simulation】/【载荷/夹具】/【夹具】，或单击【Simulation】功能区中的 📷 按钮，打开如图 10-99 所示的【Simulation 顾问】任务窗口。

（2）单击 ↘ 添加夹具 按钮，打开如图 10-100 所示的【夹具】属性管理器。

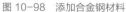

图 10-98　添加合金钢材料

图 10-99　【Simulation 顾问】任务窗口

图 10-100　【夹具】属性管理器

（3）在管理器中选择 （固定几何体）选项，然后选择如图 10-101 所示的模型面作为固定面。

（4）完成单击 ☑ 按钮关闭【夹具】属性管理器。

STEP05　添加外部载荷。

（1）执行菜单命令中的【Simulation】/【载荷 / 夹具】/【力】或单击【Simulation】功能区中的 ⬇ 按钮，打开如图 10-102 所示的【力 / 扭矩】属性管理器。

（2）保持默认选项，选择如图 10-103 所示的模型表面作为力的加载面。

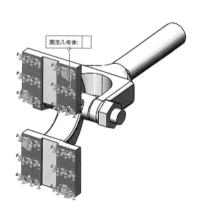

图 10-101　选取固定面

图 10-102　【力 / 扭矩】属性管理器

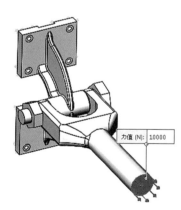

图 10-103　选取载荷面

（3）在 ⬇ 文本框中输入"10000"，默认单位为"N"（牛顿），勾选【反向】选项，单击 ☑ 按钮完成。

STEP06　设置局部接触。

（1）对于装配体模型的有限元分析，必须要考虑到的是各零件之间的装配接触关系，只有在保证正确装配关系的情况下，分析出来的结果才具有可靠性。本实例中拉杆与踏脚支架通过螺栓连接到一起，所以要考虑其装配关系。

（2）展开左侧【设计树】中的 🔩零部件接触 选项，右键单击 👆全局接触(-接合-) 项目，在弹出的快捷菜单中选择 🔩编辑定义(E)... 选项，打开如图 10-104 左图所示的【零部件相触】属性管理器。

（3）在管理器的【接触类型】区域中选中 ◉接合 选项，取消勾选【零部件】栏下的 ☐全局接触，然后依次选取绘图区中的 4 个零部件。

（4）完成的管理器如图 10-104 右图所示，单击☑按钮结束创建。

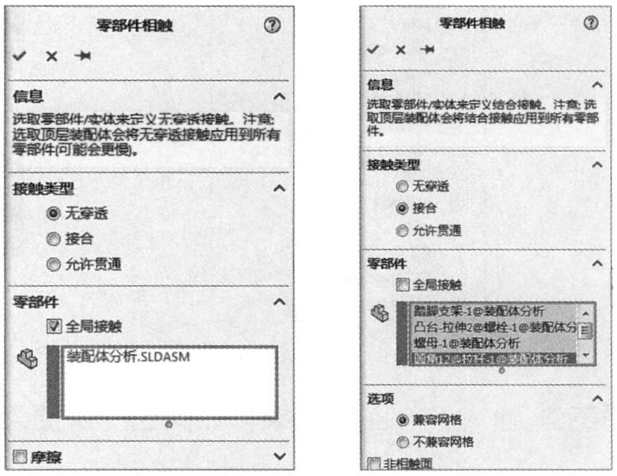

图 10-104 【零部件相触】属性管理器

STEP07 划分网格。

（1）在默认情况下，SolidWorks Simulation 对模型采用中等密度网格划分，但这样划分的网格不够精确，我们将进一步对网格细化，以此让结果更加接近真实水平。

（2）执行菜单命令中的【Simulation】/【网格】/【生成】，或右键单击【设计树】中的网格选项，在打开的快捷菜单中选择生成网格(R)...选项，打开如图 10-105 所示的【网格】属性管理器。

（3）勾选网格参数选项，选择标准网格单选项，然后在文本框中输入“6”，公差自动转换为“0.3”，如图 10-106 所示。单击☑按钮生成网格，结果如图 10-107 所示。

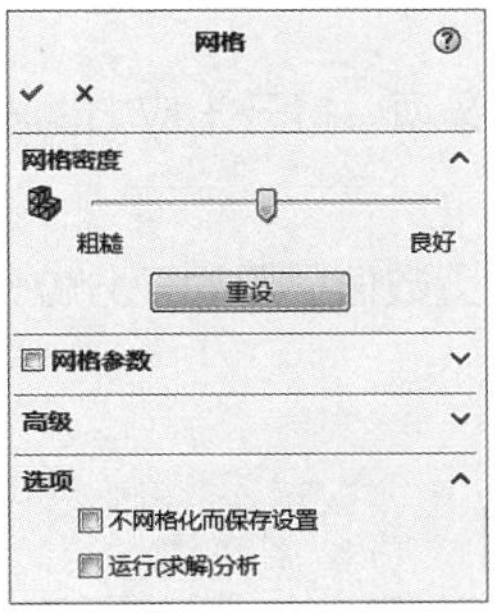

图 10-105 【网格】属性管理器

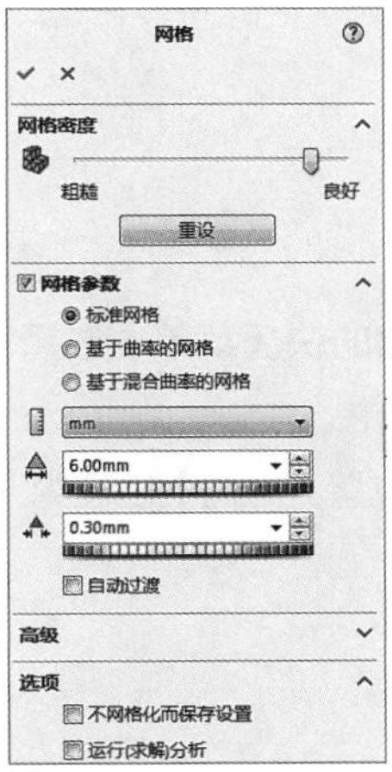

图 10-106 【网格】属性管理器

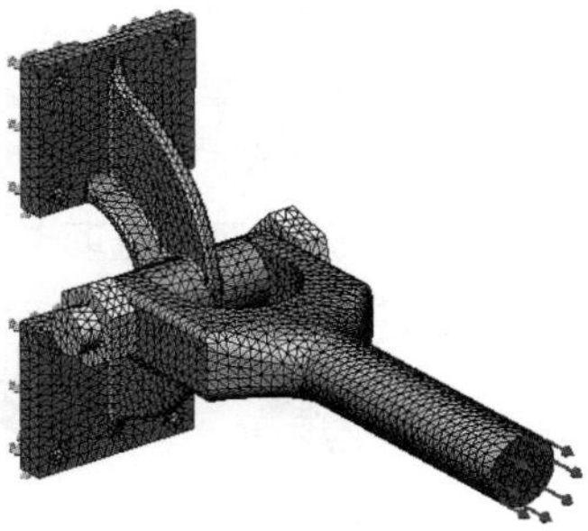

图 10-107 生成网格结果

STEP08 运行分析。

（1）执行菜单命令中的【Simulation】/【运行】/【运行】，或单击【Simulation】功能区中的按钮，打开如图 10-108 所示的【静应力分析】对话框。

（2）分析结束后，左侧设计树如图 10-109 所示，得出【结果】项目。

STEP09 查看分析结果。

（1）右键单击【结果】项目下的应力1 (-vonMises-)图解结果，在弹出的快捷菜单中选择显示(S)命令，模型显示如图 10-110 所示。

图 10-108 【静应力分析】对话框

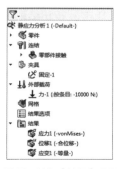

图 10-109 【结果】项目

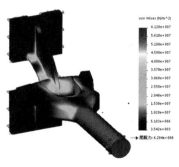

图 10-110 应力图解结果

（2）右键单击【结果】项目下的 位移1 (-合位移-) 图解结果，在弹出的快捷菜单中选择 显示(S) 命令，模型显示如图 10-111 所示。

（3）右键单击【结果】项目下的 应变1 (-等量-) 图解结果，在弹出的快捷菜单中选择 显示(S) 命令，模型显示如图 10-112 所示。

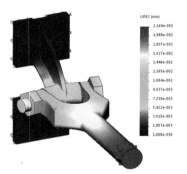

图 10-111 位移图解结果

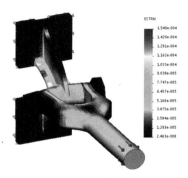

图 10-112 应变图解结果

STEP10 创建图解结果。

（1）右键单击 应力1 (-vonMises-) 项目，在弹出的快捷菜单中选择 编辑定义(E)... 选项，打开【应力图解】属性管理器，如图 10-113 所示。

（2）切换至【图表选项】选项卡，将【位置/格式】栏设为"浮点"，设置数值显示为千分位分隔符，如图 10-114 所示。

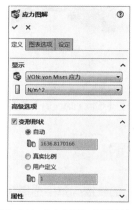

图 10-113 【应力图解】属性管理器

图 10-114 更改计数显示

（3）由图 10-114 所示可知，材料屈服强度为 620MPa，而装配部件承受的最大应力为 611MPa，由此可知装配部件在此种工作条件下是可以使用的。

STEP11 在【显示选项】区域中勾选 ☑显示最小注解 和 ☑显示最大注解 单选项，模型显示最大和最小应力值，如图 10-115 所示。

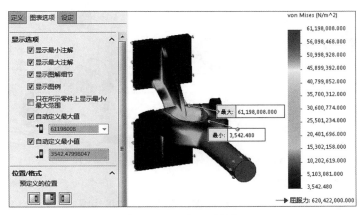

图 10-115　显示最值注解

STEP12 虽然此装配部件可以使用，但是由于最大应力和屈服应力非常得接近，所以一般不推荐在这种状态下工作，需要进行模型的优化设计（优化设计部分将在下一个案例中讲述）。

STEP13 创建截面剪裁。

（1）右键单击 应力1 (-vonMises-) 并选择【截面剪裁】，打开【截面】属性管理器。选择【上视基准面】为【参考平面】。

（2）在 文本框中输入"190"，取消勾选【显示横截面】，操作结果如图 10-116 所示。单击 ✓ 按钮完成，创建截面如图 10-117 所示。

图 10-116　【截面】属性管理器

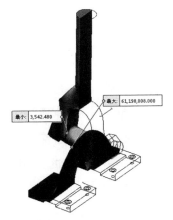

图 10-117　创建的截面

STEP14 创建探测。

（1）右键单击 应力1 (-vonMises-) 选择【探测】，打开【探测结果】属性管理器。单击所关注的位置，被探测点的数据会自动生成在属性管理器中，如图 10-118 所示。

（2）探测到的应力出现在图解中，并且显示在【结果】中，如图 10-119 所示。

图 10-118 【探测结果】属性管理器

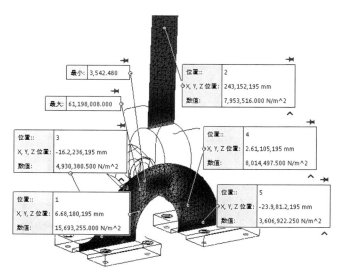

图 10-119 探测结果图解

（3）单击管理器中报告选项栏的 按钮，可以观察探测生成的折线图，如图 10-120 所示。单击 按钮，完成创建。

STEP15 单击【Simulation】功能区中的 报表 按钮，打开如图 10-121 所示的【报告选项】对话框，选取适当路径导出 Word 文档。

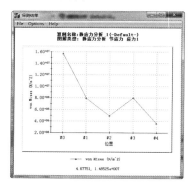

图 10-120 【探测结果】对话框

图 10-121 【报告选项】对话框

STEP16 至此，完成简单装配体的分析流程及结果判断，选择适当路径保存文件。

10.2.3 实例 3——优化悬臂梁的尺寸设计

下面将通过如图 10-122 所示的三角形悬臂梁模型来简单介绍 SolidWorks Simulation 的优化设计功能，以及它的基本设计过程和操作技巧。

图 10-122 三角形悬臂梁

【操作步骤】

STEP01 打开素材文件。

（1）单击快速访问工具栏中的 按钮，打开资源包中的"第 10 章 / 素材 / 悬臂梁"装配文件，如图 10-123 所示。

（2）打开的素材文件如图 10-124 所示，零件形状为一个三角形悬臂梁板。

STEP02 新建算例。单击【Simulation】功能区中的 按钮，新建一个"静应力分析"算例，如图 10-125 所示。

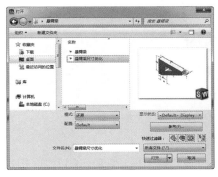

图 10-123　打开素材模型

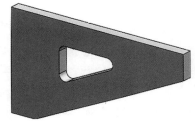

图 10-124　悬臂梁模型

图 10-125　创建静应力分析算例

STEP03 添加材料。

（1）执行菜单命令中的【Simulation】/【材料】/【应用材料到所有】，打开【材料】对话框。

（2）选择【钢】文件夹下的 合金钢 材料，选择【单位】为【公制】，单击 应用(A) 按钮完成材料的添加，结果如图 10-126 所示。

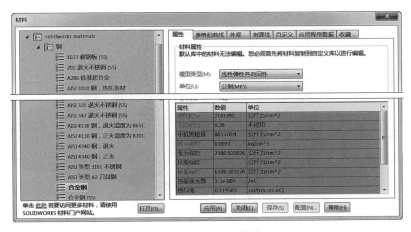

图 10-126　添加材料

STEP04 添加夹具。

（1）执行菜单命令中的【Simulation】/【载荷 / 夹具】/【夹具】，打开如图 10-127 所示的【夹具】属性管理器。

（2）在管理器中选择 （固定几何体）选项，然后选择如图 10-128 所示的模型面作为固定面。

（3）完成单击 按钮关闭管理器。

图 10-127 【夹具】属性管理器

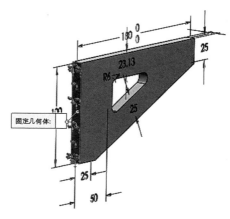

图 10-128 选取固定面

STEP05 添加外部载荷。

（1）执行菜单命令中的【Simulation】/【载荷/夹具】/【力】，打开如图 10-129 所示的【力/扭矩】属性管理器。

（2）在 ↙ 文本框中输入"38000"，默认单位为"N"（牛顿），单击 ✓ 按钮完成。

（3）保持默认选项，选择如图 10-130 所示的模型表面作为力的加载面。

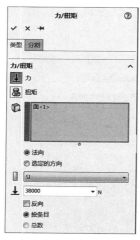

图 10-129 【力/扭矩】属性管理器

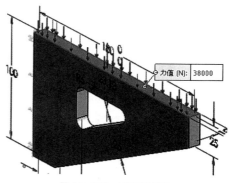

图 10-130 选取载荷面

STEP06 划分网格。

（1）执行菜单命令中的【Simulation】/【网格】/【生成】，打开【网格】属性管理器。

（2）勾选 网格参数 选项，选择 基于曲率的网格 单选项，然后在 ▲ 文本框中输入最大单元为"3"，公差自动转换为"0.99999"，如图 10-131 所示。

（3）单击 ✓ 按钮生成网格，结果如图 10-132 所示。

图 10-131 【网格】属性管理器

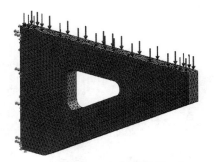

图 10-132 生成网格结果

STEP07 运行分析。

（1）执行菜单命令中的【Simulation】/【运行】/【运行】，或单击【Simulation】功能区中的 按钮，打开如图 10-133 所示的【静应力分析】对话框。

（2）分析结束后，左侧设计树如图 10-134 所示，得出【结果】项目。

图 10-133 【静应力分析】对话框

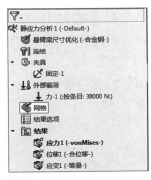

图 10-134 得出【结果】项目

STEP08 查看分析结果。

（1）右键单击【结果】项目下的 图解结果，在弹出的快捷菜单中选择 命令，模型显示如图 10-135 所示。

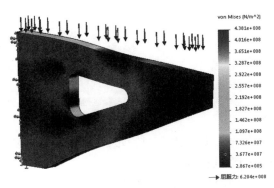

图 10-135 应力图解结果

（2）右键单击【结果】项目下的 位移1 (-含位移-) 图解结果，在弹出的快捷菜单中选择 显示(S) 命令，模型显示如图 10-136 所示。

（3）右键单击【结果】项目下的 应变1 (-等量-) 图解结果，在弹出的快捷菜单中选择 显示(S) 命令，模型显示如图 10-137 所示。

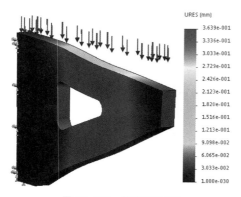

图 10-136　位移图解结果

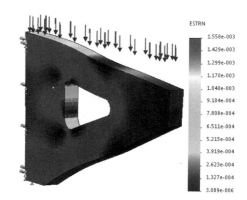

图 10-137　应变图解结果

(STEP09) 由图解结果如图 10-135 所示可知，材料的屈服应力为 620MPa，而材料所受载荷的最大应力只有 438MPa，所以此零件在该种工作条件下可以安全工作。但是由于材料的最大应力远远小于材料屈服应力，在这种情况下就显得有些浪费材料，所以我们需要对零件进行尺寸和质量的优化，在保证应力足够的情况下最大限度地节省材料。

(STEP10) 创建一个设计算例。

（1）单击【Simulation】功能区中的 按钮，打开如图 10-138 所示的【算例】属性管理器。

（2）选择【类型】为 ，单击 按钮创建一个"设计算例"，如图 10-139 所示。

图 10-138　【算例】属性管理器

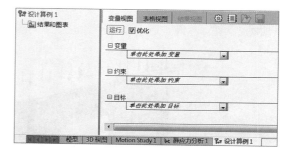

图 10-139　【设计算例】属性管理器

◎ 变量：此参数用于定义模型中可以改变的尺寸，如零件的长度、宽度、高度、板的厚度、孔的直径、圆角半径等，这些可变的尺寸在设计优化算例中就是变量。

◎ 约束：此参数用于定义设计优化算例，如上一个步骤创建的"静应力分析"算例。可以将此算例作为本次优化算例的参考量，并制定其最大值和最小值。所定义的类型包括应力、挠度和频率等。

◎ 目标: 此参数用于定义本次优化设计的目标量, 在一个设计算例中只能定义一个目标, 如优化质量、应力、尺寸、位移和应变等。

STEP11 定义变量。

（1）单击如图 10-139 所示【设计算例】对话框中【变量】下的 `单击此处添加 变量` 栏, 打开下拉菜单选择 , 打开如图 10-140 所示的【参数】对话框。

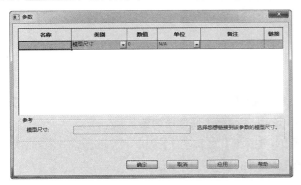

图 10-140 【参数】对话框

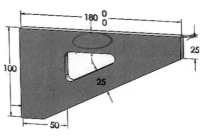

图 10-141 选取变量

（2）在【名称】栏中输入"变量 1", 选取如图 10-141 所示尺寸为"23.13", 被选尺寸会自动添加到【参数】对话框中, 单击 `确定` 关闭对话框, 此时【设计算例】如图 10-142 所示。

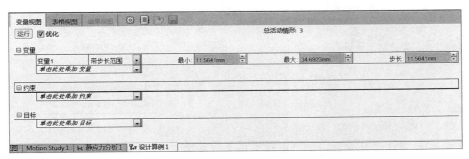

图 10-142 变量参数显示

（3）变量栏出现 3 个参数量最小、最大和步长, 选中最小尺寸文本框, 将数值改为"10", 选中最大尺寸文本框将数值改为"25", 如图 10-143 所示。

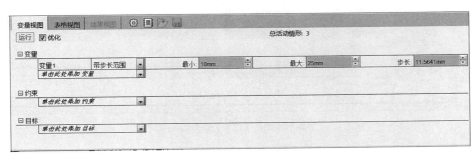

图 10-143 修改变量参数

（4）使用同样的方法, 分别添加变量 2 和变量 3。其中变量 2 选择"25", 定义最小为"10", 最大为"25"; 变量 3 选择"50", 定义最小为"20", 最大为"50", 结果如图 10-144 所示。

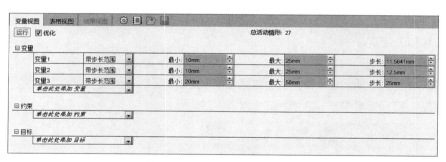

图 10-144 定义变量 2 和变量 3

STEP12 定义约束。

（1）单击如图 10-144 所示【设计算例】对话框中【约束】下的 *单击此处添加 约束* 栏，在弹出的下拉菜单中选择 *添加传感器...* ，打开如图 10-145 所示的【传感器】属性管理器。

（2）设置【传感器】类型为【Simulation 数据】，【数据量】为【应力】和【VON:von Mises 应力】。【属性栏】中的单位为【N/mm^2（MPa）】，其余参数默认，如图 10-146 所示。

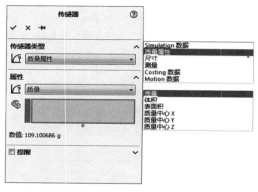

图 10-145 【传感器】属性管理器

图 10-146 设置【传感器】参数

（3）完成后单击 ☑ 按钮关闭管理器，选择条件为"小于"，输入最大值为"1400"，设置结果如图 10-147 所示。

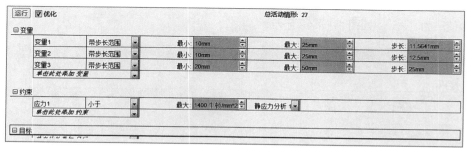

图 10-147 【约束】参数显示

STEP13 定义目标。

（1）单击如图 10-147 所示【设计算例】对话框中【目标】下的 *单击此处添加 目标* 栏，在弹出的下拉菜单中选择 *添加传感器...* ，打开如图 10-148 所示的【传感器】属性管理器。

（2）保持默认设置参数，单击 ☑ 按钮关闭管理器。设置条件为"最小化"，最后结果如图 10-149 所示。

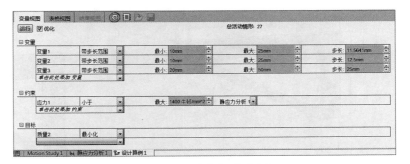

图 10-148 【传感器】属性管理器   图 10-149 定义【目标】参数

(STEP14) 设置优化属性。

（1）单击如图 10-149 所示的 图标，打开【设计算例属性】管理器。

（2）在【设计算例质量】栏中选择 ⊙快速结果 单选项，如图 10-150 所示，单击 ✓ 按钮完成设置。

(STEP15) 运行优化分析。

（1）在如图 10-149 中，有一个"总活动情形: 27"的字样，表明运行优化过程中将有 27 种情形在进行分析，最终找出符合所有参数而又最佳的设计。

（2）单击如图 10-149 中的 运行 按钮开始优化，弹出【SolidWorks】对话框，如图 10-151 所示，单击 确定 执行。

（3）弹出如图 10-152 所示的【设计算例】对话框，显示优化进度。在运算过程中【结果视图】选项卡下有当前优化的所有情形，如图 10-153 所示。

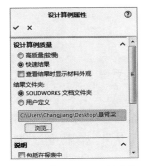

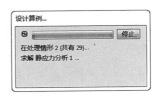

图 10-150 【设计算例属性】管理器   图 10-151 【SolidWorks】对话框   图 10-152 【设计算例】对话框

		当前	初始	优化 (0)	情形 1	情形 2	情形 3	情形 4	情形 5
变量1		23.1282mm	23.1282mm		10mm	21.5641mm	25mm	10mm	21.5641mm
变量2		25mm	25mm		10mm	10mm	10mm	22.5mm	22.5mm
变量3		50mm	50mm		20mm	20mm	20mm	20mm	20mm
应力1	< 500 牛顿/mm^2	438.12 牛顿/mm^2	438.12 牛顿/mm^2		4241.7 牛顿/mm^2	1383.7 牛顿/mm^2	1112.6 牛顿/mm^2	1859.9 牛顿/mm^2	757.26 牛顿/mm^2
质量2	最小化	109.101 g	109.101 g		54.9314 g	72.982 g	77.8125 g	76.2737 g	91.0055 g

图 10-153 优化情形显示

（4）视图中的模型也会根据每种情形的不同而不同，如图 10-154 所示。当优化运算结束后，模型视图如图 10-155 所示。

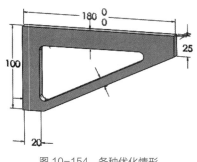

图 10-154　各种优化情形

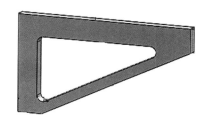

图 10-155　最终优化结果

（5）在【设计算例】的【结果视图】选项卡下会得出最佳的优化结果，并显示其具体的参数值，包括变量 1~3 的尺寸、应力值和质量等，如图 10-156 所示。

变量视图	表格视图	结果视图	⚙ ▤ 📂 💾			
29 情形之 29 已成功运行 设计算例质量: 高 当前情形违背了一个或多个约束。						
		当前	初始	优化 (0)	情形 1	情形 2
变量1		10mm	21.5641mm	21.5641mm	10mm	21.5641mm
变量2		10mm	10mm	10mm	10mm	10mm
变量3		20mm	20mm	20mm	20mm	20mm
应力1	< 1400 牛顿/mm^2	4308.4 牛顿/mm^2	1387.4 牛顿/mm^2	1387.4 牛顿/mm^2	4308.4 牛顿/mm^2	1390.2 牛顿/mm^2
质量2	最小化	54.9314 g	72.982 g	72.982 g	54.9314 g	72.982 g

图 10-156　优化结果参数显示

STEP16 完成悬臂梁的优化设计，选择适当路径保存文件。

10.3　小结

有限元分析（Finite Element Analysis，FEA）利用数学近似的方法对真实物理系统（几何和载荷工况）进行模拟。利用简单而又相互作用的元素（即单元）就可以用有限数量的未知量去逼近无限未知量的真实系统。

有限元分析可分成三个阶段：前置处理、计算求解和后置处理。前置处理是建立有限元模型，完成单元网格划分；后置处理则是采集处理分析结果，使用户能简便提取信息，了解计算结果。有限元法借助计算机软件来获得满足工程要求的数值解。SolidWorks Simulation 通过三角形壳单元划分几何形状来获得理想的分析方案。

有限元分析时，网格越精细化，单元定义造成的人为影响就越来越小。由于应力是通过位移计算出来的，位移是基本未知量，所以随着网格的精细化，应力的精度也提高了。在有限元分析中，如果持续提高网格的精细程度，将看到位移和应力都将趋向于一个有限值，这个有限值即为数学模型的解。

10.4　习题

1. 什么是有限元分析，有何用途？
2. 简要说明有限元分析的基本原理。
3. 动手熟悉 SolidWorks Simulation 设计环境，掌握其基本操作。
4. 说明使用 SolidWorks Simulation 进行有限元分析的基本步骤。
5. 动手模拟本章中的三个典型实例，掌握有限元分析的一般方法和技巧。

第11章
模具设计

【学习目标】
- 明确模具设计的一般过程。
- 掌握分析诊断、分型设计等模具设计重要环节。
- 明确模具的实际应用。

SolidWorks 软件应用于塑料模具设计及其他类型的模具设计，在设计过程中可以创建型腔、型心、滑块和斜销等，使用简单，同时可以提供快速、全面、三维立体的注射模具设计解决方案。

11.1 知识解析

模具设计一般包括两大部分：模具元件设计和模架设计。

11.1.1 模具的设计环境

❶ 设计环境

模具设计菜单的内容与零件装配模块的菜单内容有所不同，该菜单中包括了所有用于模具设计的命令。

（1）模具设计菜单

在零件模式下，选择菜单命令中的【插入】/【模具】，即可进入模具设计菜单。

（2）【模具工具】工具栏

在工具栏中任意位置单击右键，在弹出的快捷菜单中选择【模具工具】命令，系统就会弹出如图 11-1 所示的工具栏。

图 11-1 【模具工具】工具栏

（3）向功能区中添加【模具工具】选项卡

在功能区任意位置单击鼠标右键，在弹出的快捷菜单中选择【模具工具】命令，即可向功能区中添加【模具工具】选项卡，如图 11-2 所示。

图 11-2 添加【模具工具】功能区

（4）【输入 / 输出】工具

当使用的模型不是由 SolidWorks 2017 生成的时，需要使用【输入 / 输出】工具将模型输入到 SolidWorks 2017 中，步骤如下。

STEP01 选择菜单命令中的【文件】/【打开】，弹出【打开】对话框。

STEP02 在【文件类型】下拉列表中选择所需的格式。

STEP03 定位到正确的目录，选择要输入的文件。

STEP04 单击 打开 按钮，打开并输入所选择的文件。

❷ 模具设计流程

模具元件是注射模具的关键部分，其作用是构建零件的结构和形状，它包括型心（凸模）、型腔（凹模）、浇注系统（注道、流道、流道滞料部、浇口等）、型心、滑块和销等。模架一般包括固定侧模板、移动侧模板、顶出销、回位销、冷却水线、加热管、止动销、定位螺栓和导柱等。

使用 SolidWorks 进行模具设计的一般过程如下。

STEP01 创建模具模型。

STEP02 对模具模型进行拔模分析。

STEP03 对模具模型进行底切分析。

STEP04 缩放模型比例。

STEP05 创建分型线。

STEP06 创建分型面。

STEP07 对模具模型进行切削分割。

STEP08 创建模具零件。

11.1.2 模具设计准备过程

❶ 拔模分析

创建了零件的实体模型，就可以开始建立模具，要确保模具内的零件能顺利从模腔中取出。用户可以使用【拔模分析】工具来检验零件上是否有正确的拔模角度。有了拔模分析，就可以核实拔模斜度，检查面内的角度变更以及找出零件的分型线、浇注面和出胚面。

如果设计的零件无法顺利拔模，那么设计者必须修改零件模型，以确保零件能顺利脱膜。

使用【拔模分析】工具进行分析时，可以选择模型的端面或一条线性边线、轴来定义拔模的方向，使用上色模型显示能够更加直观地查看模型的拔模状态。下面以壳体模型为例来进行【拔模分析】工具的讲解。

在【拔模分析】属性对话框（见图 11-3）中选择壳体的一个面作为拔模方向，如图 11-4 所示，设置角度为拔模角度 3 度。选中【面分类】复选项，如图 11-3 所示，进行以面为基础的拔模分析，如果模型包含曲面，则会显示一些面，其角度比给定拔模方向的拔模斜度更小。

零件的不同表面以不同的颜色表示，并在绘图区的右下方显示拔模分析的结果，如图 11-5 所示。

图 11-3　设置参数

完成后单击☑按钮可以发现模型的颜色此时分为了红色、绿色、黄色、蓝色和青色 5 种颜色。

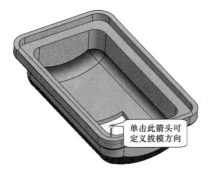

单击此箭头可
定义拔模方向

图 11-4 定义拔模方向

正拔模： 3 面
需要拔模： 36 面
负拔模： 2 面
正陡面： 8 面
负陡面： 16 面

图 11-5 分析结果

要点提示

一般情况下绿色的正拔模面象征模具中的型腔侧，红色的负拔模面象征型心侧。

【拔模分析】属性管理器中部分选项的功能介绍如下。

◎【面分类】复选项：选中此复选项，可将每个面归入颜色设定的类别之一，然后对每个面角度的轮廓映射。例如，在放样面上随着角度地更改，面的不同区域将呈现出不同的颜色。

◎【查找陡面】复选项：仅在选中【面分类】复选项时此选项才可用。选中此复选项，分析添加了曲面的拔模，以识别陡面。当曲面上有点能满足拔模角度准则而其他点不能满足该准则时，就会产生陡面。

要点提示

选中【面分类】复选项，可以使显示的图形更清晰，还可以把用于显示拔模分析的颜色保存在模型中。

面的分类主要有以下几种。

◎ 正拔模：根据指定的参考拔模角度显示带正拔模的任何面。正拔模指面的角度相对于拔模方向大于参考角度。

◎ 负拔模：根据指定的参考拔模角度显示带负拔模的任何面。负拔模指面的角度相对于拔模方向小于负参考角度。

◎ 跨立面：显示包含正、负拔模类型的任何面。只有曲面才能出现这种情况，通常主要用于生成分割线的面。

◎ 正陡面：在面中既包含正拔模又包含需要拔模的区域，只有曲面才能出现这种情况。

◎ 负陡面：在面中既包含负拔模又包含需要拔模的区域，只有曲面才能出现这种情况。

❷ 底切分析

使用【底切分析】命令可以查找模型中形成底切的面，即找出模型中不能被正常选取的区域。此区域需要一个边侧型心，该型心通常以垂直拔模方向设置，当型心和型腔分离时，将边侧型心从侧方向抽出，从而使零件可以取出。

单击【模具工具】功能区中的 🐢 底切分析 按钮，打开【底切分析】属性管理器，如图 11-6 所示，在【分析参数】栏中选择如图 11-7 所示的平面。

第11章　模具设计　423

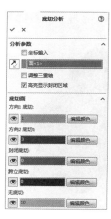

图 11-6　设置参数

图 11-7　拔模方向预览

要点提示

如果想翻转在结果中报告为【方向 1 底切】和【方向 2 底切】的面，可以单击⏎按钮。

检查结果将显示在【底切面】栏中，如图 11-6 所示。带有不同分类的面在图形区以不同颜色显示。

单击✓按钮，完成底切分析。零件的不同表面以不同的颜色显示，并在绘图区右下方显示底切分析的结果，如图 11-8 所示。

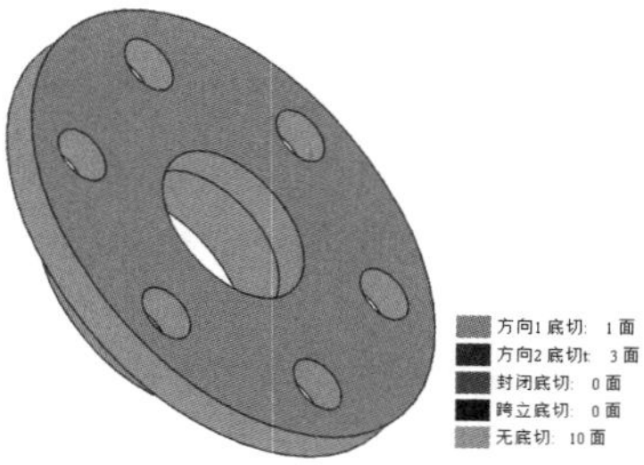

底切面包括以下几种。

◎【方向 1 底切】：在分型线之上底切的面（从分型线以上不可见）。

◎【方向 2 底切】：在分型线之下底切的面（从分型线以下不可见）。

◎【封闭底切】：在分型线以上或以下底切不可见的面。

◎【跨立底切】：双向拔模的面。

◎【无底切】：没有底切。

图 11-8　底切分析

❸　比例缩放模型

模具中产品型腔部分的加工要略微比从模具中生产出来的塑料件大，这样做是为了补偿高温被顶出的塑料件冷却后的收缩率。在通过塑料制品创建模具之前，模具设计者需要放大塑料制品来解决收缩率。对于不同的塑料，几何体和注射条件都是影响收缩的因素。浇铸件也需要做类似形式的比例缩放。

单击【模具工具】功能区中的 🔲比例缩放 按钮，打开【缩放比例】属性管理器，如图 11-9 所示，在【缩放比例】属性管理器中进行参数设置。

图 11-9　【缩放比例】属性管理器

比例缩放特征用来增大或者减小模型的尺寸。

◎【重心】：关于系统计算的重心缩放模型。

◎【原点】：关于模型的原点缩放模型。

◎【坐标系】：关于用户自定义的一个坐标系缩放模型。

统一比例缩放选项是在所有方向应用同一个缩放因子为默认设置，也可以对每个轴定义不同的缩放因子。

❹ 分型线

设定好铸件的拔模斜度和缩放比例后，必须建立分型线，再利用分型线建立零件的分割曲面，它们是凸模和凹模的边界。分型线位于铸模零件的边线上，在型心和型腔曲面之间。使用【分型线】命令可以在单一零件中生成多个分型线特征，也可以生成部分分型线特征。

单击【模具工具】功能区中的 ⊕ 按钮，打开【分型线】属性管理器，如图 11-10 所示，选取拔模参考后，进行拔模分析，分析完成后，选择如图 11-11 所示的曲线为分型线，创建完成后如图 11-12 所示。

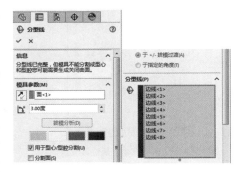

图 11-10 【分型线】属性管理器

图 11-11 设置拔模方向

图 11-12 生成分型线

◎ 在【拔模角度】文本框中设定角度值为"3"。小于该数值的拔模面在分析结果中将被报告为【无拔模】。

◎ 选中【用于型心 / 型腔分割】复选项，将生成一条定义型心 / 型腔分割的分型线。

◎ 选中【分割面】复选项，可以选择自动分割在拔模分析过程中找到的跨立面。其中，选中【于 +/- 拔模过渡】单选项，则分割正负拔模之间过渡处的跨立面；选中【于指定的角度】单选项，则按指定的拔模斜度分割跨立面。

要点提示　　如果分型线不完整，那么图形区中会有一个红色箭头出现在边线的端点，表示可能有下一条边线；如果模型包含一个在正面和负面之间（不包括跨立面）穿越的边线链，则分型线线段将自动被选择；如果模型包含多个边线链，则最长的边线链将自动被选择。

❺ 关闭曲面

关闭曲面，可沿分型线形成的连续边线生成曲面修补，可以关闭任何通孔，这样能防止熔化的材料泄漏到铸模工具中型心和型腔互相接触的区域。如果有泄露，将使得型心和型腔无法分离。

单击【模具工具】功能区中的  按钮，打开【关闭曲面】属性管理器，如图 11-13 所示，系统会自动检测需要关闭的孔，如图 11-14 所示（也可自行选择需要关闭的孔），结果如图 11-15 所示。

图 11-13 【关闭曲面】属性管理器

图 11-14 关闭曲面预览

图 11-15 生成关闭曲面

⑥ 分型面

分型面从分型线拉伸，用于将模具型腔从型心分离。当生成分型面时，系统自动生成分型面实体文件夹。

单击【模具工具】功能区中的  按钮，打开【分型面】属性管理器，如图 11-16 所示，选择如图 11-17 所示的分型线，结果如图 11-18 所示。

图 11-16 设置参数

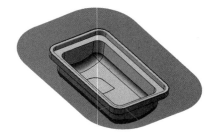

图 11-17 分型面预览

图 11-18 生成分型面

⑦ 切削分割

在定义分型面后，可以使用【切削分割】命令为模型生成型心和型腔。如果想生成切削分割特征，特征管理设计树中的曲面实体文件夹至少需要 3 个曲面实体。

切削分割命令要求在适合分割型心和型腔的位置创建一个草图，草图的尺寸即为磨具尺寸。然后使用曲面实体文件夹中的曲面来创建型心和型腔实体的面。

单击【模具工具】功能区中的  按钮，绘制如图 11-19 所示的草图，打开【分型面】属性管理器，设置参数如图 11-20 所示，预览如图 11-21 所示，结果如图 11-22 所示。

图 11-19　绘制草图

图 11-20　【切削分割】属性管理器

图 11-21　预览

图 11-22　切削分割

【切削分割】属性管理器中主要选项的含义介绍如下。

◎【块大小】栏：用于在【方向1深度】文本框和【方向2深度】文本框中设置方向1和方向2的深度数值。

◎【型心】栏：用于选择型心曲面实体。

◎【型腔】栏：用于选择型腔曲面实体。

◎【分型面】栏：用于选择先前创建的分型面。

要点提示　　如果要生成一个可以阻止型心和型腔块移动的曲面，可以选中【连锁曲面】复选项，系统将沿分型面的周边生成一个互锁曲面。

11.1.3　基础训练——设计法兰盖模具

下面以创建如图 11-23 所示的法兰盖的模具为例，来说明使用 SolidWorks 软件设计模具的一般过程。

【操作步骤】

STEP01　导入模具模型。

打开资源包中的"第 11 章 / 素材 / 法兰盖"，如图 11-23 所示。

STEP02　拔模分析。

（1）单击【模具工具】功能区中的 拔模分析 按钮，打开【拔模分析】属性管理器。

法兰盖模具设计

图 11-23　法兰盖

（2）定义拔模参数。选取【前视基准面】为拔模方向；在拔模角度文本框中输入数值"3"；选中【面分类】与【查找陡面】复选项，在【颜色设定】栏中显示各类拔模面的个数，如图 11-24 所示，模型中对应显示不同的拔模面。

（3）单击 ✓ 按钮，完成拔模分析。

图 11-24　拔模分析

STEP03 比例缩放模型。

（1）在【模具工具】功能区单击 比例缩放 按钮，打开【缩放比例】属性管理器。

（2）定义比例参数。在【比例参数】栏的【比例缩放点】下拉列表中选择【重心】选项；选中【统一比例缩放】复选项，在其文本框中输入"1.05"，如图 11-25 所示。

（3）单击 ✓ 按钮，完成比例缩放地设置。

STEP04 创建分型线。

（1）单击【模具工具】功能区中的 ⌖ 按钮，打开【分型线】属性管理器，如图 11-26 所示。

（2）设定模具参数。选取如图 11-27 所示的面作为拔模方向；在【拔模角度】文本框中输入数值"3"；勾选【用于型心 / 型腔分割】复选项。

（3）单击 拔模分析(D) 按钮，选取如图 11-27 所示的边线，添加到分型线列表中。

图 11-25　缩放模型　　　　　　图 11-26　【分型线】属性管理器　　　　　图 11-27　选择参考面

（4）单击 ✓ 按钮，完成分型线的创建。

STEP05 关闭曲面。

（1）单击【模具工具】功能区中的 ◈ 按钮，打开如图 11-28 所示的【关闭曲面】属性管理器。

（2）确认闭合面。系统自动选取如图 11-29 所示的封闭环，默认为接触类型（此时可以在【边线】栏中删除不需要的封闭环，也可以在模型中选取其他封闭环作为关闭曲面的参照）。

（3）接受系统默认的封闭环参照，单击 ✓ 按钮，完成关闭曲面的创建。

图 11-28 【关闭曲面】属性管理器

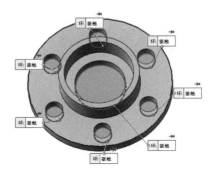

图 11-29 关选取封闭曲线

STEP06 创建分型面。

（1）单击【模具工具】功能区中的 ❤ 按钮，打开【分型面】属性管理器。

（2）定义分型面。在【模具参数】栏中选中【垂直于拔模】单选项，系统默认选取【分型线 1】，在【分型面】栏的文本框中输入数值"30.0"，其他选项采用系统默认设置值，如图 11-30 所示。

（3）单击 ✓ 按钮，完成分型面的创建，如图 11-31 所示。

STEP07 切削分割。

（1）绘制草图。选取分型面为草图基准，绘制如图 11-32 所示的横断面草图，然后单击选择绘图区域右上角的 ❤ 按钮，完成横断面草图的绘制。

图 11-30 【分型面】属性管理器

图 11-31 创建分型面

图 11-32 绘制横断面草图

（2）定义切削分割块。选中草图，单击【模具工具】功能区中的 ❤ 按钮，打开【切削分割】属性管理器。

（3）定义块的大小。在【块大小】栏的【方向 1 深度】文本框中输入数值"40.0"，在【方向 2 深度】文本框中输入数值"20.0"，如图 11-33 所示。

要点提示

　　　在【切削分割】属性管理器中，系统会自动在【型心】栏中显示型心曲面实体，在【型腔】栏中显示型腔曲面实体，在【分型面】栏中显示分型面曲面实体。

（4）单击 ✓ 按钮，完成如图 11-34 所示的切削分割块的创建。

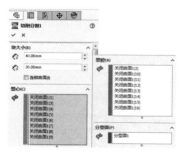

图 11-33　【切削分割】属性管理器

图 11-34　创建切削分割块

11.1.4　型心与型腔的设计

SolidWorks 模具工具是为已有的零件模型自动创建型心和型腔。其本质是将一个零件的分型线周围所有的曲面复制，并结合起来生成实体块，然后创建型心和型腔模具，如图 11-35 所示。

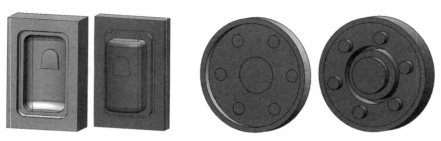

图 11-35　型心与型腔

一旦要设计模具的模型，就必须遵循步骤以完成模具设计的过程。对于简单的零件，这个自动化工具能轻易地创建所需要的曲面。对于更为复杂的设计，就需要应用到手动的曲面建模技术。

11.1.5　基础训练——设计相机盖模具

下面以创建如图 11-36 所示的相机盖的模具为例，来说明使用 SolidWorks 软件设计模具的一般过程。

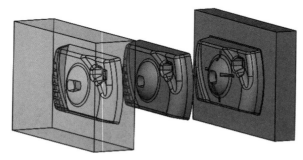

图 11-36　相机盖模具

【操作步骤】

STEP01　导入模具模型。

打开资源包中的"第 11 章 / 素材 / 相机盖"，如图 11-37 所示。

STEP02　拔模分析。

（1）单击【模具工具】功能区中的 拔模分析 按钮，打开【拔模分析】属性管理器。

相机盖模具设计

（2）定义拔模参数。选取【前视基准面】为拔模方向；在拔模角度文本框中输入数值"3"；选中【面分类】与【查找陡面】复选项，在【颜色设定】栏中显示各类拔模面的个数，如图 11-38 所示，模型中对应显示不同的拔模面。

（3）单击 ✓ 按钮，完成拔模分析。

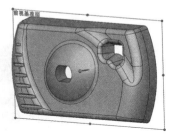
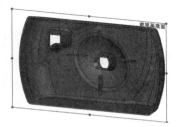

图 11-37　相机盖　　　　　　　　　　　　　　　图 11-38　拔模分析

 要点提示　　完成拔模分析后，在绘图界面右下角可以看到对分析后颜色的介绍，其中绿色为正拔模面，红色为正拔模面。

STEP03 添加拔模。

（1）从拔模分析中可以看出在相机盖内部的 4 个拉伸特征显示的颜色为绿色，这显然是不正确的，所以这里需要手动添加拔模面。

（2）在【拔模工具】功能区中单击 拔模 按钮，选取如图 11-39 所示的面作为拔模方向，设置拔模角度为"3"，在拔模分析卷展栏下勾选【自动涂刷】选项，如图 11-40 所示。

图 11-39　【DraftXpert】选项卡　　　　　　　　　图 11-40　添加拔模

（3）选取如图 11-41 左图所示的模型上以黄色显示的面为拔面，单击 ✓ 按钮，完成拔模，如图 11-41 右图所示。

图 11-41　选取拔模面

STEP04 比例缩放模型。

（1）在【模具工具】功能区单击 比例缩放 按钮，打开【缩放比例】属性管理器。

（2）定义比例参数。在【比例参数】栏的【比例缩放点】下拉列表中选择【重心】选项；选中【统一比例缩放】复选项，在其文本框中输入"1.05"，如图 11-42 所示。

（3）单击 ✓ 按钮，完成比例缩放的设置。

STEP05 创建分型线。

（1）单击【模具工具】功能区中的 ◉ 按钮，打开【分型线】属性管理器。

（2）设定模具参数。选取【前视基准面】作为拔模方向；在【拔模角度】文本框中输入数值"3"；勾选【用于型心 / 型腔分割】复选项。

（3）单击 拔模分析(D) 按钮，所有被绿色边和红色边共用的边自动选中，并添加到分型线列表中，如图 11-43 所示。

（4）单击 ✓ 按钮，完成分型线的创建，如图 11-44 所示。

图 11-42　【缩放模型】属性管理器

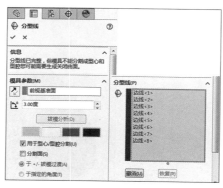

图 11-43　【分型线】属性管理器

图 11-44　分型线

STEP06 关闭曲面。

（1）单击【模具工具】功能区中的 ◉ 按钮，打开如图 11-45 所示的【关闭曲面】属性管理器。

（2）确认闭合面。系统自动选取如图 11-46 所示的封闭环，默认为接触类型（此时可以在【边线】栏中删除不需要的封闭环，也可以在模型中选取其他封闭环作为关闭曲面的参照）。

（3）接受系统默认的封闭环参照，单击 ✓ 按钮，完成关闭曲面的创建。

图 11-45 【关闭曲面】属性管理器

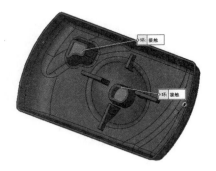

图 11-46 关闭曲面

STEP07 创建分型面。

（1）单击【模具工具】功能区中的 ⬦ 按钮，打开【分型面】属性管理器。

（2）定义分型面。在【模具参数】栏中选中【垂直于拔模】单选项，系统默认选取【分型线 1】，在【分型面】栏的文本框中输入数值"50.0"，其他选项采用系统默认设置值，如图 11-47 所示。

（3）单击 ✓ 按钮，完成分型面的创建，如图 11-48 所示。

STEP08 切削分割。

（1）选取【前视基准面】为草图基准，绘制如图 11-49 所示的横断面草图，然后单击选择绘图区域右上角的 ⬚ 按钮，完成横断面草图的绘制。

图 11-47 【分型面】属性管理器

图 11-48 创建分型面

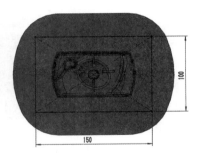

图 11-49 绘制横断面草图

（2）定义切削分割块。选中草图，单击【模具工具】功能区中的☎按钮，打开【切削分割】属性管理器，如图 11-50 所示。

（3）定义块的大小。在【块大小】栏的【方向 1 深度】文本框中输入数值"40.0"，在【方向 2 深度】文本框中输入数值"20.0"，预览如图 11-51 所示。

图 11-50 【切削分割】属性管理器

图 11-51 创建切削分割块

 在【切削分割】属性管理器中，系统会自动在【型心】栏中显示型心曲面实体，在【型腔】栏中显示型腔曲面实体，在【分型面】栏中显示分型面曲面实体。

（4）单击☑按钮，完成切削分割块的创建。

STEP09 隐藏曲面实体。

将模型中的型腔曲面实体、型心曲面实体和分型面实体隐藏，这样可以使屏幕简洁，方便后续的模具开启操作，如图 11-52 所示。

图 11-52 隐藏曲面实体

STEP10 开模步骤 1：移动型腔。

（1）选择菜单命令中的【插入】/【特征】/【移动/复制】，打开如图 11-53 所示的【移动/复制实体】属性管理器。

（2）选取如图 11-54 左图所示的型腔作为要移动的实体。

（3）拖动 Z 方向的手柄将型腔拖动到合适位置，如图 11-54 右图所示。

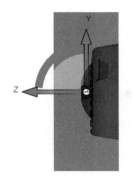

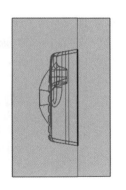

图 11-53 【移动 / 复制实体】属性管理器　　　　　　　　　图 11-54　移动型腔

（4）取消对【复制】复选项的选择，然后单击☑按钮，完成如图 11-54 所示的型腔移动。

STEP11 开模步骤 2：移动型心。

（1）选择菜单命令中的【插入】/【特征】/【移动 / 复制】，打开如图 11-55 所示的【移动 / 复制实体】属性管理器。

（2）选取下型腔作为移动对象。

（3）拖动 Z 方向的手柄将型腔拖动到合适位置，如图 11-56 所示。

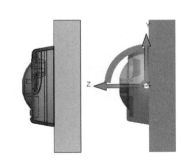

图 11-55　【移动 / 复制实体】属性管理器　　　　　　　　　图 11-56　移动型心

（4）单击☑按钮，完成型心移动，如图 11-57 和图 11-58 所示为所建型心和型腔。

图 11-57　型心　　　　　　　　　　　　　　　　图 11-58　型腔

STEP12 保存模具元件。

（1）保存型腔。在设计树中用鼠标右键单击【实体 - 移动 / 复制 1】（即型腔实体），在弹出的快捷菜单中选择【插入到新零件】命令，弹出【另存为】对话框，命名文件名称为"型腔"，单击 保存(S) 按钮，然后关闭此对话框，如图 11-59 所示。

（2）按类似方法保存型心。

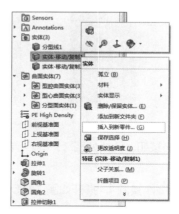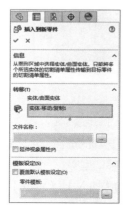

图 11-59　保存型心与型腔

11.2　典型实例

下面通过一组典型实例来介绍模具设计的基本方法与技巧。

11.2.1　实例 1——设计童车遥控器上盖模具

下面以创建如图 11-60 所示的童车遥控器上盖的模具为例，来说明使用 SolidWorks 软件设计模具的一般过程。

图 11-60　遥控器上盖

【操作步骤】

(STEP01)　导入模具模型。

打开资源包中的"第 11 章 / 素材 / 遥控上盖"，如图 11-60 所示。

(STEP02)　拔模分析。

（1）单击【模具工具】功能区中的 拔模分析 按钮，打开【拔模分析】属性管理器。

（2）定义拔模参数。选取【前视基准面】为拔模方向；在拔模角度文本框中输入数值"1.0"；选中【面分类】复选项，在【颜色设定】栏中显示各类拔模面的个数，如图 11-61 所示，模型中对应显示不同的拔模面。

（3）单击 ✓ 按钮，完成拔模分析，结果如图 11-62 所示。

遥控器盖的模具设计

图 11-61 【拔模分析】属性管理器

图 11-62 拔模分析

要点提示　本例中的遥控器模型不需要拔模面和跨立面，即此模型可以顺利脱膜。

(STEP03) 底切分析。

（1）单击【模具工具】功能区中的 ⚙ 底切分析 按钮，打开【底切分析】属性管理器。

（2）选取拔模方向，选取【前视基准面】作为拔模方向。

（3）显示计算结果，系统在【底切面】栏中显示各类底切面个数，如图 11-63 所示。

（4）单击 ✓ 按钮，完成底切分析，结果如图 11-64 所示。

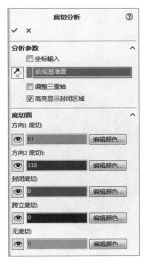

图 11-63 【底切分析】属性管理器

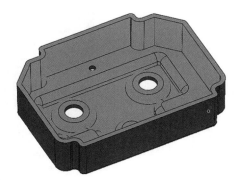

图 11-64 底切分析

要点提示　本例中不存在封闭和跨立底切面，所以不需要添加边侧型心。如果模型存在多个实体，则在底切分析时要指定单一实体进行分析。

STEP04 设置缩放比例。

（1）选择菜单命令中的【插入】/【模具】/【缩放比例】，打开【缩放比例】属性管理器。

（2）定义比例参数。在【比例参数】栏的【比例缩放点】下拉列表中选择【重心】选项；选中【统一比例缩放】复选项，在其文本框中输入"1.05"，如图 11-65 所示。

（3）单击 ✓ 按钮，完成比例缩放的设置，结果如图 11-66 右图所示。

图 11-65 【缩放比例】属性管理器

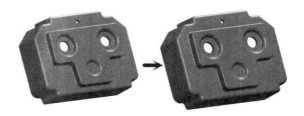

图 11-66 设置缩放比例

STEP05 创建分型线。

（1）单击【模具工具】功能区中的 ⊕ 按钮，打开【分型线】属性管理器。

（2）设定模具参数。选取【前视基准面】作为拔模方向；在【拔模角度】文本框中输入数值"1"；选中【用于型心/型腔分割】复选项；单击 拔模分析(D) 按钮，在【分型线】栏中显示所有的分型线段，如图 11-67 所示，同时在模型中显示系统自动判断的分型线，如图 11-68 所示。

（3）单击 ✓ 按钮，完成分型线的创建。

图 11-67 【分型线】属性管理器

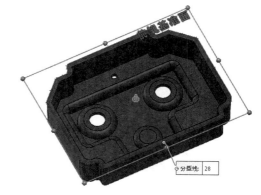

图 11-68 分型线

STEP06 关闭曲面。

（1）单击【模具工具】功能区中的 ▲ 按钮，打开如图 11-69 所示的【关闭曲面】属性管理器。

（2）确认闭合面。系统自动选取如图 11-70 所示的封闭环，默认为接触类型（此时可以在【边线】栏中删除不需要的封闭环，也可以在模型中选取其他封闭环作为关闭曲面的参照）。

图 11-69 【关闭曲面】属性管理器

图 11-70 选取封闭曲线

（3）接受系统默认的封闭环参照，单击 ✓ 按钮，完成如图 11-71 所示的关闭曲面地创建。

STEP07 创建分型面。

（1）单击【模具工具】功能区中的 ◆ 按钮，打开【分型面】属性管理器。

（2）定义分型面。在【模具参数】栏中选中【垂直于拔模】单选项，系统默认选取【分型线 1】，在【分型面】栏的文本框中输入数值"40.0"，其他选项采用系统默认设置值，如图 11-72 所示。

图 11-71 关闭曲面结果

图 11-72 【分型面】属性管理器

（3）单击 ✓ 按钮，完成分型面的创建，如图 11-73 所示。

STEP08 切削分割。

（1）定义切削分割块轮廓。选择菜单命令中的【插入】/【草图绘制】，打开【编辑草图】属性管理器。

（2）绘制草图。选取【前视基准面】为草图基准，绘制如图 11-74 所示的横断面草图，然后单击选择绘图区域右上角的 ↳ 按钮，完成横断面草图的绘制。

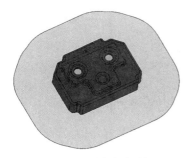

图 11-73 创建分型面结果

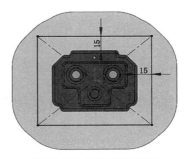

图 11-74 绘制横断面草图

（3）定义切削分割块。选中草图，单击【模具工具】功能区中的 按钮，打开【切削分割】属性管理器。

（4）定义块的大小。在【块大小】栏的【方向 1 深度】文本框中输入数值"60.0"，在【方向 2 深度】文本框中输入数值"40.0"，如图 11-75 所示。

> **要点提示** 在【切削分割】属性管理器中，系统会自动在【型心】栏中显示型心曲面实体，在【型腔】栏中显示型腔曲面实体，在【分型面】栏中显示分型面曲面实体。

（5）单击 按钮，完成如图 11-76 所示的切削分割块的创建。

图 11-75　【切削分割】属性管理器

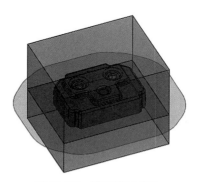

图 11-76　创建切削分割块

STEP09 隐藏曲面实体。

（1）将模型中的型腔曲面实体、型心曲面实体和分型面实体隐藏，这样可以使屏幕简洁，方便后续的模具开启操作。

（2）在设计树中用鼠标右键单击【曲面实体】节点下的【型腔曲面实体】，如图 11-77（a）所示；从弹出的快捷菜单中单击 按钮，如图 11-77（b）所示；按同样的步骤将【型心曲面实体】和【分型面实体】隐藏，结果如图 11-77（c）所示。

（a）

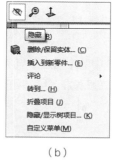

（b）

（c）

图 11-77　隐藏曲面实体

STEP10 开模步骤 1：移动型腔。

（1）选择菜单命令中的【插入】/【特征】/【移动/复制】，打开如图 11-78 所示的【移动/复制实体】属性管理器。

（2）选取移动对象。选取如图 11-79 所示的型腔作为要移动的实体。

（3）定义移动距离。在【平移】栏的【△Z】文本框中输入数值"120.0"。

（4）取消对【复制】复选项的选择，然后单击☑按钮，完成如图 11-80 所示的型腔移动。

图 11-78　【移动 / 复制实体】属性管理器　　　　图 11-79　要移动的实体　　　　　图 11-80　移动型腔结果

STEP11　开模步骤 2：移动型心。

（1）选择命令。选择菜单命令中的【插入】/【特征】/【移动 / 复制】，打开如图 11-81 所示的【移动 /
复制实体】属性管理器。

（2）选取移动对象。选取下型腔作为移动对象，如图 11-82 所示。

（3）定义移动距离。在【平移】栏的【△ Z】文本框中输入数值"100.0"。

（4）单击☑按钮，完成如图 11-83 所示的型心移动。

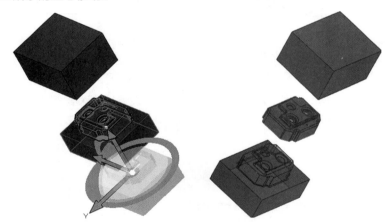

图 11-81　【移动 / 复制实体】属性管理器　　　　图 11-82　移动预览　　　　　图 11-83　移动型心结果

STEP12　保存模具元件。

（1）保存型腔。在设计树中用鼠标右键单击【实体 - 移动 / 复制 1】（即型腔实体），在弹出的快捷菜单
中选择【插入到新零件】命令，弹出【另存为】对话框，命名文件名称为"型腔"，单击 保存(S) 按钮，然后
关闭此对话框。

（2）保存型心。在设计树中用鼠标右键单击【实体 - 移动 / 复制 2】（即型腔实体），在弹出的快捷菜单
中选择【插入到新零件】命令，弹出【另存为】对话框，命名文件名称为"型心"，单击 保存(S) 按钮，然后
关闭此对话框。

（3）保存设计结果。选择菜单命令中的【文件】/【保存】，即可保存模具设计的结果。

11.2.2 实例2——设计风扇端盖模具

下面将通过如图 11-84 所示的风扇端盖设计，来介绍具有复杂分型线和型心特征的模型设计的基本过程和操作技巧。

风扇端盖模具设计

【操作步骤】

STEP01 创建下底板。

（1）新建一个零件文件。

（2）在设计树中选择【前视基准面】，然后单击【草图】功能区中的 □ 按钮，绘制如图 11-85 所示的草图 1，最后单击 ✓ 按钮。

（3）单击【特征】功能区中的 ⬛ 按钮，设置拉伸深度为"4"，然后单击 ✓ 按钮，生成拉伸特征，结果如图 11-86 所示。

图 11-84　风扇端盖

图 11-85　绘制草图 1

图 11-86　生成拉伸特征 1

STEP02 创建隔板。

（1）在绘图区选择实体的一个平面，绘制如图 11-87 所示的草图 2。

（2）单击【特征】功能区中的 ⬛ 按钮，设置拉伸深度为"15mm"，然后单击 ✓ 按钮，生成拉伸特征 2，如图 11-88 所示。

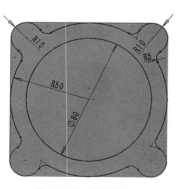

图 11-87　绘制草图 2

图 11-88　生成拉伸特征 2

STEP03 创建扇叶片。

（1）在绘图区选择实体的内平面作为绘图平面绘制草图 3，如图 11-89 所示。

（2）单击【特征】功能区中的按钮，在【切除拉伸】属性管理器的【终止条件】下拉列表中选择【完全贯穿】选项，然后单击按钮，生成拉伸特征3，如图11-90所示。

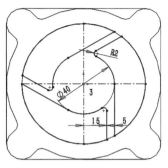

图 11-89　绘制草图 3

图 11-90　生成拉伸特征 3

(STEP04) 创建孔特征。

（1）在图形区选择实体的上表面作为绘图平面绘制草图 4，如图 11-91 所示。

（2）单击【特征】功能区中的按钮，在【切除拉伸】属性管理器的【终止条件】下拉列表中选择【完全贯穿】选项，然后单击按钮，生成拉伸特征 4，如图 11-92 所示。

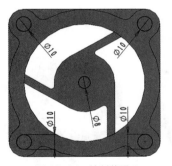

图 11-91　绘制草图 4

图 11-92　生成拉伸特征 4

(STEP05) 创建上底板。

（1）在图形区选择实体的上表面作为绘图平面绘制草图 5，如图 11-93 所示。

（2）单击【特征】功能区中的按钮，进行单侧拉伸，设置拉伸深度为"4mm"，然后单击按钮，生成拉伸特征 5，如图 11-94 所示。

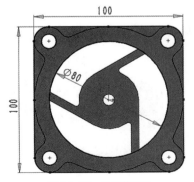

图 11-93　绘制草图 5

图 11-94　生成拉伸特征 5

STEP06 创建分型线。

（1）单击【模具工具】功能区中的按钮，打开如图 11-95 所示的【分型线】属性管理器，在【模具参数】栏的【拔模方向】列表框中选择实体的上端面，如图 11-96 所示。

（2）注意拔模方向如图 11-96 所示，将【拔模角度】设为"1"，选中【用于型心 / 型腔分割】复选项，然后单击 拔模分析(D) 按钮。

图 11-95 【分型线】属性管理器

图 11-96 拔模方向

（3）单击【分型线】栏中的列表框，在绘图区选择如图 11-97 右图所示的边线作为分型线，然后单击 ☑ 按钮完成，结果如图 11-98 所示。

图 11-97 改变后的【分型线】属性管理器

图 11-98 生成分型线

STEP07 底切分析。

（1）单击【模具工具】工具栏中的 ⊙ 底切分析 按钮，打开【底切分析】属性管理器，分析结果如图 11-99 所示。

（2）带有不同分类的面会在图形区以不同的颜色显示，如图 11-100 所示，结果显示有 16 个需封闭的底线（红色），表示模型中有不能从模具中排斥的被围困区域，单击 ☑ 按钮，完成底切分析。

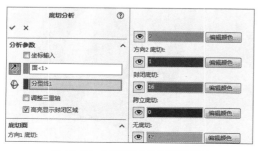

图 11-99 【底切分析】属性管理器

图 11-100 色块分布

STEP08 关闭曲面。

（1）单击【模具工具】工具栏中的 🍮 按钮，打开如图 11-101 所示的【关闭曲面】属性管理器。

（2）在【关闭曲面】属性管理器中激活【边线】，预览如图 11-102 所示。

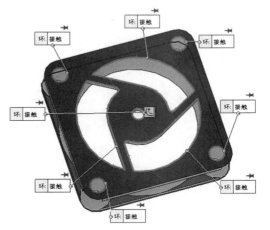

图 11-101 【关闭曲面】属性管理器

图 11-102 选取封闭曲线

（3）选中【缝合】复选项，单击 ✓ 按钮，生成关闭曲面 1，结果如图 11-103 所示。

STEP09 创建分型面。

（1）单击【模具工具】工具栏中的 🍮 按钮，打开【分型面】属性管理器。

（2）在【模具参数】栏中选中【垂直于拔模】单选项，设定距离为"40"，在【选项】栏中选中【缝合所有曲面】和【显示预览】复选项，显示如图 11-104 所示。

图 11-103 关闭曲面结果

图 11-104 【分型面】属性管理器

（3）单击 ✓ 按钮，生成分型面 1，结果如图 11-105 所示。

图 11-105 分型面预览

(STEP10) 切削分割。

（1）在设计树中选择【分型面 1】，然后单击【草图】功能区中的  按钮，绘制如图 11-106 所示的矩形，然后单击 ✓ 按钮，完成草图 6 的绘制。

（2）单击【模具工具】工具栏中的 ▨ 按钮，打开【切削分割】属性管理器。

（3）在【块大小】栏的【方向 1 深度】文本框中输入 "40"，在【方向 2 深度】文本框中输入 "20"，然后单击 ✓ 按钮，生成切削分割，如图 11-107 所示。

图 11-106　绘制草图 6

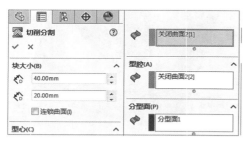

图 11-107　生成切削分割

（4）在设计树中展开 "实体" 文件夹，用鼠标右键单击【切削分割 1[1]】选项，在弹出的快捷菜单中选择【更改透明度】命令，更改透明度后的实体如图 11-108 所示。

（5）在设计树中选择【切削分割 1[1]】选项，在弹出的菜单中单击 ▨ 按钮将其隐藏，如图 11-109 所示。

（6）在图形区选择实体的上端面作为绘图平面，绘制如图 11-110 所示的草图 7，然后单击 ✓ 按钮，完成草图 7 的绘制。

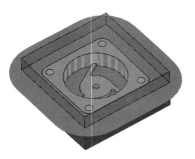

图 11-108　更改透明度　　　　　　　图 11-109　隐藏实体　　　　　　　图 11-110　绘制草图 7

(STEP11) 创建型心。

（1）在绘图区选择草图 7，单击【模具工具】工具栏中的 ▨ 按钮，打开【型心】属性管理器。

（2）在【参数】栏的【终止条件】下拉列表中选择【给定深度】，在【沿抽取方向的深度】文本框中输入 "23"，在【远离抽取方向的深度】文本框中输入 "0"。

（3）在【选择】栏的【型心/型腔实体】列表框中选择 "实体 3" 中的 "切削分割 1[2]"，并选中【顶端加盖】复选项，如图 11-111 所示。

（4）如果型心在模具实体中终止，则选中该复选项以定义型心的终止面，型心 1 的预览如图 11-112 所示，单击 ✓ 按钮确定，结果如图 11-113 所示。

图 11-111 【型心】属性管理器

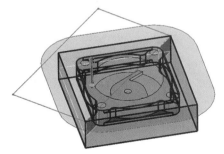

图 11-112 型心 1 预览

（5）在绘图区选择实体的上端面作为绘图平面，绘制如图 11-114 所示的草图，然后单击☑按钮。

图 11-113 分隔结果

图 11-114 绘制草图

（6）在绘图区选择草图 8，然后单击【模具工具】工具栏中的 型心(C)... 按钮，打开如图 11-115 所示的【型心】属性管理器。

（7）在【参数】栏的【终止条件】下拉列表中选择【给定深度】，在【沿抽取方向的深度】文本框中输入"23"，在【远离抽取方向的深度】文本框中输入"0"。

（8）在【选择】栏的【型心 / 型腔实体】列表框中选择"型心 1[1]"，并选中【顶端加盖】复选项，如果型心在模具实体中终止，则选中该复选项以定义型心的终止面。然后单击☑按钮，生成型心 2，如图 11-116 所示。

图 11-115 绘制草图 8

图 11-116 生成型心 2

STEP12 移动型心。

（1）在设计树中隐藏分型线 1 和零件特征。

（2）选择菜单命令中的【插入】/【曲面】/【移动 / 复制】，打开如图 11-117 所示的【移动 / 复制实体】

属性管理器。

（3）单击管理器中的 <kbd>平移/旋转(R)</kbd> 按钮切换至【移动旋转】页面，如图 11-118 所示。

图 11-117 【移动 / 复制实体】属性管理器

图 11-118 【移动旋转】属性面板

（4）选取如图 11-119 所示的移动对象，在【平移】栏的文本框中输入数值，如图 11-118 所示，然后单击 ☑ 按钮，完成型心移动，结果如图 11-120 所示。

图 11-119 移动型心 1

图 11-120 移动型心 1 结果

（5）选择菜单命令中的【插入】/【曲面】/【移动 / 复制】，打开【移动 / 复制实体】属性管理器，选取移动对象，在【平移】栏的文本框中输入数值，如图 11-121 所示，然后单击 ☑ 按钮，完成型心移动，结果如图 11-122 所示。

图 11-121 输入平移参数

图 11-122 移动型心 2

（6）选择菜单命令中的【插入】/【曲面】/【移动 / 复制】，打开【移动 / 复制实体】属性管理器，选取移动对象。在【平移】栏的文本框中输入数值，如图 11-123 所示，然后单击 ☑ 按钮，完成型心移动，结果如图 11-124 所示。

图 11-123　输入平移参数

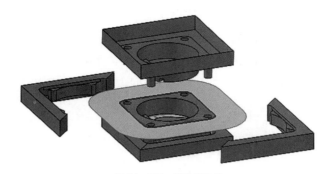

图 11-124　移动型心 3

（7）在设计树中展开"实体"节点，用鼠标右键单击各个实体，在弹出的快捷菜单中选择【插入到新零件】命令，弹出【另存为】对话框，将各个实体单独保存为零件文件。

至此，本案例制作完成。

11.2.3　实例 3——设计遥控器后盖模具

下面将通过如图 11-125 所示的遥控器后盖来介绍具有复杂分型线和型心特征的模型的基本设计过程和操作技巧。

【操作步骤】

STEP01　导入素材文件。

打开资源包中的"第 11 章 / 素材 / 遥控后盖"，如图 11-125 所示。

STEP02　创建拔模分析。

（1）单击【模具工具】功能区中的 ⬛ 拔模分析 按钮，打开【拔模分析】属性管理器。

遥控器后盖的模具设计

图 11-125　遥控器后盖模型

（2）选择【前视基准面】为拔模方向，输入角度为"3"，勾选 ☑面分类 和 ☑查找陡面 选项。

（3）此时参数如图 11-126 所示，注意拔模方向，模型视图如图 11-127 所示。

图 11-126　【拔模分析】属性管理器

图 11-127　拔模分析结果

（4）在【拔模分析】管理器中可以看到，相关拔模面的数量用不同色块表示。单击 ☑ 按钮，完成拔模分析。

STEP03 底切分析。

（1）单击【模具工具】功能区中的 ◎ 底切分析 按钮，打开如图 11-128 所示的【底切分析】属性管理器。

（2）选择【前视基准面】为拔模方向，单击 ↗ 按钮调整方向，勾选 ☑ 高亮显示封闭区域 选项，预览如图 11-129 所示。

图 11-128 【底切分析】属性管理器

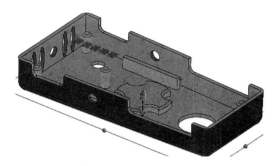

图 11-129 底切分析预览

（3）此时，参数如图 11-130 所示，单击 ☑ 按钮，完成底切分析，结果如图 11-131 所示。

图 11-130 底切分析参数

图 11-131 底切分析结果

STEP04 设置缩放比例。

（1）单击【模具工具】功能区中的 ◎ 比例缩放 按钮，打开如图 11-132 所示的【缩放比例】属性管理器。

（2）设置【比例缩放点】为【重心】，输入【统一缩放比例】为"1.05"。

（3）单击 ☑ 按钮，完成模型的比例缩放。

STEP05 创建分型线。

（1）单击【模具工具】功能区中的 ◎ 按钮，打开如图 11-133 所示的【分型线】属性管理器。

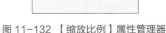

图 11-132 【缩放比例】属性管理器

图 11-133 【分型线】属性管理器

（2）选择【前视基准面】作为拔模方向，输入拔模角度为"3"，单击 拔模分析(D) 按钮。

（3）此时分型线如图 11-134 所示，将【分型线】栏下曲线收集框激活，选择如图 11-135 所示的边线。

（4）完成后单击 ✓ 按钮，结果如图 11-136 所示。

图 11-134 拔模分析结果

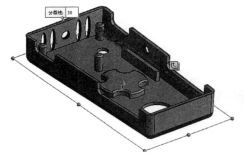

图 11-135 选取分型线

图 11-136 创建分型线结果

STEP06 关闭曲面。

（1）单击【模具工具】功能区中的 🖾 按钮，打开如图 11-137 所示的【关闭曲面】属性管理器。

（2）此时，在管理器中的【边线】下是系统默认选取的曲线，单击鼠标右键将其全部清除。

（3）重新选择如图 11-138 所示的 10 个封闭曲线，勾选 ☑过滤环(F) 和 □缝合(K) 选项。

图 11-137 【关闭曲面】属性管理器

图 11-138 选择封闭曲线

（4）完成后单击 ✓ 按钮，结果如图 11-139 所示。

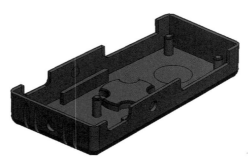

图 11-139　关闭曲面结果

STEP07　创建分型面。

（1）单击【模具工具】功能区中的 ⊕ 按钮，打开如图 11-140 所示的【分型面】属性管理器。

（2）在【模具参数】下选中 ◉ 垂直于拔模(P) 单选项，在【分型面】下的 ⬈ 文本框中输入"10"，在【平滑】下选择 ◥ 选项，如图 11-141 所示。

图 11-140　【分型面】属性管理器

图 11-141　设置分型面参数

（3）完成后单击 ✓ 按钮，结果如图 11-142 所示。

STEP08　绘制草图。

（1）选择【前视基准面】，单击【草图】功能区中的 ⊏ 按钮，进入草绘环境。

（2）绘制如图 11-143 所示的草图，退出草绘环境。

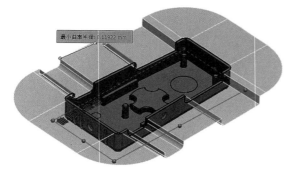

图 11-142　分型面预览结果

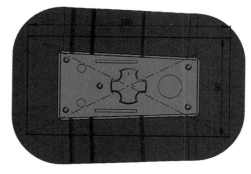

图 11-143　绘制横断面草图

要点提示 此处绘制的草图的尺寸一定要在【分型面】的尺寸之内，如果草图边界大于分型面，则无法生成后面的切削分割。

STEP09 切削分割。

（1）选择 STEP08 绘制的草图，单击【模具工具】功能区中的按钮，打开【切削分割】属性管理器。

（2）在【块大小】下尺寸 1 文本框中输入"50"，尺寸 2 中输入"30"，如图 11-144 所示。

（3）完成后单击☑按钮，结果如图 11-145 所示。

STEP10 隐藏分型线和分型面，结果如图 11-146 所示。

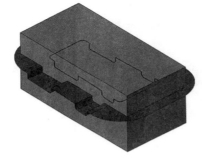

图 11-144 【切削分割】属性管理器　　图 11-145 切削分割结果　　图 11-146 隐藏结果

STEP11 创建草图 1。

（1）选择如图 11-146 所示的参考面，单击【草图】功能区中的⬡按钮，进入草绘环境。

（2）将模型显示为线框模式，使用【转换实体引用】工具转换为如图 11-147 所示的草图。

（3）退出草绘环境，完成草图，如图 11-148 所示。

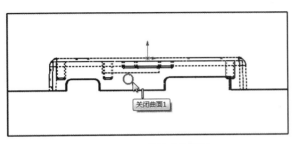

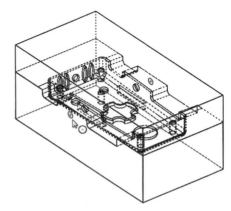

图 11-147 转换实体草图　　　　　　　图 11-148 草图 1 结果

STEP12 创建草图 2。选择另一边为参考面，使用同样的方法，创建草图 2，结果如图 11-149 所示。

STEP13 创建草图 3。选择如图 11-149 所示的参考面，进入草绘环境，绘制草图 3，结果如图 11-150 所示。

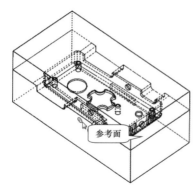

图 11-149 草图 2 结果

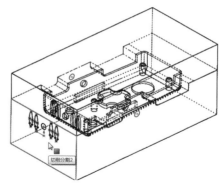

图 11-150 草图 3 结果

STEP14 创建滑块 1。

（1）选择 STEP11 绘制的草图 1，单击【模具工具】功能区中的 按钮，打开【型心】属性管理器。

（2）在【实体】中选择【切削分割 2[1]】，输入给定深度值为"20"，取消勾选 顶端加盖(C) 选项，如图 11-151 所示。

（3）此时模型如图 11-152 所示，注意箭头方向，单击 按钮，完成滑块 1 的创建。

图 11-151 【型心】属性管理器

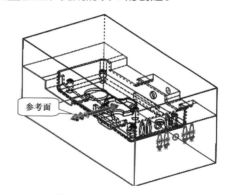

图 11-152 生成方向预览

STEP15 创建滑块 2。选择 STEP12 绘制的草图 2，使用同样的方法和参数创建滑块 3，这里的型心是自动选取的，不用重新选取【切削分割 2[1]】，方向预览如图 11-153 所示。

STEP16 继续使用同样的方法创建草图 3，这里输入给定深度为"30"，型心为自动选取，预览如图 11-154 所示。

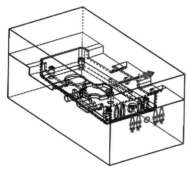

图 11-153 生成方向预览

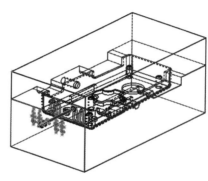

图 11-154 生成方向预览

STEP17 隐藏模具零件。右键单击【设计树】中的【曲面实体】，在弹出的菜单中单击 🔲 按钮将模具隐藏。

STEP18 移动滑块 1。

（1）将模型切换至实体模式，执行菜单命令中的【插入】/【曲面】/【移动/复制】，打开【移动/复制实体】属性管理器。

（2）选择 STEP14 创建的滑块 1，在管理器的 Y 方向上输入"80"，如图 11-155 所示。

（3）单击 ✓ 按钮完成滑块 1 的移动，移动结果如图 11-156 所示。

图 11-155 【移动/复制实体】属性管理器

图 11-156 移动滑块 1

STEP19 移动滑块 2。

（1）使用 STEP18 同样的操作方法，移动滑块 2，在 Y 轴方向上输入"80"。

（2）单击 ✓ 按钮，完成滑块 2 的移动，结果如图 11-157 所示。

STEP20 移动滑块 3。

（1）使用 STEP18 同样的操作方法，移动滑块 3，在 X 轴方向上输入"80"。

（2）单击 ✓ 按钮，完成滑块 3 的移动，结果如图 11-158 所示。

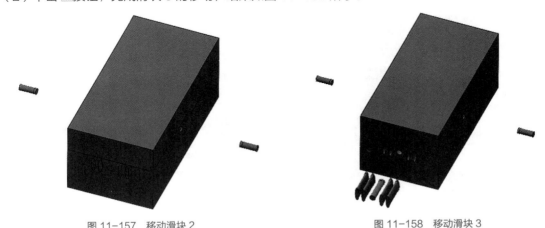

图 11-157 移动滑块 2

图 11-158 移动滑块 3

STEP21 移动上箱盖。

（1）执行菜单命令中的【插入】/【曲面】/【移动/复制】，打开【移动/复制实体】属性管理器。

（2）选择模具上腔体，在管理器的 Z 方向上输入"100"，完成移动如图 11-159 所示。

STEP22 移动下箱体。

（1）使用同样的方法，打开【移动/复制实体】属性管理器。

（2）选择模具下腔体，在管理器的 Z 方向上输入"60"，完成移动如图 11-160 所示。

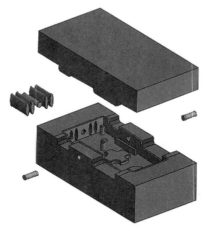

图 11-159　移动滑块 4

图 11-160　移动滑块 5

STEP23 保存模具。

（1）在【设计树】中右键单击 🔲 实体(10) 节点下的 ▣ 实体-移动/复制1 模具，在弹出的快捷菜单中选择 插入到新零件... (G) 命令。

（2）打开如图 11-161 所示的【插入到新零件】属性管理器，单击【文件名称】下的 🔳 按钮打开【另存为】对话框。

（3）输入模具名称，单击 保存(S) 按钮关闭对话框，再单击 ✅ 按钮，弹出如图 11-162 所示的【SolidWorks】对话框。

（4）单击【是】选项，进入零件内部，保存后关闭该零件。

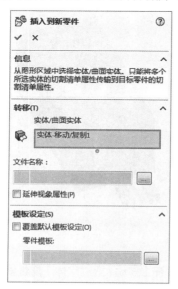

图 11-161　【插入到新零件】属性管理器

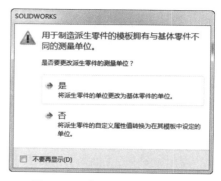

图 11-162　【SolidWorks】对话框

STEP24 使用同样的方法，依次保存移动 2 ~ 移动 5。

STEP25 保存设计结果，完成遥控器后盖模具设计的创建。

11.3 小结

模具设计包括模具元件设计和模架设计两项工作。其中模具元件是注射模具的关键部分，用于构建零件的结构和形状，主要有型心（凸模）、型腔（凹模）、浇注系统（注道、流道、浇口等）、型心、滑块和销等。

模具设计前，首先创建零件的实体模型。模具设计的重点是要确保模具内的零件顺利地从模具中取出，因此必须确保模具上具有正确的拔模角度。设定好铸件的拔模斜度和缩放比例后，建立分型线，再利用分型线建立零件的分割曲面，构成凸模与凹模的边界。分型线位于铸模零件的边线上，在型心和型腔曲面之间。

11.4 习题

1. 简要说明模具的含义与用途。
2. 什么是模具元件，有哪些主要结构要素？
3. 拔模分析的主要目的是什么？
4. 什么是分型线，有何用途？
5. 动手模拟本章的实例，掌握模具设计的基本要领。